畅销升级 只讲干货抢"鲜"看

Word/Excel PPT 2013

办公应用从入门到精通

崔晶/编著

中国青年出版社
CHINA YOUTH PRESS

中青雄狮

图书在版编目（CIP）数据

Word / Excel / PPT 2013 办公应用从入门到精通 / 崔晶编著 . — 北京：中国青年出版社，2016.3

ISBN 978-7-5153-4050-0

I.①W… II.①崔 … III.①办公自动化 — 应用软件 IV.①TP317.1

中国版本图书馆 CIP 数据核字（2016）第 016600 号

崔晶 / 编著

出版发行：中国青年出版社

地　　址：北京市东四十二条 21 号

邮政编码：100708

电　　话：（010）50856188 / 50856199

传　　真：（010）50856111

企　　划：北京中青雄狮数码传媒科技有限公司

策划编辑：张　鹏

责任编辑：刘冰冰

封面设计：邱　宏

印　　刷：北京文海彩艺印刷有限公司

开　　本：787×1092　1/16

印　　张：22

版　　次：2016 年 3 月北京第 1 版

印　　次：2016 年 11 月第 2 次印刷

书　　号：ISBN 978-7-5153-4050-0

定　　价：49.90 元（附赠 1DVD，含语音视频教学 + 办公模板 + PDF 电子书）

前言

　　随着企事业单位信息化进程的不断深入，Office办公现已成为职场人士必备的技能。目前，应用最为普遍的是Microsoft Office应用程序，在该套装软件中包含众多组件，使用频率最高的是Word、Excel、PowerPoint这3个组件。为此，本书也将围绕这三个组件展开详细介绍，以帮助读者在最短的时间内熟练掌握Office 2013的相关操作，并逐步应用到日常办公中。

　　本书以"热点案例"为写作单位，以"知识应用"为讲解目的，遵循"从简单到复杂、从单一到综合"的思路，循序渐进地对Word 2013/Excel 2013/PowerPoint 2013的使用方法、操作技巧、实际应用等方面进行全面阐述。书中所列举案例均属于日常办公中的应用热点，案例的讲解均通过一步一图、图文并茂的形式展开，这些热点很具有代表性，通过学习这些内容，可以将掌握的知识快速应用到日常的工作中，从而做到举一反三、学以致用。

　　全书共14章，各部分内容介绍如下：
- Word部分为第1~4章，主要围绕文档的制作、编排、美化、打印等内容展开讲解。知识点涵盖文本的输入与编辑、字体格式的设置、段落格式的设置、页面设置、背景设置、图形的应用、艺术字的应用、文本框的使用、表格的创建与编辑、样式的应用、页码的添加、目录的创建与更新、脚注尾注的创建、文档的加密以及报表的打印等。
- Excel部分为第5~11章，主要围绕Excel数据表的创建、数据的分析与处理、公式与函数的应用、图表的创建与编辑、数据透视表的应用、VBA与宏的应用、报表的输出与打印等内容展开讲解。知识点涵盖各种类型数据的输入、单元格的设置、排序、筛选、分类汇总、合并计算、热点函数的应用、数组公式的应用、数据有效性的设置、切片器的设计、日程表的创建等。
- PowerPoint部分为第12~14章，主要围绕幻灯片的创建、动画效果的设计、幻灯片的放映等内容展开介绍。知识点涵盖文本的输入、段落的设置、文本框的创建、图片的美化、进入动画的设计、强调动画的设计、路径动画的设计、退出动画的设计、切换效果的设计、音频文件的添加、超链接的创建、动作按钮的设置、演示文稿的放映设置、放映时的重点讲解等。

为了使更多想要学习电脑办公的读者快速掌握Office 2013的知识，并能将其应用到现代办公中，我们特别推出了这本简单、易学、方便实用的《Word/Excel/PPT 2013办公应用从入门到精通》。本书由河北工程技术高等专科学校崔晶老师编写，全书字数约为50万字。相信本书全面的知识点、详尽的技巧提示以及细致的讲解过程，能让您感觉物超所值。

本书不仅可作为大中专院校电脑办公应用基础的教材，还可作为Office办公培训班的培训用书，同时也是职场办公人员不可多得的学习用书。

在编写过程中力求严谨细致，但由于时间与精力有限，疏漏之处在所难免，望广大读者批评指正。

◉ 随书光盘附赠

- 15小时办公秘技语音视频教学与本书实例文件
- 4118个超常用办公模板及办公素材
- 电脑日常故障排除与维护电子书
- 常见办公设备使用与维护电子书
- 含10000个汉字的五笔电子编码字典
- 价值299元的电脑应用正版软件，含金山毒霸、超级兔子、暴风影音、文件夹加密超级大师、五笔打字软件、APabi Reader、Windows清理助手等。

编　者

● 本书重要知识点查询索引

2. Excel部分知识点归纳

（续表）

（续表）

3. PowerPoint部分知识点归纳

目录

Part 1 Word办公篇

Part 2 Excel 办公篇

Chapter 05

创建Excel数据表

Chapter 06

数据的处理与分析

Chapter 07

公式与函数的魅力

Chapter 08
数据的图形化表示

Chapter 09
数据透视表的应用

Chapter 10
宏与VBA的应用

Chapter 11
报表的输出与共享

Part 3 PowerPoint 办公篇

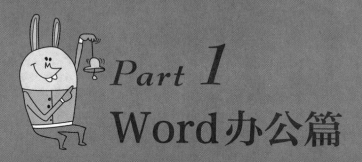

Part 1
Word办公篇

Word 2013是Office 2013中的一个重要组件，是由Microsoft公司推出的文字处理应用程序。

Chapter 01
Word文档的制作

众所周知，Word是一个文字处理应用程序，利用它可以对文字、图形、图像进行编辑，还可以导入其他软件制作的信息。本章将对文档的基本操作、文本内容的编辑等内容进行介绍。通过对本章内容的学习，读者可以掌握最基本的文档编辑操作方法。

核心知识点

❶ 文档的新建与保存

❷ 文本内容的输入

❸ 文本的格式设置

❹ 文档视图格式的选择

1.1 制作节假日放假通知

Word办公篇

节假日对于每个人并不陌生，但是放假通知并不是每个人都能顺利拟定。本节我们将对这熟悉又陌生的放假通知的制作过程进行介绍。

1.1.1 新建文档

拟定放假通知的第一步是创建新文档，新版本的Word有多种文档创建方法，用户可以创建空白文档，也可以创建模板文档，下面将对其实现的过程进行介绍。

1. 新建空白文档

初次启动Word文档，将打开开始屏幕窗口，选择"空白文档"选项并单击，即可创建新文档。

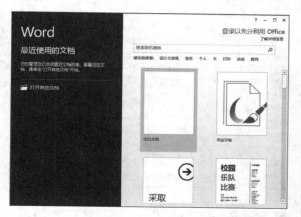

进入Word文档界面后，单击快速访问栏中的"新建"按钮也可创建新文档。

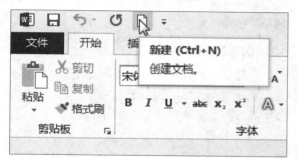

2. 新建模板文档

创建模板文档很简单，具体操作过程为：

步骤01 选择"文件>新建"选项，在打开的"新建"面板中根据需要选择模板，如搜索并选择"面试未录用通知"模板。

步骤02 单击"创建"按钮，稍等几秒即可创建新文档。

步骤03 模板文档创建完成后，用户只需修改模板中的文字内容即可直接应用。

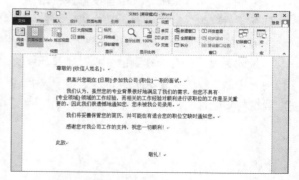

1.1.2 保存文档

新建文档后，接下来就需要进行保存操作了。文档的保存大致分两种，一是保存，一是另存，下面对这两种保存操作进行介绍。

1. 保存新文档

保存文档很容易理解，保存文档后将便于后期的再次访问。常用保存操作法有以下几种：

- 单击快速访问工具栏"保存"按钮；
- 直接按Ctrl+S组合键；
- 执行"文件>保存"命令。

首次保存文档时，将打开下图的"另存为"对话框，从中可设置文档的保存路径、文档名称等信息。设置完成后，单击"保存"按钮即可。

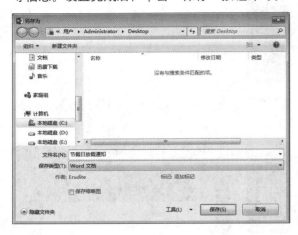

2. 文档的另存

顾名思义，另存为即是将目标文件另外保存的操作。比如将"节假日放假通知"另存为"端午节放假通知"。

首先打开"节假日放假通知"文档，然后执行"文件>另存为"命令，接着设置保存路径，当打开"另存为"对话框时，从中修改文档的名称即可，如下图所示。

换句话说，另存为得到的文档其实是原有文档的一个副本，这样能充分保证原有电子文档的准确性与安全性。

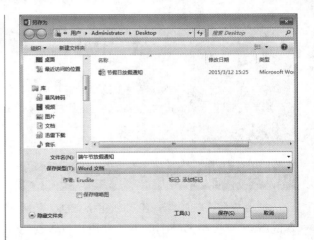

提示 巧设自动保存时间

新版Word应用程序，系统默认的自动保存时间为10分钟。我们可以根据实际需要更改自动保存的时间，首先打开"Word选项"对话框，在"保存"选项面板中对自动保存的时间间隔进行自定义。

1.1.3 输入文本内容

创建节假日放假通知文档后，接下来便可以起草文字内容。

1. 认识输入法

汉字输入法又被称为中文输入法，简称输入法，是通过ASCII字符的组合，或手写或语音将汉字输入到电脑等电子设备中的方法。

从某种意义上讲，汉字输入法可分为音码输入与形码输入两大类，电脑及其终端设备均以这两类编码输入为主。其中，音码输入法有智能ABC、微软拼音、搜狗输入法、谷歌拼音等。

形码输入法就是广泛使用的五笔字型输入法。随着汉字输入技术的不断发展，还出现了语音输入法、手写输入法。其中语音输入法的代表为IBM的ViaVoice，手写输入法的代表为汉王手写。

当一台电脑上安装有多个输入法，如下图所示，在输入汉字时就需要在各输入法之间进行来回切换，选择所需的输入方法。切换方法很简单，即：

- 按Ctrl+Shift组合键，可以实现各输入法间的切换。
- 按Ctrl+Space组合键，可以切换到最近所用的输入法。
- 按Alt+Shift组合键，可以实现中英文输入的切换。
- 按Shift+Space 组合键，可以实现全角与半角输入的切换。

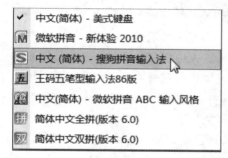

提示 什么是手写输入？

手写输入法是一种笔试环境下的手写中文识别输入法，只需在手写板上按照平常的写字习惯，电脑即可将其识别出来。由于手写输入易学易用，因此成为了中老年人输入汉字的首选模式。

目前，用于手写输入的设备包括电磁感应手写板、压感式手写板、触摸屏、触控板等。

2. 输入文字内容

了解了输入法的知识后，接下来开始输入文字内容。

首先将光标定位到要开始输入文字的位置，然后选择合适的输入法，逐一敲击键盘中的按键，即可实现文字的录入，并且文字格式保持系统默认的设置。

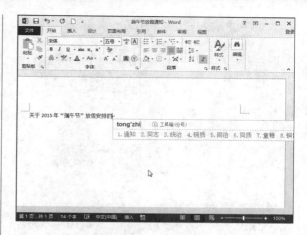

在输入数字内容时，可以直接按小键盘中的数字键。

在需要换行时，只需要按键盘中的Enter键（回车键）即可。经过一番努力，便能顺利完成放假通知内容的拟定。

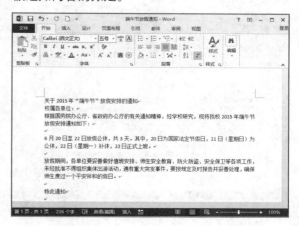

提示 快速输入日期和时间

如何快速地输入当前的日期和时间呢？相信大多数用户都会对着当前时间逐个手动输入。其实在搜狗输入法中，只需敲击2个按键，即可快速的输入当前系统的日期或时间。

若想输入当前系统日期，则只需输入"日期"的首字母rq，即可在候选词中给出当前日期。

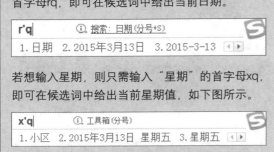

若想输入星期，则只需输入"星期"的首字母xq，即可在候选词中给出当前星期值，如下图所示。

1.1.4 编辑文本内容

为了更好地表达通知的内容，常需要对起草的文字内容做进一步的编辑，下面将对文本的基本编辑操作进行介绍。

1. 选择文本

用户在编辑文档时经常需要选择文本，在Word 2013中选择文本的方法有以下几种。

● 拖动鼠标选择

在被选择文本的起始位置按住鼠标左键不放，拖动鼠标至结束位置，释放鼠标，此时被选中的文本以反白形式显示。

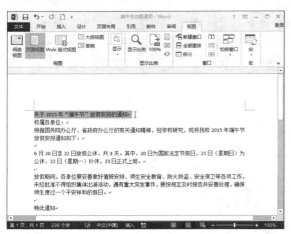

● 单击鼠标选择

将鼠标至于文档页面左侧空白处，当鼠标呈箭头形状时，单击鼠标左键，将会选中光标所指的这一行文本。双击鼠标将会选中光标所指的这一段文本，如下图所示。三击鼠标左键，将会选中整篇文档。

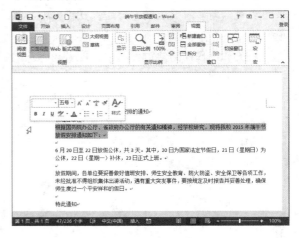

● 利用功能区中的命令选择

在"开始"选项卡下，单击"选择"下三角按钮，在打开的下拉列表中根据需要选择一种选择方式。其中，"全选"选项，用于选中整篇文档；"选择对象"选项，用于选择在文本中插入的多个形状图形；"选定所有格式类似的文本"选项，用于选择文档中格式相似的文本。

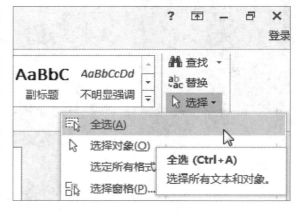

2. 删除文本

删除文本的操作比较简单，如果只是删除少数文本，则直接利用Backspace或Delete键删除即可；如果是删除大段的文字内容，则需要先选择这些文本，之后再执行删除操作。

接下来，我们了解一下Backspace键和Delete键的用法。按Backspace键将逐一删除光标左侧的文字，而按Delete键将逐一删除光标右侧的文字。灵活使用这两个删除键将会提高办公人员的编辑效率。

提示 巧用剪切功能删除文本

有时候，用户也可以使用Ctrl+X组合键对已选择的文本执行删除操作。即先选择大量文本内容，按下Ctrl+X组合键后文本即会消失。

3. 移动文本

移动文本时可以采用鼠标拖动的方法，也可以使用"剪切"和"粘贴"命令进行移动，下面将对其具体操作进行介绍。

◎ 鼠标拖拽移动文本

步骤01 选中要移动的文本，按住鼠标左键不放，拖动鼠标移动。

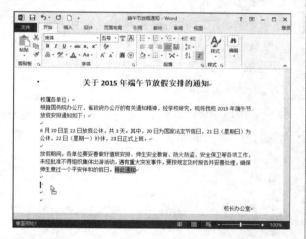

步骤02 拖动到满意位置后，放开鼠标，此时选中的文本即被移动到新的位置。

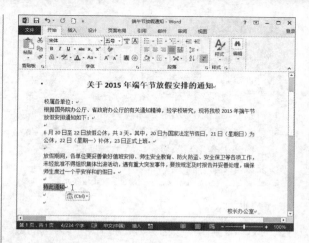

◎ 使用"剪切"命令移动

步骤01 选中要移动的文本，单击鼠标右键，选择"剪切"命令。

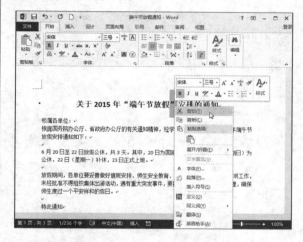

步骤02 单击文档中的合适位置，单击鼠标右键，在弹出的快捷菜单中选择合适的粘贴选项，进行粘贴操作。

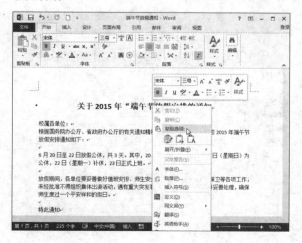

提示 粘贴选项

右键快捷菜单中粘贴选项主要包括"保留源格式"、
"合并格式"、"只保留文本"3种。其中,"保留源
格式"表示被粘贴内容保留原始内容的格式;"合
并格式"表示被粘贴内容保留原始内容的格式,
并且合并应用目标位置的格式;"仅保留文本"表
示被粘贴内容将清除原始内容的所有格式设置,
仅仅保留文本。

4. 复制文本

文本的复制是最为频繁的操作,其常见的操
作方式包括以下几种:

◉ 通过功能按钮复制

选择文本后,单击"开始"选项卡下的"复
制"按钮,将光标置于要粘贴的位置,单击"粘
贴"按钮即可。

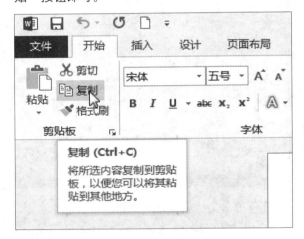

◉ 通过快捷键复制

复制文本时,按Ctrl+C组合键,粘贴所复制
的文本时,按Ctrl+V组合键。快捷键的使用将会
大大地提高办公效率,因此在操作电脑时要多多
使用。

提示 文本的插入与改写

在输入文本时,状态栏中会显示当前文档的编辑
模式:"插入"与"改写"。改写状态指输入的文
本逐一(向右)替换已有文档中的文字。"插入"
和"改写"功能相互转换的快捷键为Insert键。

◉ 通过右键菜单复制

该操作与上述介绍的通过右键菜单进行剪切
的操作相似,即选中文本后,单击鼠标右键,在
弹出的右键菜单中分别选择"复制"和"粘贴"
命令即可。

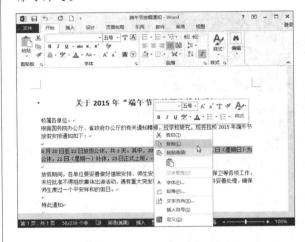

1.1.5 打印文档

在办公过程中,打印操作是必不可少的,为
了使打印的文档页面更加美观,在打印前需要对
文档进行一系列的设置操作,下面具体进行介绍。

1. 设置页面大小

文档页面格式的设置可以通过两种途径进
行设置,其一是通过功能区按钮,其二是通过
"页面设置"对话框。下面将对这两种设置途径
的具体操作方法进行逐一介绍。

◉ 在功能区中进行设置

步骤 01 在"页面布局"选项卡下单击"纸张方
向"下三角按钮,在下拉列表中选"纵向"或
"横向"选项。

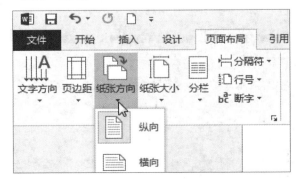

步骤02 单击"纸张大小"下三角按钮，在打开的列表中，用户可根据需要选择合适的纸张尺寸，如选择A4选项。

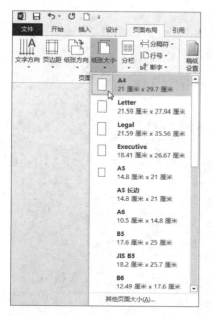

步骤03 单击"页边距"下三角按钮，在打开的列表中选择合适页边距方案，在此选择"普通"选项，随后页面边距将发生变化。

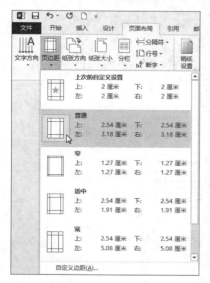

提示 自定义页边距

在设置页边距的操作中，用户也可以选择"自定义边距"选项，在打开的"页面布局"对话框中对页边距进行自定义设置。

◎ 利用"页面设置"对话框设置

步骤01 在"页面布局"选项卡下，单击"页面设置"选项组的对话框启动器按钮。

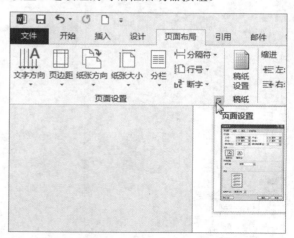

步骤02 打开"页面设置"对话框，默认打开的是"页边距"选项卡，用户可根据需求对"上"、"下"、"左"、"右"四个页边距分别进行设置。

提示 一键恢复默认设置

在设置页边距的过程中，如果经过反复设置始终都不满意，想恢复系统默认的设置，可以直接单击对话框左下角的"设为默认值"按钮。

步骤03 切换至"纸张"选项卡，可以对纸张的大小、纸张来源等选项进行设置，如下图所示。

步骤04 切换至"版式"选项卡，可以对页眉页脚的显示方式、页眉页脚的边距大小等选项进行设置。

步骤05 切换至"文档网格"选项，可以对文字排版的方向、网格的显示形式、每页的行数等选项进行设置。

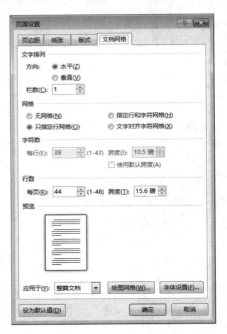

步骤06 设置完成后，单击"确定"按钮即可返回文档编辑区。

2. 打印预览与打印

页面设置完成后，即可进行打印操作。在打印之前，用户可以先对文档页面的打印效果进行预览，以免在打印后才发现错误，从而避免纸张的浪费。

步骤01 执行"文件>打印"命令，打开"打印"面板，面板的右侧为打印预览区域，拖动右下角的滑块，可将预览窗口放大或缩小。

步骤02 若预览页面效果正常，则可以进行打印设置。首先在"份数"文本框中输入打印份数。

步骤03 在"打印机"下拉列表中选择自己所用的打印机。

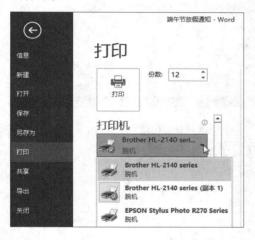

步骤04 在打印页面中，用户可以选择打印当前页、打印所有页、打印指定页。

提示 自定义打印范围

当选择打印自定义范围时，需要在下方的文本框中输入页码范围。

步骤05 打印纸方向的设置分为纵向与横向，用户需根据"页面设置"中的方向进行选择。

步骤06 设置好之后，单击"打印"按钮，即可打印文档。

提示 巧妙设置缩打

为了节省纸张，用户可以选择缩打，即设置每版打印的页数，或者是将文档缩放至指定大小的纸张中。

需要说明的是，单击"打印"面板底部的"页面设置"链接，将会打开"页面设置"对话框，从中也可以对当前文档进行设置。

1.2 制作公司日常行为细则

公司无论大小，都有一份日常行为准则，正所谓"不以规矩，不能成方圆"。怎样才能编制一份严谨、美观的日常行为准则呢？下面将对其制作过程进行详细介绍。

1.2.1 设置字体格式

当我们将所有日常行为细则的内容输入到Word文档中后，这些文字都是默认显示为宋体五号字，为了规范文档内容，还须对文档中的字体格式进行设置。

1. 字体字号的调整

为了区分不同的文本，首先要对字体和字号进行调整，在Word 2013中有多种设置方法，下面分别进行介绍。

◉ 使用对话框设置

步骤 01 选中文档标题文本，打开"开始"选项卡，在"字体"选项组中单击"字体"选项组的对话框启动器按钮。

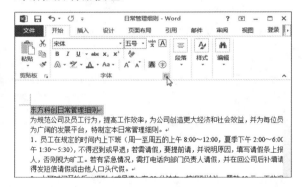

步骤 02 弹出"字体"对话框，在"中文字体"下拉列表中选择"华文楷体"选项，在"字号"下拉列表中选择"二号"选项。

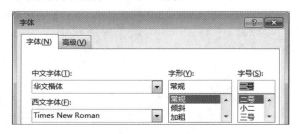

步骤 03 单击"确定"按钮，返回文档中，此时标题的字体和字号已经发生了改变。

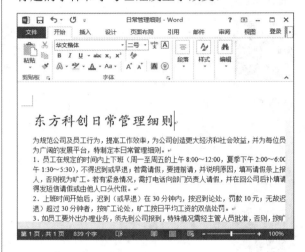

◉ 在"字体"选项组中设置

步骤 01 选中标题文本，打开"开始"选项卡，在"字体"选项组中单击"字体"下三角按钮，在弹出的列表中选择"华文楷体"选项。

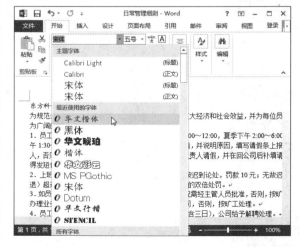

步骤 02 单击"字号"下三角按钮，在下拉列表中选择"二号"选项。

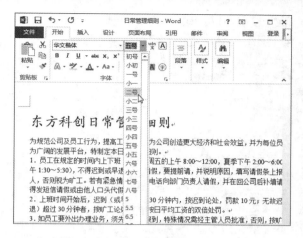

2. 文字效果的添加

文本的标题通常都需要突出显示，以达到突出的效果，本例将介绍如何为标题添加"加粗"效果。

步骤01 选中标题文本并右击，在弹出的快捷菜单中选择"字体"命令。

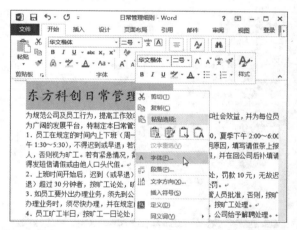

步骤02 弹出"字体"对话框，在"字形"下拉列表中选择"加粗"选项，然后单击"确定"按钮即可。

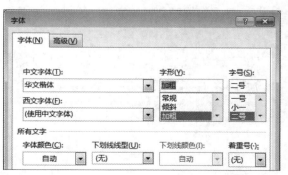

3. 字符间距的设置

字符间距指的是字与字之间的距离，通过调整字符间距，可以精确限定间距大小。

步骤01 选中标题文本，单击"开始"选项下"字体"选项组的对话框启动器按钮。

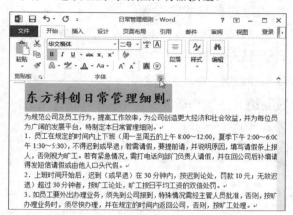

步骤02 弹出"字体"对话框，切换到"高级"选项卡，在"字符间距"选项区域单击"间距"下三角按钮，选择"加宽"选项，设置"磅值"为"3磅"。

步骤03 单击"确定"按钮，返回文档，标题每个文字之间调整为3磅的间距。

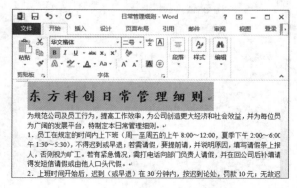

1.2.2 设置段落格式

为了符合人们的书写和阅读习惯，我们通常需要对文档中段落格式进行必要的调整，下面具体进行介绍。

1. 段落对齐方式的设置

在Word表格中，用户可以通过多种方法设置段落的对齐方式。

◎ 在"段落"对话框中设置

步骤01 选中文档标题文本并右击，在弹出的快捷菜单中选择"段落"命令。

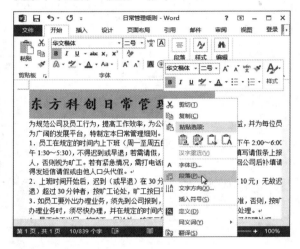

步骤02 弹出"段落"对话框，切换到"缩进和间距"选项卡，在"对齐方式"下拉列表中选择"居中"选项。

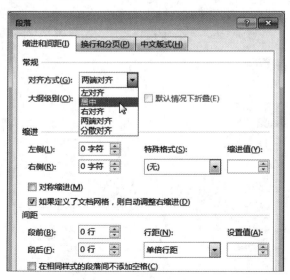

步骤03 单击"确定"按钮，返回文档中，可以看到此时文档标题已经居中显示。

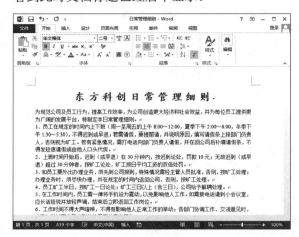

◎ 在"段落"选项组中设置

步骤01 将光标移动至文档最下方，选中落款和日期文本，打开"开始"选项卡，在"段落"选项组中单击"右对齐"按钮。

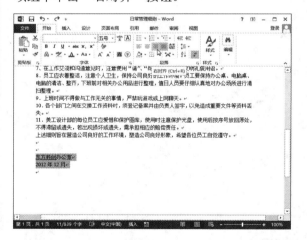

步骤02 选中的文本随即移动至右侧，以右对齐的方式显示在文档中。

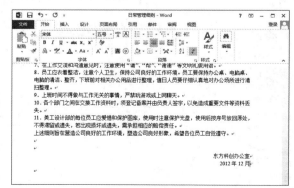

2. 段落缩进格式的设置

编辑完文档后，会在每段的首页空两格，Word 2013提供段落缩进功能可满足这一需求。

◉ 在"段落"对话框中设置

步骤01 选中文档中所有段落，打开"开始"选项卡，单击"段落"选项组的对话框启动器按钮。

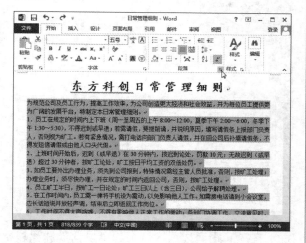

步骤02 弹出"段落"对话框，切换到"缩进和间距"选项卡，单击"缩进"选项区域中"特殊格式"下三角按钮，选择"首行缩进"选项。

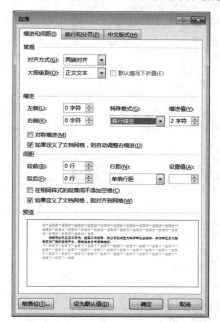

步骤03 单击"确定"按钮，关闭对话框，文档中所有段落的首行全部缩进了两个字符。

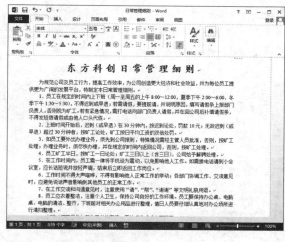

◉ 使用"标尺"进行设置

步骤01 切换到"视图"选项卡，在"显示"选项组中勾选"标尺"复选框，文档的上方和左侧即出现了标尺。

步骤02 选中文档中需要设置缩进的段落，将光标移动至"首行缩进"滑块上方。

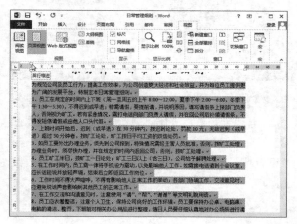

步骤03 按住鼠标左键，向右拖动鼠标至标尺上的数字2处，松开鼠标。文档中所有选中的段落，首行均缩进了2个字符。

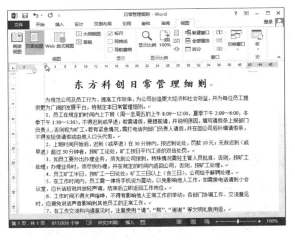

3. 段落间距的调整

段落间距指的是段落与段落之间的距离，在Word 2013中用户可以通过多种渠道设置段落之间的间距。

◎ 在"段落"对话框中调整

步骤01 选中整个文档并右击，在弹出的菜单中选择"段落"命令。

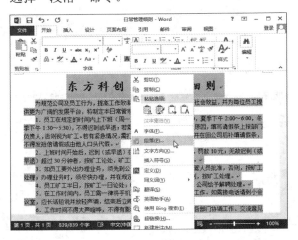

步骤02 弹出"段落"对话框，打开"缩进和间距"选项卡，在"间距"选项区域中单击"行距"下三角按钮，选择"多倍行距"选项，在"设置值"数值框中输入1.25，单击"确定"按钮即可。

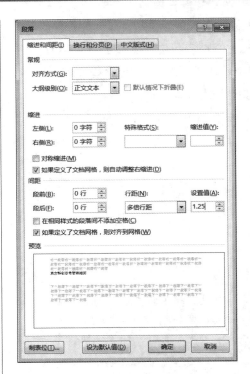

步骤03 选中文本标题，再次打开"段落"对话框，在"间距"选项区域中的"段前"和"段后"数值框中均输入"1.5行"。

步骤04 单击"确定"按钮，文档中的段落间距就调整好了。

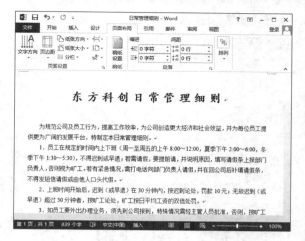

◎ 在"开始"选项卡中调整

步骤 01 选中整个文档,在"开始"选项卡下的"段落"选项组中,单击"行和段落间距"按钮。

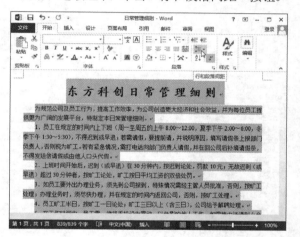

步骤 02 在"段落"选项组的"行和段落间距"下拉列表中,选择1.15选项。

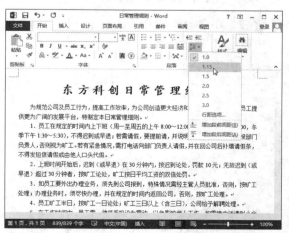

步骤 03 选中文本标题,单击"行和段落间距"下拉按钮,在列表中选择"增加断前间距"选项。然后用同样的方法增加段后间距。

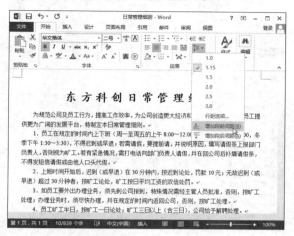

◎ 在"页面布局"选项卡下调整

选中文本,切换至"页面布局"选项卡,在"段落"选项组的"前段"和"后段"数值框中分别输入"0.5行"即可。

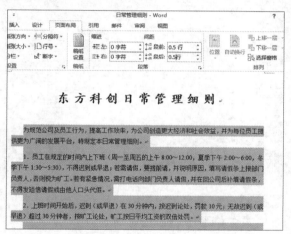

1.2.3 添加边框和底纹

用户在编辑文档时,为了美化或突出显示某些内容,通常会对文本添加边框和底纹效果。

1. 文本边框的添加

添加文本边框的方法不止一种,用户可以根据实际需要选择合适的添加方法。

● 在"边框和底纹"对话框中添加

步骤01 选中需要添加边框的文本，切换至"设计"选项，在"页面背景"选项组中单击"页面边框"按钮。

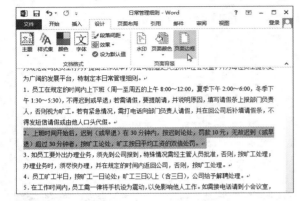

步骤02 弹出"边框和底纹"对话框，切换到"边框"选项卡，在"设置"选项列表中选择"方框"选项。

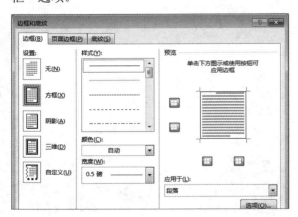

步骤03 单击"确定"按钮。返回文档中，此时选中的文本已经被添加了边框。

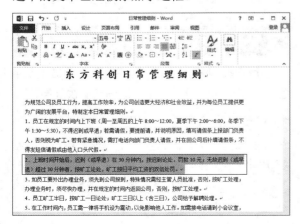

● 在"段落"选项组中添加

步骤01 选中需要添加边框的文本，切换至"开始"选项卡，在"段落"选项组中单击"边框"下拉按钮。

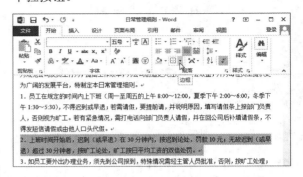

步骤02 在展开的下拉列表中选择"外侧框线"选项，选中的文本随即被添加了边框。

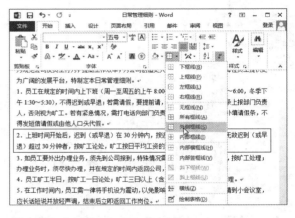

2. 文本底纹的设置

为选中的文本添加底纹，可以突出显示选中的内容，具体操作方法如下。

步骤01 选中需要添加底纹的文本，切换至"设计"选项卡，在"页面背景"选项组中单击"页面边框"按钮。

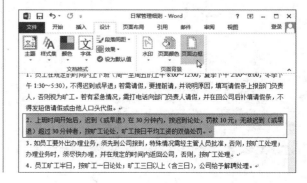

步骤 02 弹出"边框和底纹"对话框，切换到"底纹"选项卡，单击"填充"下拉按钮，选择"黄色"选项。

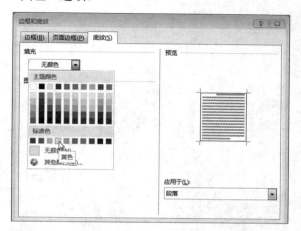

步骤 03 单击"图案"选项区域中的"样式"下拉按钮，在展开的列表中选择"10%"选项。

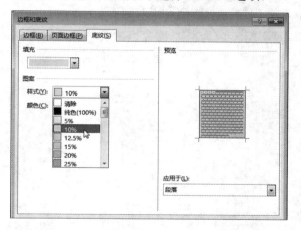

步骤 04 单击"确定"按钮，返回文档中，此时选中的文本已经添加了设置的底纹。

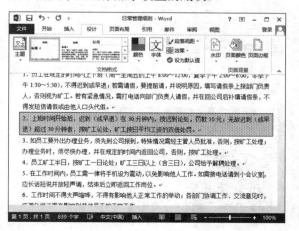

1.2.4 设置页面背景

打开Word 2013，面对着单一苍白的文档，不免觉得枯燥乏味，那么怎样才能让文档变得多姿多彩呢？

1. 添加水印

添加水印不仅可以美化文档，也可以起到一种广而告之的作用，让阅读者瞬间了解该文档的性质。

步骤 01 切换至"设计"选项卡，单击"页面背景"选项组中的"水印"下拉按钮。

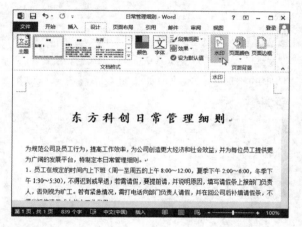

步骤 02 在打开的下拉列表中，用户可选择内置的水印样式，如果对这些样式不满意，则单击"自定义水印"选项。

步骤03 弹出"水印"对话框，单击"文字水印"单选按钮，在"文字"下拉列表中选择"传阅"选项。

步骤04 依次设置字体、字号和颜色后，选择"版式"为"斜式"，单击"应用"按钮，对文档中的水印进行预览，如果觉得不满意，可以重新调整。

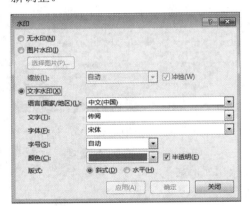

步骤05 单击"关闭"按钮，关闭对话框，设置了水印的文档效果如下图所示。

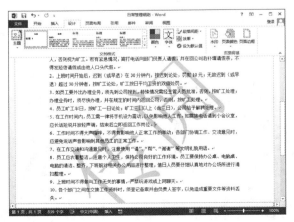

2. 设置页面颜色

文档的页面颜色除了默认的白色，还可以根据需要设置为其他的颜色，具体操作步骤如下。

步骤01 打开"设计"选项卡，在"页面背景"选项组中单击"页面颜色"下三角按钮，在展开的颜色列表中选择合适颜色即可。

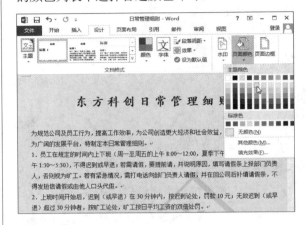

步骤02 还可为页面设置更多其他颜色，单击"页面颜色"下拉按钮，在展开的列表中选择"其他颜色"选项。

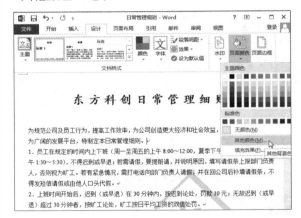

步骤03 弹出"颜色"对话框，切换到"自定义"选项卡，在颜色面板上选取合适的颜色，单击"确定"按钮。

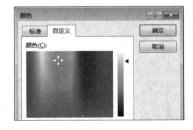

步骤04 返回文档中，即可查看为页面填充了颜色的效果。

3. 设置其他填充效果

在Word 2013中，用户不仅可以设置页面为纯色填充，还可以将页面设置为其他不同的填充效果。

◎ 渐变填充

步骤01 打开"设计"选项卡，在"页面背景"选项组中单击"页面颜色"下拉按钮，在展开的下拉列表中选择"填充效果"选项。

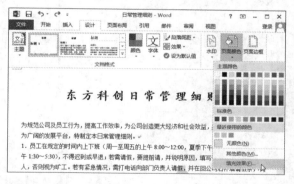

步骤02 弹出"填充效果"对话框，切换到"渐变"选项卡，在"颜色"选项组中单击"单色"单选按钮，在"颜色"下拉列表中选择合适的颜色。

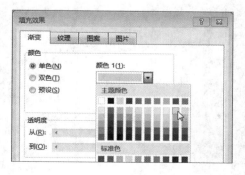

步骤03 将"颜色"选项区域中控制颜色深浅的滑块滑动到最浅，在"底纹样式"选项区域中单击"中心辐射"单选按钮。

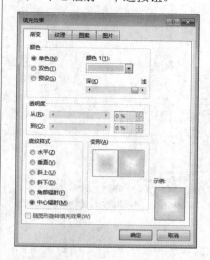

步骤04 单击"确定"按钮，返回文档即可查看设置后的页面填充效果。

◎ 纹理填充

步骤01 打开"填充效果"对话框，切换到"纹理"选项卡，在"纹理"下拉列表中选择"蓝色面巾纸"选项。

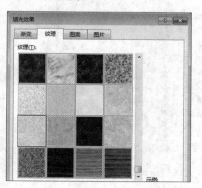

步骤02 单击"确定"按钮，关闭对话框，查看文档的设置效果。

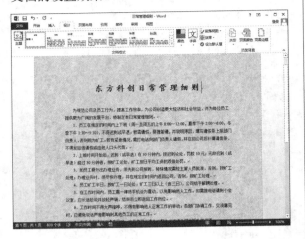

● 图案填充

步骤01 打开"填充效果"对话框，切换到"图案"选项卡。

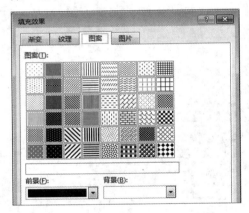

步骤02 在"图案"选项区域中选择"草皮"选项，在"前景"和"背景"下拉列表中选择合适的颜色。

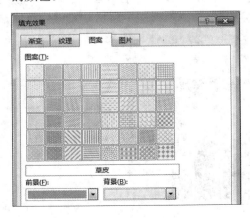

步骤03 单击"确定"按钮，返回文档，即可查看文档的背景填充效果。

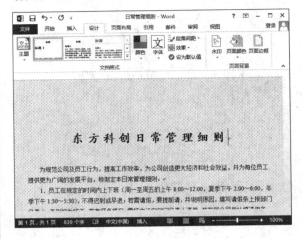

● 图片填充

步骤01 打开"填充效果"对话框，切换至"图片"选项卡，单击"选择图片"按钮。

步骤02 弹出"插入图片"面板，选择"来自文件"选项。

步骤03 打开"选择图片"对话框，选择合适的图片，单击"插入"按钮。

步骤04 返回"填充效果"对话框，单击"确定"按钮，关闭对话框。

步骤05 此时的文档背景已经被设置成了图片填充，效果如下图所示。

1.2.5 文档视图

Word 2013文档视图分为五种，分别是阅读视图、页面视图、Web版视图、大纲视图和草稿视图。

1. 阅读视图

Word 2013的阅读视图模式将隐藏功能区，只显示简洁的阅读界面。

步骤01 打开"视图"选项卡，在"视图"选项组中单击"阅读视图"按钮。

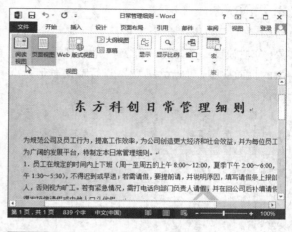

步骤02 进入阅读模式效果如下图所示。阅读模式仅用于查看打开文档，不允许对文档进行修改。

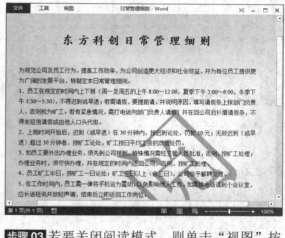

步骤03 若要关闭阅读模式，则单击"视图"按钮，在展开的下拉列表中选择"编辑文档"选项，即可切换至页面视图。

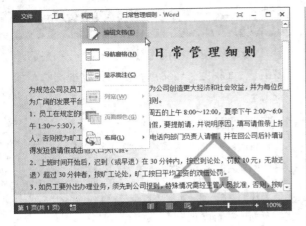

2. 页面视图

页面视图模式包含了页眉、页脚、图形对象、分栏设置、页边距等元素，是最接近打印结果的页面视图。Word 2013打开后默认显示为页面视图。

切换至"视图"选项卡，在"视图"选项组中单击"页面视图"按钮，将启用页面视图模式。

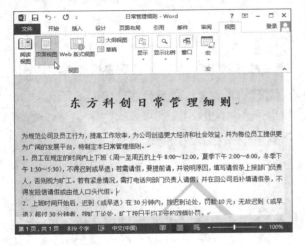

3. Web版式视图

Web视图模式是以网页的形式显示Word 2013文档，Web版式视图适用于发送电子邮件和创建网页。

在"视图"选项卡，单击"视图"选项组中的"Web版式视图"按钮，即可启用Web版式视图模式。

4. 大纲视图

Word 2013的大纲视图模式可以方便地折叠和展开各种层级的文档，该视图模式主要用于长文档的快速浏览和设置。

步骤01 在"视图"选项卡，单击"视图"选项组中的"大纲视图"按钮，即可切换至大纲视图模式。

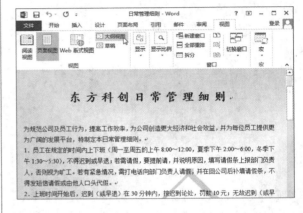

步骤02 在"大纲"选项卡中单击"关闭大纲视图"按钮，关闭大纲视图模式。

5. 草稿视图

草稿视图模式仅显示正文，取消了页边距、分栏、页眉页脚、图片等元素，可以节省计算机系统硬件资源。

在"视图"选项卡，单击"视图"选项组中的"草稿"按钮，即可切换至草稿视图模式。

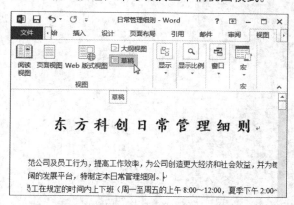

6. 调整视图比例

一般情况下打开Word 2013时，视图比例默认为100%。如果因为计算机分辨率等因素，用户需要放大或缩小文档比例，这时候应该如何操作呢？

◉ 移动滑块调整

将光标指向页面右下方的"显示比例"滑块，按住鼠标左键向左或向右移动滑块，即可放大或缩小页面显示比例。

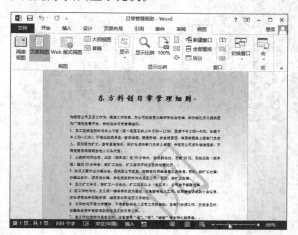

◉ 在"显示比例"选项组中调整

步骤 01 切换到"视图"选项卡，在"显示比例"选项组中单击"显示比例"按钮。

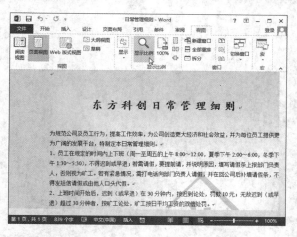

步骤 02 弹出"显示比例"对话框，可以在"显示比例"选项区域中选择相应的单选按钮，调节显示比例，也可以在"百分比"数值框中设置精确的显示比例，单击"确定"按钮。

步骤 03 若要恢复文档显示比例为100%，则在"显示比例"选项区域中单击"100%"单选按钮。

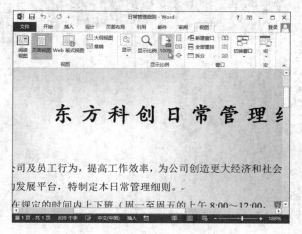

Chapter 02
Word文档的美化

为了使自己制作的Word文档更赏心悦目，用户可以为文档添加图片、图形、文本框、艺术字等元素，并按照一定的摆放规则进行排列，从而达到美化文档的目的。本章将对上述的这些知识点进行详细介绍，从而使读者熟悉并掌握美化文档的操作方法与技巧。

核心知识点

❶ 图片的插入与编辑

❷ 图形的绘制与修饰

❸ 艺术字的创建

❹ 文本框的创建

Word办公篇

2.1 制作南京旅游攻略

如果你要去旅游就一定要提前准备一份旅游攻略，那么一份图文并茂的旅游攻略是怎样制作出来的呢？除了要有详细的文字表述之外，图片的添加和应用也是必不可少的。

2.1.1 插入景区图片

在Word文档中，图片的应用，不仅可以美化文档，还可以对文字描述起到解释作用，使整个文档看上去更加生动、形象。

步骤01 切换到"插入"选项卡，在"插图"选项组中单击"图片"按钮。

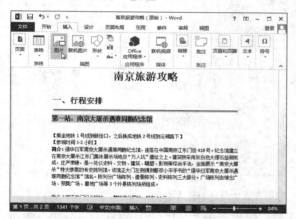

步骤02 弹出"插入图片"对话框，在对话框中选择图片所在文件夹。

步骤03 打开图片所在文件夹，选中需要插入文档的图片，单击"插入"按钮。

步骤04 此时选中的图片就出现在了文档中，选中该图片并右击。

步骤05 在弹出的快捷菜单中选择"大小和位置"命令。

步骤06 打开"布局"对话框，切换到"文字环绕"选项卡，在"环绕方式"选项区域中选择"浮于文字上方"选项，单击"确定"按钮。

步骤07 返回文档中，调整图片大小并将图片拖动到合适位置。

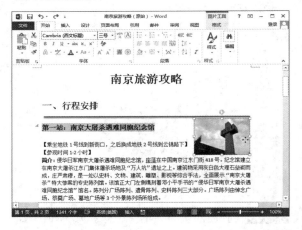

2.1.2 编辑景区图片

图片插入到文档中后，除了要调整好图片的大小，还可通过相应的编辑操作让图片变得和之前不一样。

步骤01 将光标置于文档第二段内容中任意位置切换到"插入"选项卡，在"插图"选项组中单击"图片"按钮。

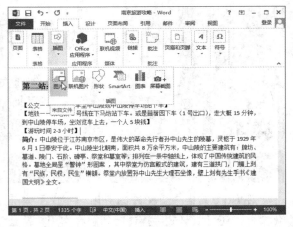

步骤02 在弹出的"插入图片"对话框中选择需要插入到文档中的图片，单击"插入"按钮。

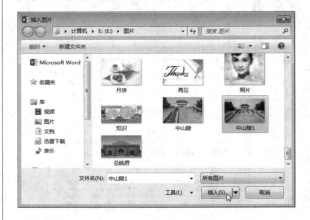

步骤03 选中的图片随即被插入到Word文档中，选中图片，在"图片工具-格式"选项卡下单击"裁剪"下三角按钮，选择"裁剪"选项。

步骤04 当图片变为可裁剪状态时，按住鼠标左键对图片进行裁剪。

步骤 05 右击裁剪过的图片，在弹出的快捷菜单中选择"大小和位置"命令。

步骤 06 弹出"布局"对话框，切换至"文字环绕"选项卡，在"环绕方式"选项组中单击"紧密型"按钮。

步骤 07 切换到"大小"选项卡，在"高度"选项区域的"绝对值"文本框中输入"5.5厘米"，在"宽度"选项区域的"绝对值"文本框中输入"8.5厘米"，单击"确定"按钮。

步骤 08 返回到文档中，查看设置的效果并将图片拖动到合适位置。

2.1.3　美化图片

Word 2013内置了很多图片的美化功能，例如给图片添加边框、改变图片样式、增加艺术效果等。

步骤 01 首先在文档的第三段"第三站：夫子庙"中插入图片。

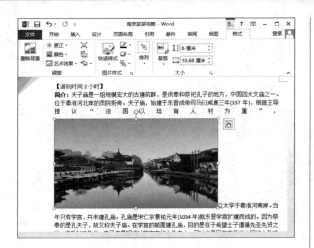

步骤02 选中图片，打开"图片工具-格式"选项卡，单击"大小"选项组中的"裁剪"下三角按钮，在下拉列表中选择"裁剪为形状"选项，在子菜单中选择"云彩"选项。

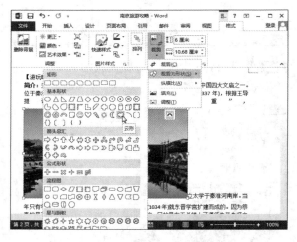

步骤03 单击"图片样式"选项组中的"图片边框"下拉按钮，在展开的列表中选择"粗细"选项，在子菜单中选择"0.5磅"选项。

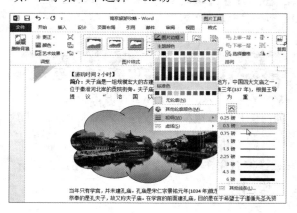

步骤04 再次单击"图片边框"下拉按钮，在展开的列表中选择"虚线"选项，在子菜单中选择"划线-点"选项。

步骤05 右击图片，在展开的菜单中选择"大小和位置"命令。

步骤06 弹出"布局"对话框，切换到"文字环绕"选项卡，选择"环绕方式"为"紧密型"，单击"确定"按钮。

步骤07 返回文档，将图片拖至第三段内容中的合适位置。

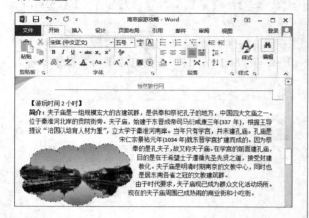

步骤08 在文档第四段最下方插入图片，选中图片打开"图片工具-格式"选项卡，单击"调整"选项组中的"艺术效果"下拉按钮，在下拉列表中选择"蜡笔平滑"选项。

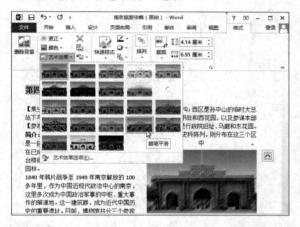

步骤09 单击"图片样式"选项组中的快速样式下拉按钮，在下拉列表中选择"旋转，白色"选项。

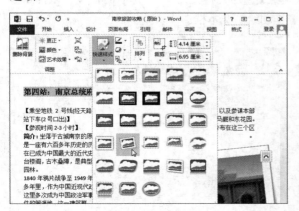

步骤10 右击图片，在打开的快捷菜单中选择"大小和位置"命令。

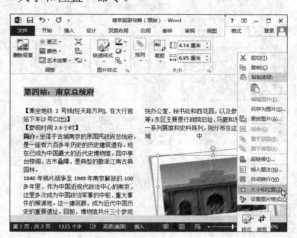

步骤11 打开"布局"对话框，切换至"文字环绕"选项卡，在"环绕方式"选项区域中单击"浮于文字上方"按钮。

步骤12 单击"确定"按钮返回文档中，将图片调整到合适位置。插入图片后的"南京旅游攻略"最终效果如图所示。

2.2 制作管理平台运行流程图

在Word 2013中，利用自选图形库提供的流程图形状和连接符，可以制作出各种用途的图形。下面将通过介绍一个流程图的绘制过程，来对图形的绘制与编辑操作进行详细地介绍。

2.2.1 设计流程图标题

在创建流程图前，需要先创建一个标题，流程图标题可通过插入文本框的形式进行创建。

步骤01 打开一个空白文档，切换到"页面布局"选项卡，单击"页面设置"选项组中的对话框启动器按钮。

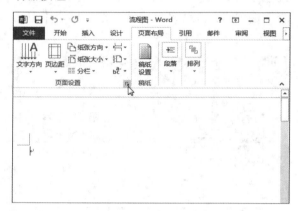

步骤02 弹出"页面设置"对话框，切换到"页边距"选项卡，在"纸张方向"选项区域中单击"横向"按钮，单击"确定"按钮。

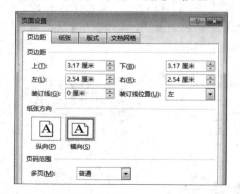

步骤03 返回文档页面后，切换到"插入"选项卡，单击"文本"选项组中的"文本框"下拉按钮即可。

步骤04 在展开的列表中选择"绘制文本框"选项。

步骤05 当光标变为"+"形状时，按住鼠标左键拖动绘制文本框。

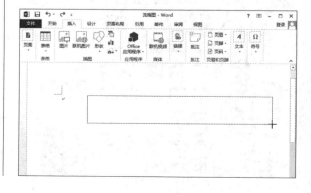

步骤06 在绘制好的文本框中输入"电话管理平台运行流程图"字样。

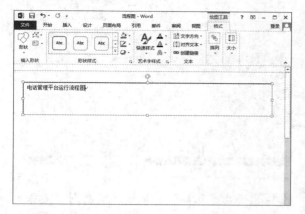

步骤07 选中创建的文本框，切换到"开始"选项卡，在"字体"选项组中单击"字号"下拉按钮，在下拉列表中选择"初号"选项。

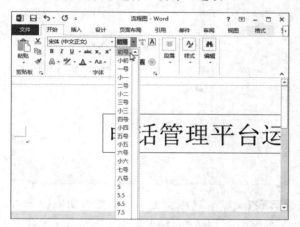

步骤08 在"字体"选项组中单击"文本效果和版式"下拉按钮，在展开的列表中选择"渐变填充-蓝色，着色1，反射"选项。

步骤09 保持文本框为选中状态，在"字体"选项组中单击"加粗"按钮。

步骤10 在"开始"选项卡下的"段落"组中，单击"居中"按钮，让文本框中的文字居中显示。

步骤11 切换到"绘图工具-格式"选项卡，在"形状样式"选项组中单击"形状轮廓"下拉按钮，在展开的列表中选择"无轮廓"选项。

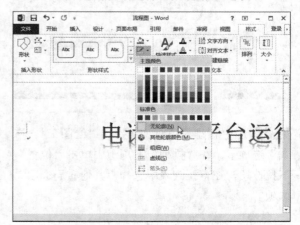

步骤12 在"形状样式"选项组中单击"形状填充"下拉按钮，在展开的列表中选择"蓝-灰，文字2，淡色80%"选项，即可查看设置效果。

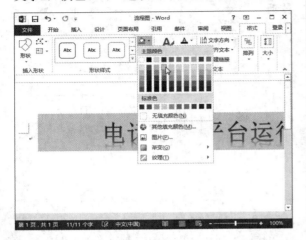

2.2.2 绘制流程图

绘制流程图所需的各种形状都可以在Word文档的形状库里找到，如果用户有特殊要求也可以手动绘制需要的形状。

1. 绘制基本图形

流程图的基本图形大都可以应用图形库中的图形选项进行绘制，下面介绍具体操作。

步骤01 打开"插入"选项卡，在"插入"选项组中单击"形状"下拉按钮，在弹出的下拉列表中选择"新建绘图画布"选项。

步骤02 选中新建的画布，切换到"绘图工具-格式"选项卡，在"排列"选项组中单击"位置"下拉按钮，在下拉列表中选择"其他布局选项"选项。

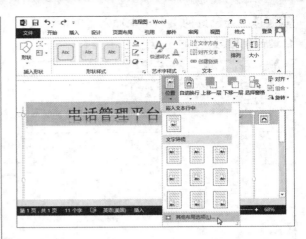

步骤03 弹出"布局"对话框，切换到"文字环绕"选项卡，选择"环绕方式"为"浮于文字上方"选项，单击"确定"按钮。

步骤04 调整好画布的大小、位置。切换到"插入"选项卡，在"插图"选项组中单击"形状"下拉按钮，在下拉列表"流程图"选项区域中选择"流程图：过程"选项。

步骤 05 当光标变为"+"形状时，按住鼠标左键拖曳绘制图形。

步骤 06 选中绘制好的图形，按住Ctrl键，同时长按鼠标左键拖动所选图形，就可以复制一个一模一样的图形，然后用同样的方法复制多个同样的图形。

步骤 07 再次单击"形状"下拉按钮，在展开的下拉列表中选择"流程图：联系"选项。

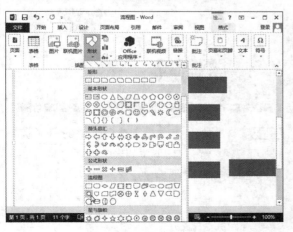

步骤 08 当光标变为"+"形状时，按住鼠标左键绘制图形。然后将画布上的图形按合适的位置排列好。

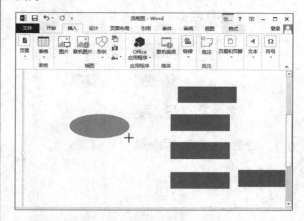

步骤 09 在"插入"选项卡的"插图"选项组中，单击"形状"下拉按钮，在"线条"选项区域中选择"箭头"选项。

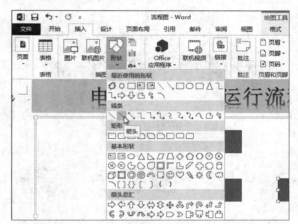

步骤 10 当光标变为"+"形状时，按住鼠标左键拖动，绘制箭头。

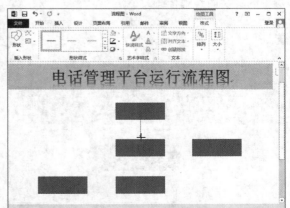

步骤11 参照上一个步骤，用箭头将画布中的各个图形连接起来，查看效果。

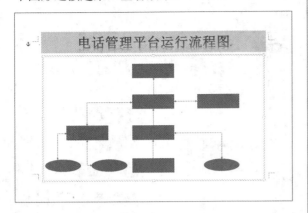

2. 添加文字

在流程图中添加文字时，不需要再插入文本框，只要选中图形，直接输入文字即可。

步骤01 选中画布中最上方的图形，直接输入文字"联合营业区总经理室"。

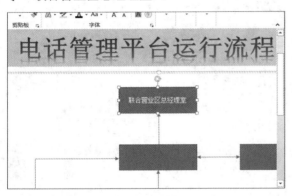

步骤02 选中图形，切换至"开始"选项卡，在"字体"选项组中单击"增大字号"按钮，将图形中的文字调整到合适大小。

2.2.3 美化流程图

流程图的基本形状绘制好后，可以对其进行适当的美化，使创建的流程图能更轻松有效地传递要表达的信息。

步骤01 选中"值班经理"图形，打开"绘图工具-格式"选项卡，在"形状样式"选项组中单击"形状填充"下拉按钮，在展开的列表中选择"金色，着色4"选项。

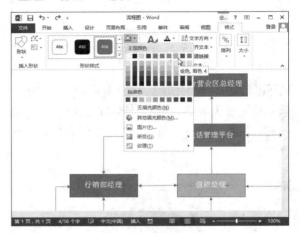

步骤02 在"形状样式"选项组中单击"形状轮廓"下拉按钮，在展开的列表中选择"无轮廓"选项。

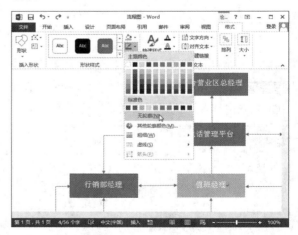

步骤03 单击"形状样式"选项组中的"形状效果"下三角按钮，在下拉列表中选择"棱台"选项，在其子菜单中选择"艺术装饰"选项。

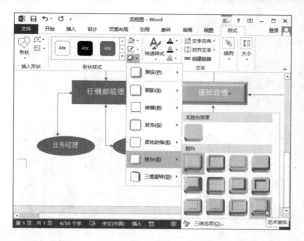

步骤 04 单击"形状样式"选项组中的"形状填充"下拉按钮,在下拉列表中选择"渐变"选项,在其子菜单中选择"线性对角-左下到右上"选项。

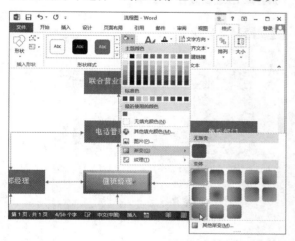

步骤 05 打开"形状样式"选项组中的"形状轮廓"下拉按钮,在下拉列表中选择"三维旋转"选项,在子菜单中选择"极右极大透视"选项。

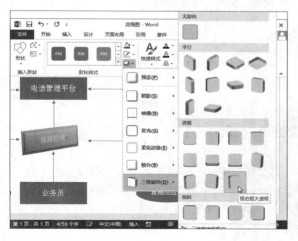

步骤 06 选择"联合营业区总经理"形状,在"形状填充"下拉列表中选择"红色"选项。

步骤 07 再次打开"形状填充"下拉列表,选择"渐变"选项,在其子菜单的"浅色变体"中选择"重心辐射"选项。

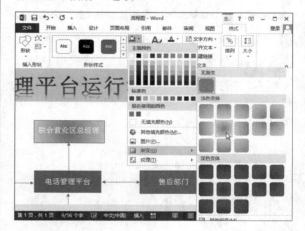

步骤 08 打开"形状样式"下拉列表,选择"棱台"选项,在子菜单中选择"圆"选项。依次将其他图形也设置合适的样式。

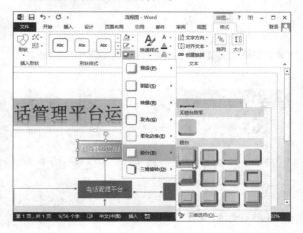

步骤09 选中任意一个连接箭头，在"绘图工具-格式"选项卡下，单击"形状样式"选项组中的"其他"下拉按钮，在展开的列表中选择"粗线-强调颜色6"选项。按照此方法依次设置其他箭头样式。

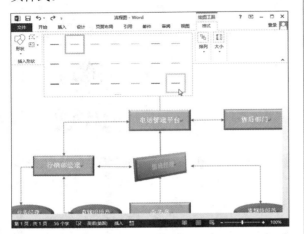

步骤10 选中一个图形，在"绘图工具"栏中的"格式"选项卡的"艺术字样式"选项组中单击"其他"按钮，在展开的列表中选择"填充-黑色，文本1，阴影"选项。依照此方法设置其他文体样式。

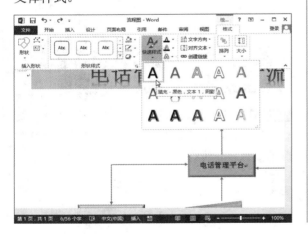

步骤11 单击画布空白处，切换至"绘图工具"栏中的"格式"选项卡，在"形状样式"选项组中单击"形状填充"下拉按钮，在展开的列表中选择"纹理"选项，在下级列表中选择"蓝色面巾纸"选项。

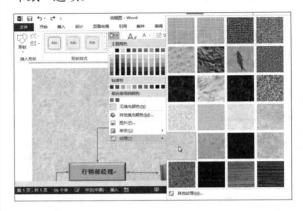

步骤12 最终呈现效果如下图所示。

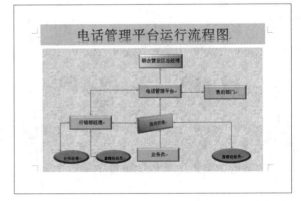

W o r d 办公篇

2.3 制作火锅店菜单

在进餐时，我们总会被制作精美的菜单所吸引，那么这个页面是怎么制作出来的呢？下面将以火锅店菜单设计为例进行介绍，其中主要涉及到的知识点包括页面设置、文字设计、图片的设计、文本框的应用、特殊符号的插入等。

2.3.1 设计菜单标题

通常菜单上都要印上店铺名称和店铺特色来作为标题，标题多数情况位于整个菜单的顶端、左侧或右侧，在此将对标题的设置进行介绍。

1. 制作火锅店LOGO

火锅店LOGO可以用在文档中插入图片的方式进行设计。

步骤01 切换至"页面布局"选项卡，单击"页面设置"选项组中的"对话框启动器"按钮。

步骤02 弹出"页面设置"对话框，切换至"页边距"选项卡，在"纸张方向"区域中选择"横向"选项，单击"确定"按钮，关闭对话框。

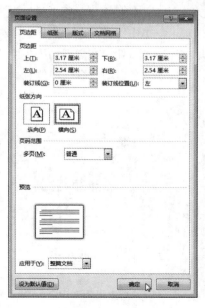

步骤03 返回文档，切换到"插入"选项卡，在"插图"选项组中单击"图片"按钮。

步骤04 打开"插入图片"对话框，选择需要插入到文档中的Logo图片，单击"插入"按钮。

步骤05 右击插入到文档中的图片，在弹出的菜单中选择"大小和位置"命令。

步骤06 打开"布局"对话框，切换到"文字环绕"选项卡，在"环绕方式"区域中选择"衬于文字下方"选项，单击"确定"按钮。

步骤07 调整好图片的大小，将图片拖动至文档的左上方。

2. 编辑火锅店名称

火锅店名称可用文本框的形式编辑，但是有时用插入艺术字的形式编辑名称会更加方便。

步骤01 切换到"插入"选项卡，在"文本"选项组中单击"艺术字"下拉按钮。

步骤02 在展开的列表中选择"填充-黑色，文本1，阴影"选项。

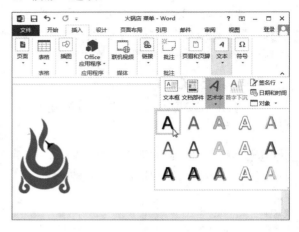

步骤03 在新插入的艺术字文本框中输入火锅店名称"香辣工坊 川味秘制火锅"。

步骤04 选中艺术字边框，切换至"绘图工具"栏中的"格式"选项卡，单击"艺术字样式"选项组中的"文本填充"下拉按钮，在展开的列表中选择"红色"。最后将店名拖动到合适的位置。

2.3.2　设计菜单页面

一份好的菜单其布局非常重要，文本框和图形的位置如何排放，将直接影响最终的设计效果。下面将通过具体实例，详细讲解火锅店菜单的制作步骤。

步骤01 打开"插入"选项卡，在"文本"选项组中单击"文本框"下拉按钮，在展开的列表中选择"绘制文本框"选项。

步骤02 然后在火锅店名称下方绘制一个长方形的文本框。

步骤03 在文本框中输入"湿纸巾：1元"、"台号："、"人数"、"服务员"、"时间"字样。选中文本框，在"开始"选项卡下，单击"段落"选项组中的"居中"按钮。

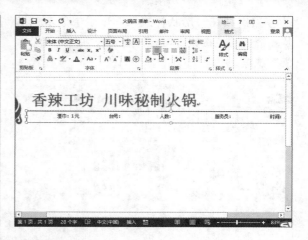

步骤04 选中文本框中的文字，单击"开始"选项卡"字体"选项组中的"加粗"按钮。

步骤05 选中文本框，切换到"绘图工具-格式"选项卡，在"形状样式"选项组中单击"形状填充"下拉按钮，在列表中选择"橙色，着色2，淡色60%"选项。

步骤06 继续在"形状样式"选项组中单击"形状轮廓"下拉按钮，在展开的列表中选择"无轮廓"选项。

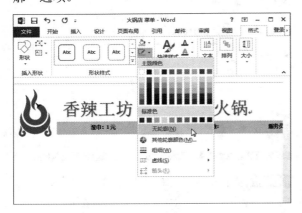

步骤07 在"插入形状"选项组中单击"文本框"下拉按钮，在展开的列表中选择"绘制文本框"选项。

步骤08 在文档的中央位置绘制四个大小一样的文本框。

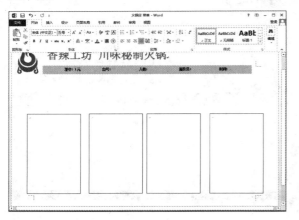

步骤09 在第一个文本框中输入文字"特色锅底"文本并选中，单击"开始"选项卡"段落"选项组中的"居中"按钮。

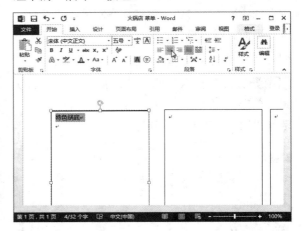

步骤10 然后单击"字体"选项组中的"加粗"按钮，将文字加粗。

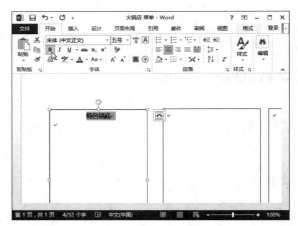

步骤11 继续在文本框中输入各类火锅锅底以及价格，并调整好字符之间的间距。

步骤 12 将光标置于第二行文字后，切换到"插入"选项卡，在"符号"选项组中单击"符号"下拉按钮，在展开的列表中选择"其他符号"选项。

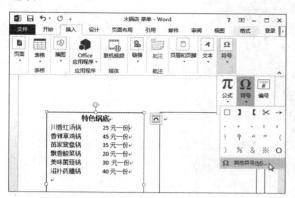

步骤 13 弹出"符号"对话框，选中口符号，单击"插入"按钮。

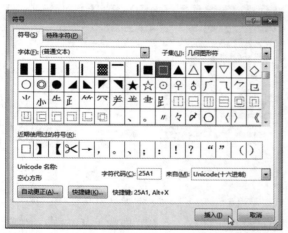

步骤 14 单击"关闭"按钮关闭"符号"对话框，返回到文档中，用同样的方法向其他文字后添加空心方形符号。

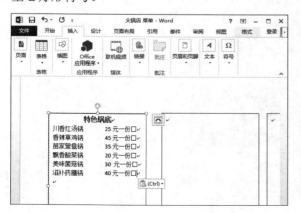

步骤 15 打开"插入"选项卡，在"插入"选项组中单击"形状"下拉按钮，在"线条"选项区域中选择"直线"选项。

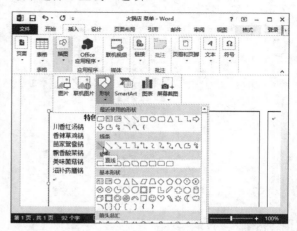

步骤 16 当光标变为+形状时，按住鼠标左键在文本框中第二行文字下方绘制一条直线。

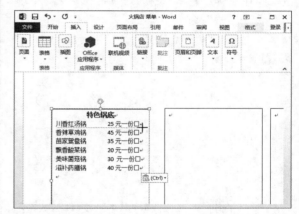

步骤 17 选中绘制的直线，打开"格式"选项卡，单击"形状样式"选项组中的"形状轮廓"下拉按钮，选择"黑色，文字1"选项。

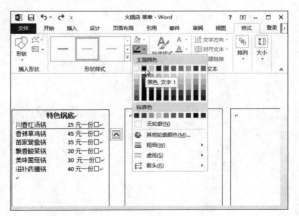

步骤18 再次打开"形状轮廓"下拉列表，选择"虚线"选项，在其子菜单中选择"长划线"选项。

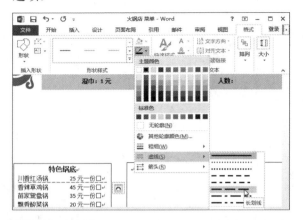

步骤19 用同样的方法在其他文字下绘制线条。按住Shift键，选中所有线条并右击，在展开的快捷菜单中选择"置于顶层"选项，在子菜单中选择"置于顶层"命令。

步骤20 用同样的方法在其他三个文本框中输入文字、添加方框、添加线条。

步骤21 切换到"插入"选项卡，单击"插图"选项组中的"图片"按钮。

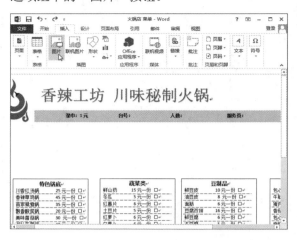

步骤22 弹出"插入图片"对话框，选中需要插入到文档中的图片，单击"插入"按钮。

步骤23 选中图片，打开"图片工具-格式"选项卡，单击"排列"选项组中的"位置"下拉按钮，选择"其他布局选项"选项。

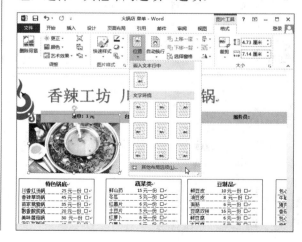

步骤 24 弹出"布局"对话框,切换到"文字环绕"选项卡,在"环绕方式"选项区域中单击"浮于文字上方"按钮,单击"确定"按钮。

步骤 25 调整好图片的位置和大小,用同样的方法插入其他图片,调整好位置。按住Shift键同时,选中文档中输入了菜名的四个文本框。

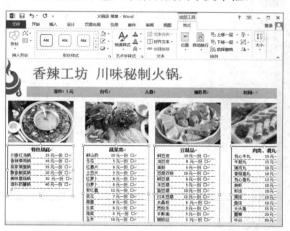

步骤 26 打开"绘图工具-格式"选项卡,单击"形状样式"选项组中的"形状轮廓"下拉按钮,在弹出的列表中选择"无轮廓"选项即可。

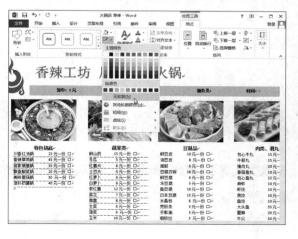

2.3.3 添加特色宣传语

脍炙人口的宣传标语能够让人过目不忘,从而真正达到宣传的作用。

1. 插入并编辑图形

插入到文档中的普普通通的图形,我们也可以设置出很多花样,下面介绍图形的编辑方法。

步骤 01 打开"插入"选项卡,在"插图"选项组中单击"形状"下拉按钮,在下拉列表的"矩形"选项区域中选择"对角圆角矩形"选项。

步骤 02 当光标变为+形状时,拖动鼠标在文档中绘制图形。

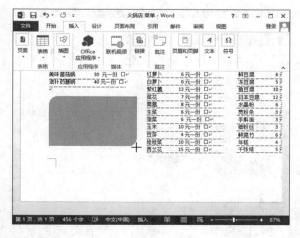

步骤 03 右击图形,在弹出的菜单中选择"设置形状格式"命令。

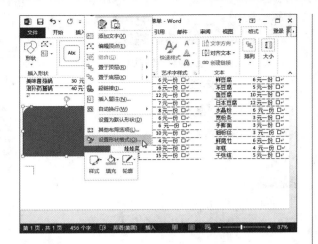

步骤04 打开"设置形状格式"窗格，单击"图案填充"单选按钮，在"图案"选项区域中选择"轮廓式菱形"选项，设置前景色为黑色。

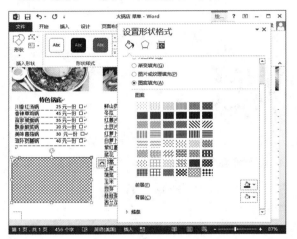

步骤05 关闭"设置形状格式"窗格，打开"插入"选项卡，在"文本"选项组中单击"艺术字"下拉按钮。

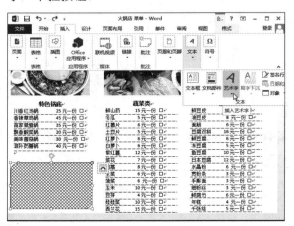

步骤06 在展开的列表中选择"填充-白色，轮廓-着色2，清晰阴影-着色2"选项。

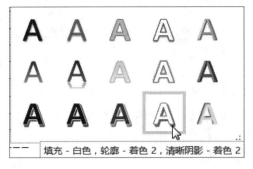

步骤07 文本中随即出现了"请在此放置您的文字"字样的艺术字文本框，输入艺术字为"味道纯正的麻辣香锅！"。

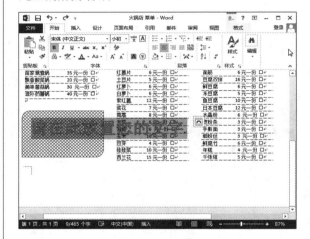

步骤08 调整好艺术字的字符间距，将其拖动至之前添加的图形上方。

步骤09 在文本最下方添加效果为"填充-白色，轮廓-着色2，清晰阴影-着色2"的艺术字文本

框，输入文本"亲朋好友涮的火辣，心满意足留香回家"。

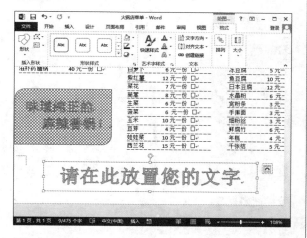

步骤 10 打开"绘图工具-格式"选项卡，单击"艺术字样式"选项组中的"文字效果"下拉按钮。

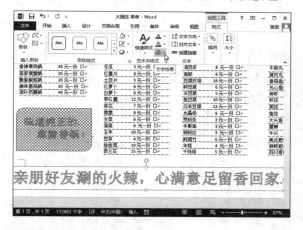

步骤 11 在展开的列表中选择"转换"选项，在子菜单中选择"波形2"选项。

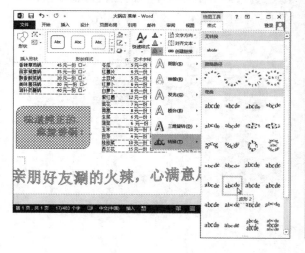

2. 组合图片和文本框

组合图形、文本框、图片等，是为了让他们成为一个整体，方便整体的移动或删除操作。

步骤 01 按住Shift键同时选中图形和艺术字并右击，在打开的菜单中选择"组合"命令，在子菜单中选择"组合"命令。

步骤 02 选中编辑了火锅汤底名称的文本框，按住Shift键的同时，依次选中文本框中的线条和文本框上方的图片，右击，在菜单中选择"组合"命令。然后用同样的方法组合其他图片和文本框。

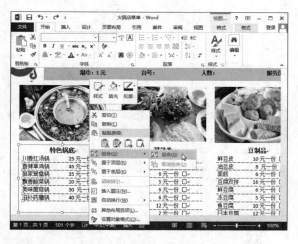

2.3.4　设计火锅店地址

最后让我们来设计火锅店地址文本样式。输入地址前需要先插入文本框，然后在文本框中输入地址，具体步骤如下：

步骤01 打开"插入"选项卡，在"文本"选项组中单击"文本框"下拉按钮，在展开的列表中选择"绘制文本框"选项。

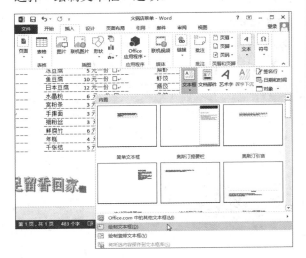

步骤02 当光标变为+形状时，在文档的右下角绘制一个文本框。

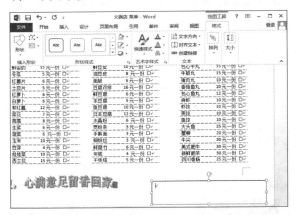

步骤03 在文本框中输入火锅店的地址和电话号码文本。

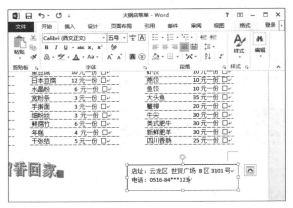

步骤04 右击文本框，在弹出的菜单中单击"填充"下拉按钮，在展开的列表中选择"金色，着色4，淡色80%"选项。

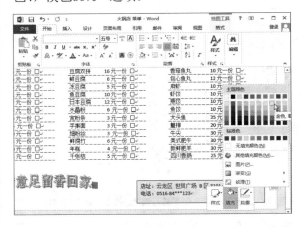

步骤05 再次右击文本框，在快捷菜单中单击"轮廓"下拉按钮，在展开的列表中选择"橙色，着色2，淡色60%"选项。

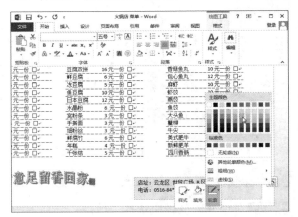

步骤06 最后调整好文本框的位置，整个火锅店菜单就制作完成了，效果如下图所示。

Chapter 03
文档表格的处理

利用Word的制表功能虽然不如Excel强大，但一些简单的报表制作在Word中也可轻松完成。在Word中不仅可以自动插入表格，也可以手动绘制或直接插入电子表格。当然仅仅制作出表格还是不够的，表格的美化过程也必不可少，比如设置底纹、设置表格边框等都属于美化表格的一部分。只要用心制作，在Word文档中也可以呈现出一份让人赏心悦目的表格。

核心知识点

❶ 表格的创建
❷ 表格的编辑
❸ 表格的美化
❹ 套用表格样式

Word办公篇

3.1 制作个人求职简历

个人简历是求职者给招聘单位发的一份简要介绍，包含自己的基本信息，个人特长、工作经验等内容，以便用人单位对自己有一个快速的了解。因此一份良好的简历对于获得面试机会至关重要，下面将对个人求职简历的制作进行详细介绍。

3.1.1 创建表格

Word 2013中提供了很多种创建表格的方法，用户可以根据实际需要，直接插入表格、手动绘制表格等。

1. 插入表格

插入表格功能操作起来非常简单快捷，是在Word中制作表格时最常用的方法之一，只需要选择好要插入到文档中的行和列即可。

步骤01 打开Word文档，切换到"插入"选项卡，在"表格"选项组中单击"表格"下拉按钮，在下拉列表中选择"插入表格"选项。

步骤02 弹出"插入表格"对话框，在"表格尺寸"选项区域中的"列数"数值框中输入6，"行数"数值框中输入6。

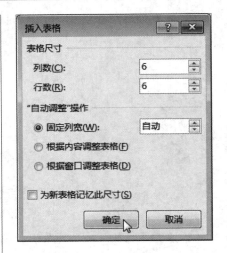

步骤03 单击"确定"按钮，返回Word文档中，此时，文档中出现了一个6行6列的表格。

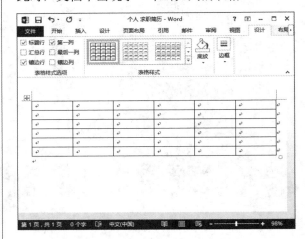

2. 手动绘制表格

如果自动插入的表格不符合用户的制表要求，可以利用Word 2013中的手动绘制表格功能自行绘制表格。

步骤01 切换到"插入"选项卡，在"表格"选项组中单击"表格"下拉按钮，在下拉列表中选择"绘制表格"选项。

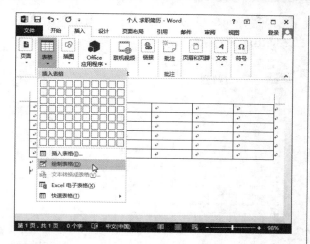

步骤 02 当光标变为 ✎ 形状时，按住鼠标左键并拖动，绘制表格的边框。

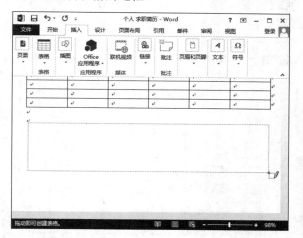

步骤 03 绘制好表格轮廓后，松开鼠标，此时，绘制好的表格边框以实线形式出现在文档中。

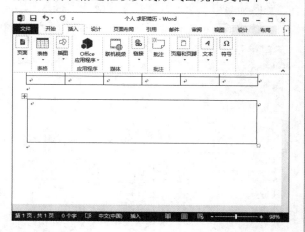

步骤 04 接下来在边框内侧合适的位置绘制表格的行和列。

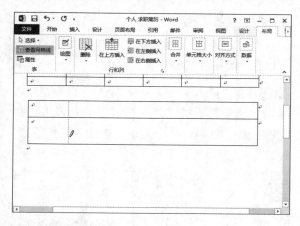

3. 快速插入表格

若用户需要制作的表格，行和列都不是很多时，可选择快速插入表格的方法，快速插入表格。

步骤 01 打开"插入"选项卡，单击"表格"下拉按钮，在其下拉列表中拖动鼠标直接选择表格的行数和列数。

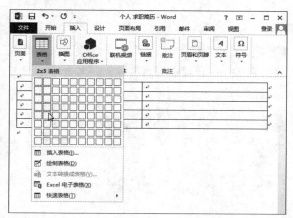

步骤 02 即可在文档中创建一个相应行数和列数的表格，其效果和对话框插入是一样的。

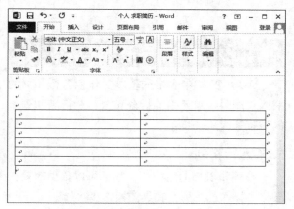

4. 使用内置表格

Word中内置了包含固定格式的表格，用户可以直接套用这些表格。

步骤01 在"插入"选项卡下"表格"选项组中，单击"表格"下拉按钮，在展开的列表中选择"快速表格"选项，在子菜单中选择"带标题1"样式。

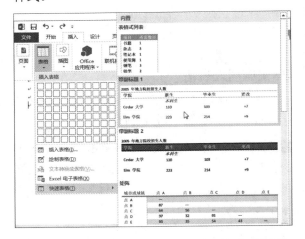

步骤02 文档中随即出现了一个编辑好标题和格式的表格，用户可以根据实际需要对表格中的内容进行修改。

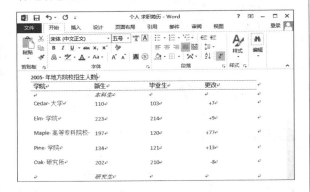

3.1.2 表格的基本操作

Word 2013中表格的基本操作包含行和列的插入与删除、单元格的拆分和合并、行高和列宽的调整等等。

1. 插入行和列

在编辑表格的过程中，我们可以根据需要在表格中插入行或列，其具体操作步骤如下。

步骤01 将光标移动至表格边框的最左侧，两行之间出现⊕═══形状。

步骤02 单击鼠标左键，一个新行随即被插入到表格中。

步骤03 将光标定位在需要插入列的相邻任一单元格内并右击，在展开的菜单中选择"插入"命令，在其子菜单中选择"在右侧插入列"命令。

步骤04 光标所在列的右侧随即被插入一个新列。

步骤 05 还可以将光标放置在需要插入行或列的相邻单元格内，切换到"表格工具-布局"选项卡，在"行和列"选项组中单击相应的按钮进行行或列的插入操作。

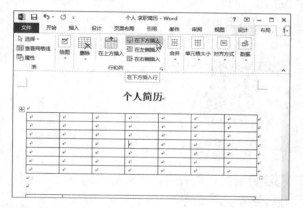

2. 删除行和列

当表格中的行和列过多时，可以对整行和整列进行删除操作。

步骤 01 将光标置于需要删除的行内，打开"表格工具-布局"选项卡，单击"删除"下拉按钮，在下拉列表中选择"删除行"选项。

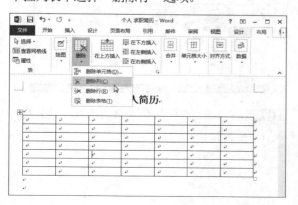

步骤 02 选中需要删除的列，直接在键盘上按下Delete键，即可将选中的列删除。

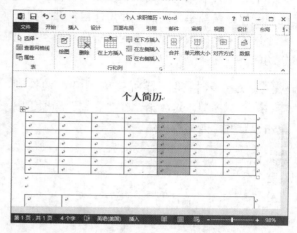

步骤 03 将光标置于表格右下角，当光标变为形状时，按住鼠标左键拖动，调整表格的大小。

步骤 04 将表格调整到合适大小后松开鼠标即可。

3. 合并和拆分单元格

利用插入表格功能插入的表格，每行和每列的单元格数量都是相同的，要想让每行和每列拥有不同的单元格数量，就要用到拆分和合并单元格功能。

步骤01 选中表格第一行所有单元格，切换到"表格工具-布局"选项卡，在"合并"选项组中单击"合并单元格"按钮。

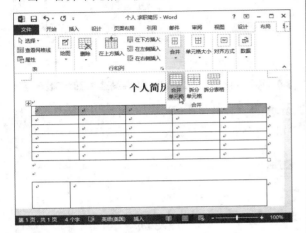

步骤02 参照上一个步骤，将表格中所有需要合并的单元格全部合并。

提示 拖动分割线调整行高

将鼠标光标放置在需调整的行分割线上，待鼠标光标变为上下双向箭头时，按住鼠标左键不放向下拖动至满意位置即可。

步骤03 将光标置于需要拆分的单元格内并右击，在展开的列表中选择"拆分单元格"选项。

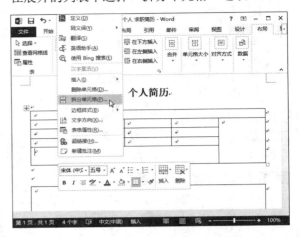

步骤04 弹出"拆分单元格"对话框，在"列数"数值框内输入2，在"行数"数值框内也输入2，单击"确定"按钮。

步骤05 这时可以看到，光标所在的单元格随即被拆分成了2行2列。

步骤06 用同样的方法拆分表格内的其他单元格，最后在单元格内输入内容。

4. 调整行高和列宽

创建好表格之后，还要根据表格中的不同内容，调整行高和列宽，用户可以利用多种途径对行高和列宽进行调整，具体步骤如下。

步骤 01 选中整个表格并右击，在弹出的菜单中选择"表格属性"命令。

步骤 02 打开"表格属性"对话框，切换到"行"选项卡，勾选"指定高度"复选框，在其右侧数值框中输入"0.87厘米"，单击"确定"按钮。

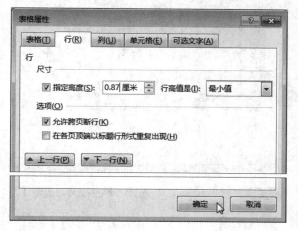

步骤 03 所选表格中所有行的高度都被调整成了0.87厘米。将光标置于需要单独加高的行中，连续多次按下Enter键，可增大该行的行高。

步骤 04 还可以用鼠标拖拽的方法调整行高，将光标置于需要调整行高的分隔线上，当光标变为 ÷ 形状时按住鼠标左键并拖动，调整到合适的行高时松开鼠标。

步骤 05 利用上述方法调整文档中其他行的高度。

步骤06 将光标置于需要调整列宽的分隔线上，当光标变为 ↔ 形状时，按住鼠标左键拖动，将列调整到合适的宽度时松开鼠标。

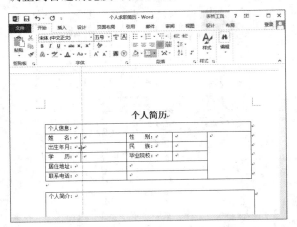

步骤07 若只单独调整某些列的宽度，则需要先选中该列。

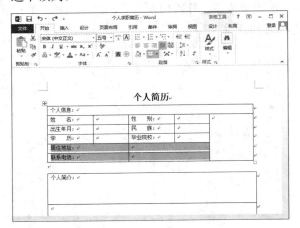

步骤08 将光标置于两列的分隔线上，当光标变为 ↔ 形状时，按住鼠标左键拖动，调整列宽。

步骤09 参照上述的方法，调整好文档中其他列的宽度。

3.1.3　美化表格

　　为了使设计好的简历更加吸引招聘者的眼球，就需要将简历制作得更加美观，美化表格可以直接套用表格样式，也可以通过设置字体格式，绘制边框和底纹等方式进行美化。

1. 套用表格样式

　　Word 2013内置了很多表格样式，用户只需要在"表格工具"选项卡下选择一款合适的样式，然后套用即可。

步骤01 选中文档中的所有表格，打开"表格工具-设计"选项卡，单击"表格样式"选项组中的"其他"下拉按钮。

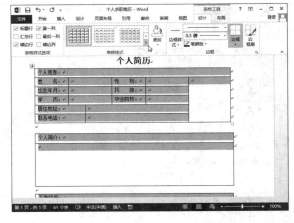

步骤02 在展开的列表中选择"网格表4，着色1"选项。

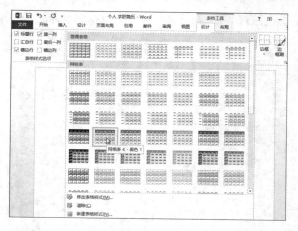

步骤03 返回文档，此时的表格已经套用了选中的样式。

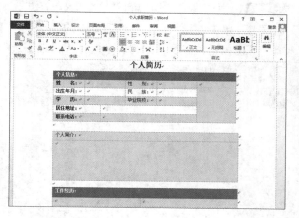

2. 设置表格字体格式和对齐方式

表格中输入的文本均为默认格式显示，如果用户对默认的格式不满意，还可以自行设置，具体操作步骤如下。

步骤01 选中第一个表格，切换到"表格工具-布局"选项卡，在"对齐方式"选项组中单击"中部两端对齐"按钮。

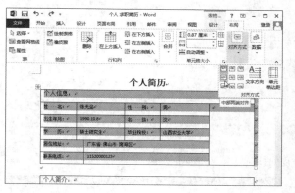

步骤02 参照上一步骤，设置文档中其他表格中的文本对齐方式。

步骤03 选中文字，切换至"开始"选项卡，单击"字体"选项组的对话框启动器按钮。

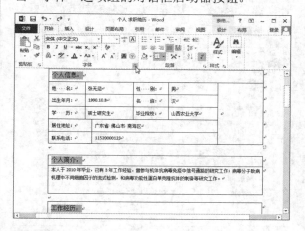

步骤04 在弹出"字体"对话框中，设置"中文字体"为"宋体"，"字形"为"加粗"，"字号"为"小四"。

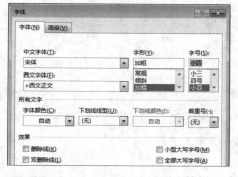

步骤05 单击"确定"按钮。返回文档，参照以上方法设置表格中其他字体格式。

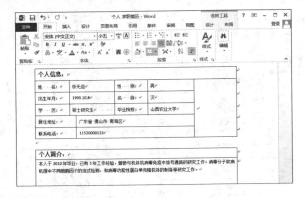

3. 美化个人简历

为了使制作好的简历看上去更美观，可以对其进行适当的美化操作，例如改变表格的边框样式、向文档中插入图片等。

步骤 01 选中所有表格，切换到"表格工具-设计"选项卡，在"边框"选项组中单击"边框"下拉按钮，在下拉列表中选择"无框线"选项。

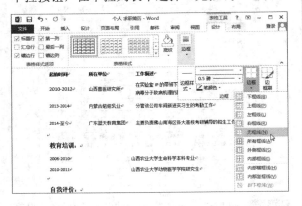

步骤 02 切换到"插入"选项卡，在"插图"选项组中单击"形状"下拉按钮，在展开的列表中选择"直线"选项。

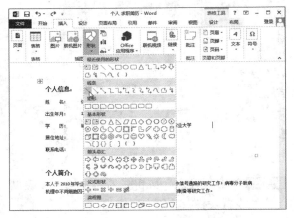

步骤 03 在"个人信息"文本上方绘制一条直线。

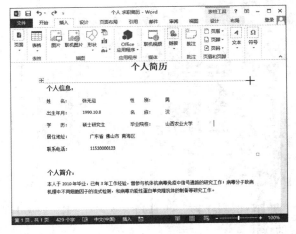

步骤 04 选中该直线，切换到"绘图工具-格式"选项卡，单击"形状样式"选项组中的"形状轮廓"下拉按钮，在展开的列表中选择"粗细"选项，在子菜单中选择"1.5磅"选项。

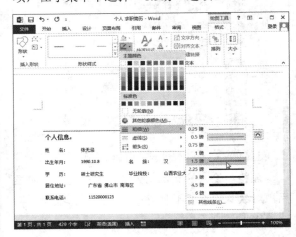

步骤 05 参照以上步骤分别在各表格间绘制直线。

步骤 06 打开"插入"选项卡，在"页眉和页脚"选项组中单击"页眉"下拉按钮，在展开的列表中选择"编辑页眉"选项。

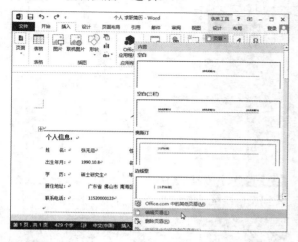

步骤 07 选中页眉中的回车键标记，切换到"开始"选项卡，单击"段落"选项组中的"边框"下拉按钮，在展开的列表中选择"无框线"选项。

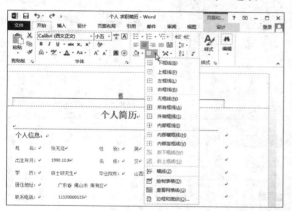

步骤 08 打开"页眉和页脚工具-设计"选项卡，单击"插入"选项组中的"图片"按钮。

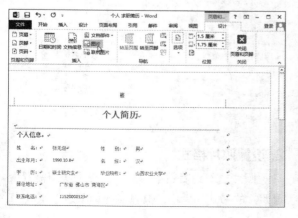

步骤 09 弹出"插入图片"对话框，选中需要插入到页眉的图片，单击"插入"按钮。

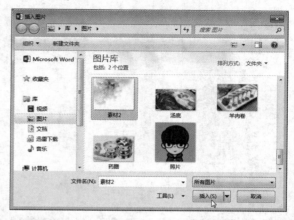

步骤 10 右击图片，在展开的菜单中选择"大小和位置"命令。

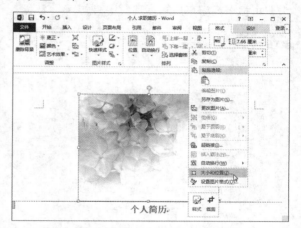

步骤 11 弹出"布局"对话框，切换到"文字环绕"选项卡。选择"环绕方式"为"衬于文字下方"，单击"确定"按钮。

步骤12 返回文档，选中图片并调整好其大小和位置。

步骤13 切换到"页眉和页脚工具-设计"选项卡，单击"关闭页眉和页脚"按钮。

3.1.4 设计个人照片

　　一份简历贴上照片才算完整，特别是对形象气质有特殊要求的用人单位，一般都会要求在简历展示个人照片。下面介绍插入照片的具体操作方法。

1. 插入照片

　　首先选择好一张照片，然后利用"插入"选项卡中的"图片"功能将照片插入文档中。

步骤01 将光标置于"贴照片处"单元格内，打开"插入"选项卡，单击"图片"按钮。

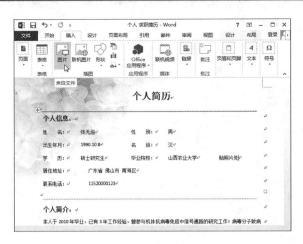

步骤02 弹出"插入图片"对话框，选择需要插入到表格中的图片，单击"插入"按钮。

步骤03 选中的照片随即被插入到光标所在的单元格内。

2. 设置照片格式

　　照片插入到简历中后，还要根据实际需要设置照片的格式和大小，具体步骤如下。

步骤01 右击插入的照片，在弹出的菜单中选择"大小和位置"命令。

步骤02 弹出"布局"对话框，切换到"文字环绕"选项卡，选择"环绕方式"为"浮于文字上方"。

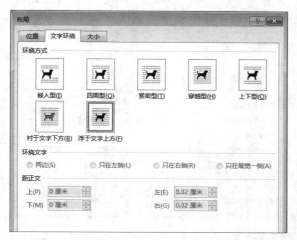

步骤03 单击"确定"按钮，返回文档中调整好图片的大小和位置。

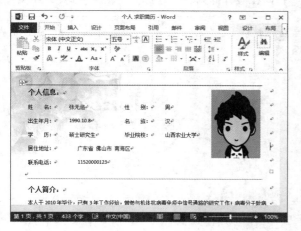

3.1.5 设计简历封面

应聘者要想让自己的简历在海量的简历中脱颖而出，还需要让简历更加完善，更加美观，这时候就可以为简历设计一个封面。

1. 插入并编辑封面

Word 2013内置了一些封面样式，用户可以直接套用，若对内置的封面不满意也可自行设计封面。

步骤01 将光标置于文档的行首，打开"插入"选项卡，单击"插图"选项组中的"图片"按钮。

步骤02 弹出"插入图片"对话框，选择相应的图片，单击"插入"按钮。

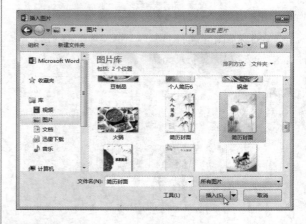

步骤03 选中图片，打开"图片工具-格式"选项卡，在"排列"选项组中单击"位置"下拉按钮，在展开的列表中选择"顶端居中，四周型文字环绕"选项。

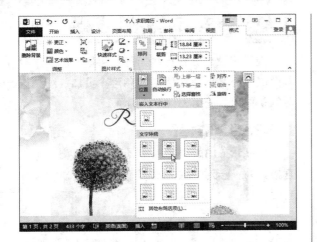

步骤04 切换至"图片工具-格式"选项卡，在"文本"选项组中单击"文本框"下拉按钮，在下拉列表中选择"简单文本框"选项。

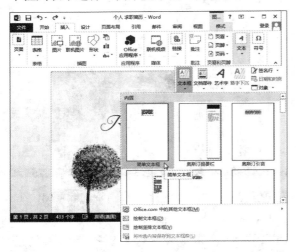

步骤05 文档中自动出现了一个文本框，在文本框中输入文字"个人简历"。

步骤06 选中文字右击，在弹出的快捷菜单中选择"字体"命令。

步骤07 弹出"字体"对话框，切换到"字体"选项卡，设置字体为"宋体"，"字形"为"加粗"，"字号"为"小初"，单击"确定"按钮。

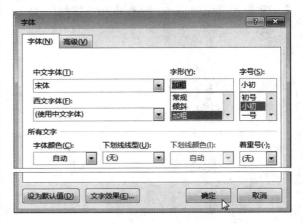

步骤08 选中文本框，切换至"格式"选项卡，在"形状样式"组中单击"形状轮廓"下拉按钮，在展开的列表中选择"无轮廓"选项。

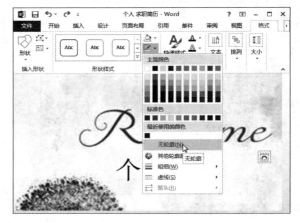

步骤09 切换到"开始"选项卡，单击"字体"选项组中的"字体颜色"下拉按钮，选择紫色。

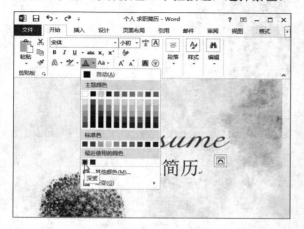

2. 保存封面样式

简历封面设计完成之后，为了方便下次直接套用，可以将其保存为封面样式。

步骤01 切换到"插入"选项卡，在"页面"选项组中单击"封面"下拉按钮。

步骤02 在展开的下拉列表中选择"将所选内容保存到封面库"选项。

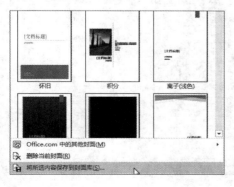

步骤03 弹出"新建构建基块"对话框，在"名称"文本框中输入"简历封面"，单击"确定"按钮。

步骤04 若想删除自定义的封面样式，则再次单击"封面"下拉按钮，在展开的列表中右击自定义封面，在快捷菜单中选择"整理和删除"命令。

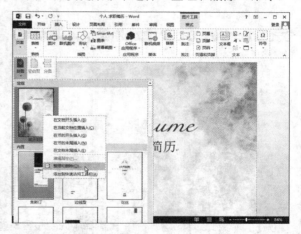

步骤05 弹出"构建基块管理器"对话框，选中需要删除的样式，单击"删除"按钮。

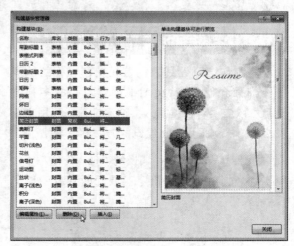

3. 预览个人简历

个人简历制作完成之后，用户可以通过打印预览，浏览简历打印输出后的整体效果。

步骤01 在功能区中单击"文件"按钮，打开文件菜单。

步骤02 在"文件"菜单中，选择"打印"选项。

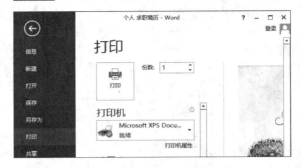

步骤03 在"打印"面板右侧的浏览区域中，浏览个人简历的整体效果。

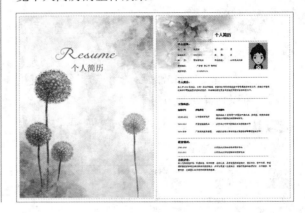

3.2 制作理财计划表

Word办公篇

不同的投资者有不同的投资渠道，不同的理财产品收益也千差万别。如果你手中有5万元，购买不同的理财产品，1年后的收益差距有多大呢？下面将通过Word文档制作一份理财计划表来进行投资分析。

3.2.1 绘制表格

要制作理财计划表，首先要创建相关的表格，前面介绍了在Word中创建表格的多种方法，可以应用对话框插入、快速插入、套用内置表格等，本例采用的是绘制的方法制作表格。

步骤01 打开Word文档，切换到"插入"选项卡，单击"表格"下拉按钮，在展开的列表中选择"绘制表格"选项。

步骤02 当光标变为 形状时，按住鼠标左键，拖动鼠标绘制表格的外边框。

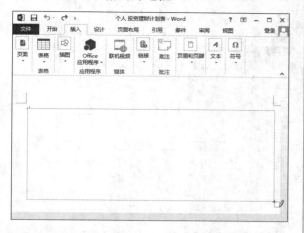

步骤03 松开鼠标，表格的边框就绘制完成了。

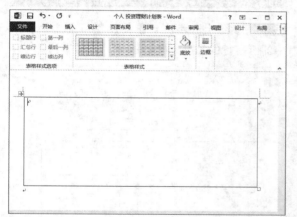

步骤04 将光标移动至表格内侧，继续绘制表格的行和列。

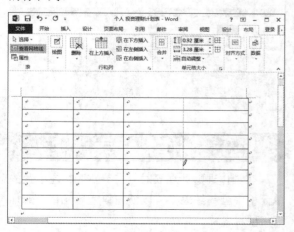

步骤05 行和列绘制完成后，将光标移动至表格的下方，继续绘制一个新的表格。

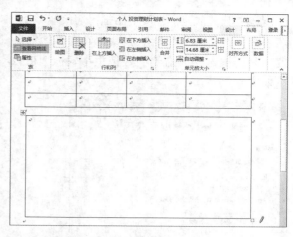

步骤06 并在该表格内绘制多行。

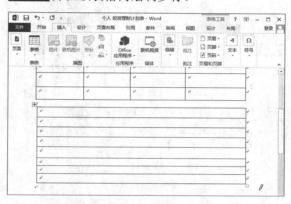

3.2.2　设置行高和列宽

　　表格绘制完成之后，还要对行高和列宽进行调整，以适应将要输入在表格中的内容。

步骤01 选中最上面的表格并右击，在展开的菜单中选择"表格属性"命令。

步骤02 弹出"表格属性"对话框,切换至"行"选项卡,在"尺寸"选项区域中勾选"指定高度"复选框,在其右侧的数值框中输入"0.92厘米"。

步骤03 切换到"列"选项卡,勾选"指定宽度"复选框,在其右侧的数值框中输入"3.82厘米"。单击"确定"按钮。

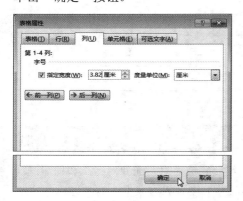

步骤04 关闭对话框返回到文档中,此时选中的表格已经按对话框中的设置自动调整了行高和列宽。

步骤05 将光标移动到下面的表格中,将光标置于分隔线上,当光标变为÷形状时按住鼠标左键,向下拖动鼠标,增大行高值。

步骤06 参照上一步骤,重新调整下面一个表格中的所有行的高度。

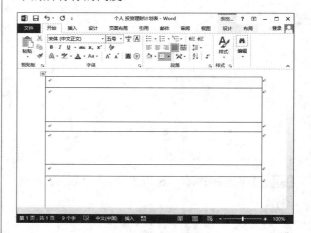

提示 拖动标尺线调整行高

选择任意单元格,并将光标放置在水平标尺小方块上,然后向下拖动即可调整该行行高。

3.2.3 制作斜线表头

在制作理财计划表时,需要在表格左上角的单元格中画斜线表头,以便在斜线单元格中添加表格项目名称。

步骤 01 将光标置于表格最左上角的单元格内，切换至"开始"选项卡。

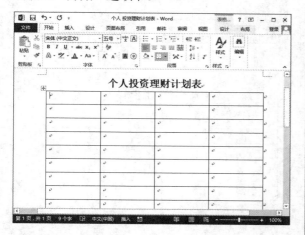

步骤 02 在"段落"选项组中单击"边框"下拉按钮，在展开的列表中选择"斜下框线"选项。

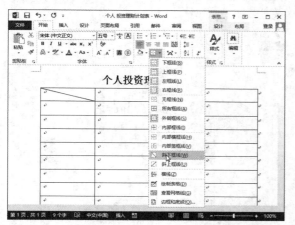

步骤 03 表格中随即被添加了一条对角斜线，重新调整好第一行的行高。

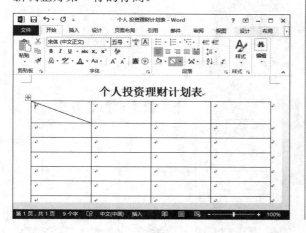

步骤 04 切换到"插入"选项卡，在"文本"选项组中，单击"文本框"下拉按钮。

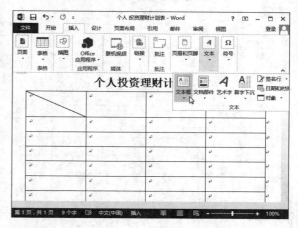

步骤 05 在展开列表中选择"绘制文本框"选项。

步骤 06 返回文档中，在斜线表格右上角处绘制一个文本框。

步骤 07 在文本框中输入文字"投资及收益"。

步骤 08 右击文本框，在展开的菜单中选择"其他布局选项"命令。

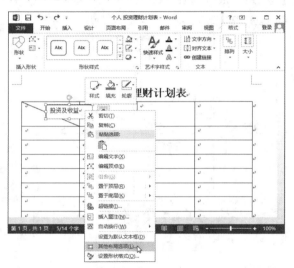

步骤 09 弹出"布局"对话框，切换到"文字环绕"选项卡，选择"衬于文字下方"选项，单击"确定"按钮。

步骤 10 选中文本框，切换到"开始"选项卡，单击"字体"选项组中的"加粗"按钮。

步骤 11 切换至"格式"选项卡，单击"形状样式"组中的"形状轮廓"下拉按钮，在展开的列表中选择"无轮廓"选项。

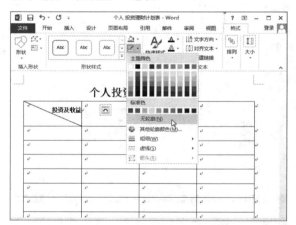

步骤 12 调整好文本框的大小以及位置。

步骤 13 用同样的方法在斜线表格的下方输入"理财产品"字样，并调整文本框大小和位置。

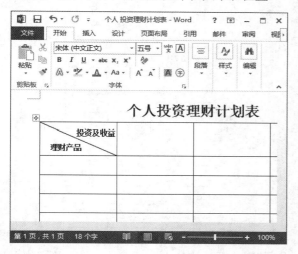

步骤 14 我们还可以直接在表格中输入位于上方的文字，按下若干次Enter键，再输入位于下方的文字，然后按空格键调整文字的位置即可。

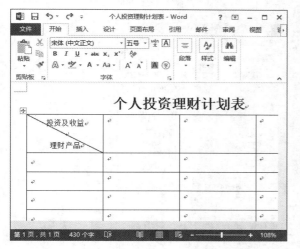

3.2.4 填写表格数据

　　表格设计完成后，接着即可输入相应的数据信息。除了直接输入数字信息外，还可以通过公式计算的方法获取数值。下面将着重对表格的计算功能进行介绍。

步骤 01 Word表格中也可以进行函数计算，将光标置于需要计算结果的单元格内，切换至"布局"选项卡，单击"数据"选项组中的"公式"按钮。

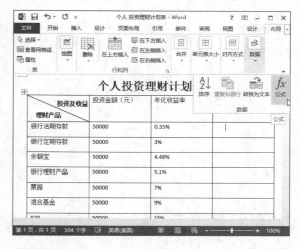

步骤 02 弹出"公式"对话框，在"公式"文本框内输入乘积公式"=PRODUCT(LEFT)"，单击"确定"按钮。

步骤 03 返回表格，光标所在单元格内自动计算出了左侧单元格内数值的乘积。

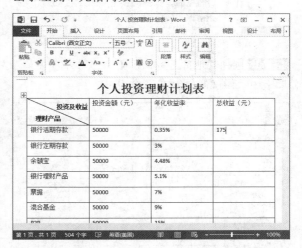

步骤 04 参照以上步骤分别计算出其他单元格内的结果。

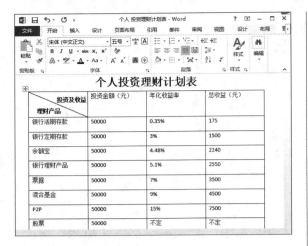

步骤05 选中表格中的部分数据，切换至"布局"选项卡，然后在"对齐方式"选项组中单击"水平居中"按钮。

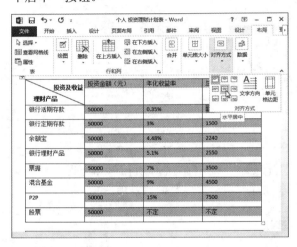

步骤06 选择其他部分数据，单击"对齐方式"选项组中"中部两端对齐"按钮。

步骤07 按住Ctrl键选中不同单元格中的文本，切换到"开始"选项卡，单击"字体"选项组的对话框启动器按钮。

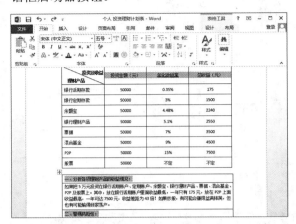

步骤08 打开"字体"对话框，切换到"字体"选项卡，设置"中文字体"为"宋体"，"字形"为"加粗"，"字号"为"五号"，然后单击"确定"按钮。

3.2.5 表格的后期处理

理财计划表创建完成后，还要做一些后期处理，使表格更美观。

1. 合并表格

本例中绘制了两个表格，如果用户要改变原有的设置，则可以将其合并。合并表格很简单，除了使用直接删除两个表格之间的空行进行合并外，还可以按照以下的方法进行合并，具体操作如下。

步骤 01 单击表格左上角的十字图标，全选位于文档下方的表格。

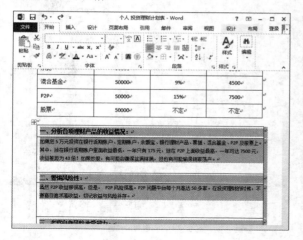

步骤 02 在键盘上按下Ctrl+X快捷键，剪切表格。

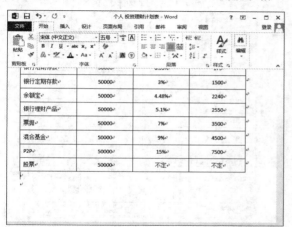

步骤 03 将光标置于需要合并的表格下方，在键盘上按下Ctrl+V快捷键，即可将两个表格组合在一起。

步骤 04 若要重新拆分表格，则将光标置于需要拆分出来的表格的第一行内，切换至"布局"选项卡，单击"合并"选项组中"拆分表格"按钮。

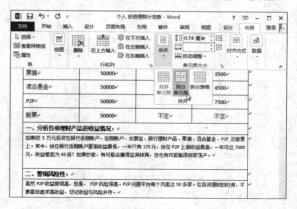

2. 设置底纹和边框

用户可以为表格的边框和底纹设计出多种不同的样式，这些设置都可以在"设计"选项卡中完成。

步骤 01 选中需要添加底纹的行，切换至"表格工具-设计"选项卡。

步骤 02 单击"底纹"下拉按钮，在展开的列表中选择"蓝-灰，文字2，淡色80%"选项。

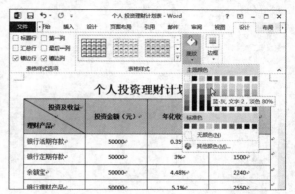

步骤03 参照上一步骤，设置表格中其他单元格的底纹。

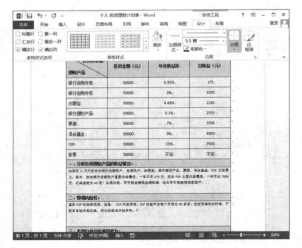

步骤04 选中整个表格，在"设计"选项卡内，单击"边框样式"下拉按钮，在展开的列表中选择"双实线，1/2pt"选项。

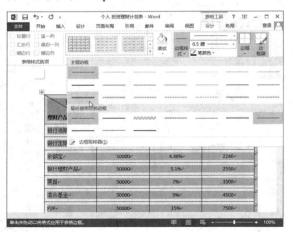

步骤05 单击"设计"选项卡"边框"选项组中的"边框"下拉按钮，在展开的列表中选择"外侧框线"选项。

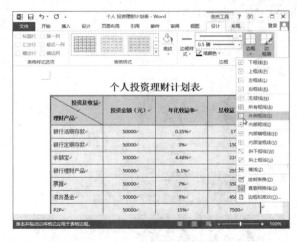

步骤06 至此，个人投资理财计划表的整体设计已经完成了，效果如下图所示。

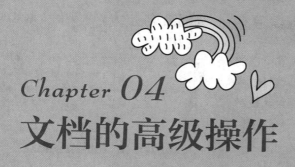

Chapter 04
文档的高级操作

在前面的章节中，我们已经学习了文档的基本操作，但是要想利用Word更出色地完成文档的编辑工作，还需要掌握文档高级操作的要领，主要包括利用样式快速设置文档格式，对文档进行一些特殊版式和格式的编排，在审阅文档时添加批注，为文档添加页眉页脚，以及修改文档等。

核心知识点

❶ 标题样式的使用
❷ 目录的提取
❸ 页眉页脚的添加
❹ 脚注尾注的设置
❺ 报表的下载与保护

Word办公篇

4.1 毕业论文的装订

毕业论文是毕业生在学业完成前，写作并提交的论文，是每个即将毕业的学生必交的功课。毕业论文水平的高低是考量一个学生学业状况的重要标准，本小节将通过对一些文档高级操作的讲解，介绍毕业论文的设计过程。

4.1.1 使用样式

样式是应用于文档中的文本、表格和列表的一组格式。当应用样式时，系统会自动该样式中所包含的所有格式应用于文档中，从而大大提高排版的工作效率。

1. 套用系统内置样式

Word 2013内置了一些文档样式，为了节约时间，用户可以直接套用这些样式。

◎ 使用"样式"组设置

步骤01 选中要使用"一级标题"样式的文本，切换至"开始"选项卡，在"样式"选项组中单击"其他"下拉按钮。

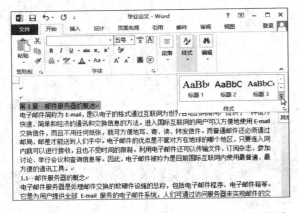

步骤02 在展开的下拉列表中选择"标题1"选项。

步骤03 返回文档，选中的文本随即套用了一级标题样式。

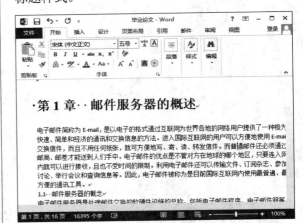

◎ 在"样式"窗格中设置

步骤01 选中需要应用"二级标题"的文本，在"开始"选项卡中，单击"样式"选项组中的对话框启动器按钮。

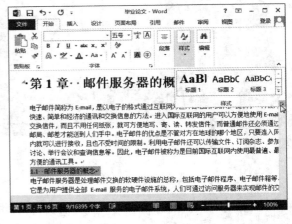

步骤02 打开"样式"窗格，在窗格中选择"标题2"选项。

步骤03 关闭"样式"窗格，选中的文本就套用了"标题2"的样式。依照上述方法依次设置其他级别标题样式。

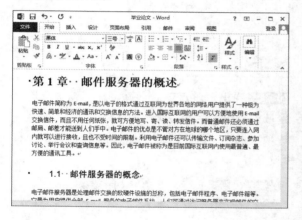

2. 自定义样式

Word 2013内置的样式毕竟有限，用户可以根据需要自定义样式。

● 样式的自定义操作

步骤01 选中文档中的图片，在"开始"选项卡中，单击"格式"组的对话框启动器按钮。

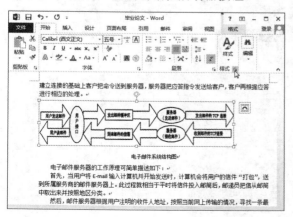

步骤02 在打开的"样式"窗格中，单击"新建样式"按钮。

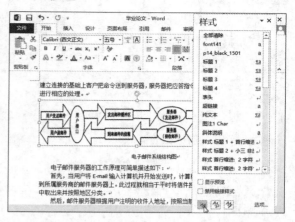

步骤03 打开"根据格式设置创建新样式"对话框，修改"名称"为"图片"，"样式基准"文本框中的内容则自动变为"图片"。在"格式"选项区域中选择对齐方式为"居中"。

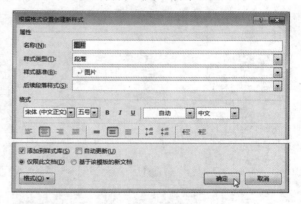

步骤04 单击"确定"按钮，关闭对话框，此时"样式"窗格中显示了"图片"样式。文档中的图片也自动应用了该样式。

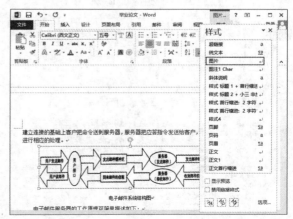

◉ 修改样式

步骤01 将光标置于文档中的一级标题处，在"开始"选项卡下的"样式"组中，右击"标题1"选项，在展开的快捷菜单中选择"修改"命令。

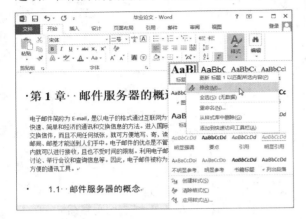

步骤02 弹出"修改格式"对话框，在"格式"选项区域中设置"字体"为"黑体"，"字号"为"小二"，取消加粗，选择对齐方式为"居中"，单击"确定"按钮。

步骤03 返回文档，此时套用了"标题1"样式的一级标题，已经做出了相应的调整。

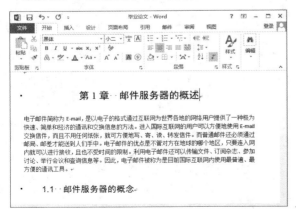

步骤04 在"开始"选项卡的"样式"选项组中右击"标题2"，在快捷菜单中选择"修改"命令。在"格式"区域中修改"字体"、"字号"和"对齐方式"，单击"格式"下拉按钮，在展开的列表中选择"段落"选项。

步骤05 弹出"段落"对话框，在"缩进"选项区域中修改"特殊格式"为"无"。在"间距"选项区域中修改"段前"、"段后"、"行距"和"设置值"。

步骤06 单击"确定"按钮，返回"修改样式"对话框，单击"确定"按钮，关闭该对话框。

步骤07 返回文档，此时套用了"标题2"样式的二级标题也随即做出了相应的调整。

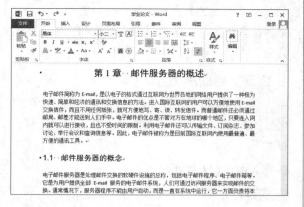

3.刷新样式

◉ 在"样式"选项组中刷新

按住Ctrl键，选中文中所有需要套用一级标题的文本，切换至"开始"选项卡，在"样式"选项组中选择"标题1"选项。依照用此法设置文档中的其他下级标题样式。

◉ 使用格式刷刷新

步骤01 将光标放置在已经应用了"标题2"样式的二级标题文本后，切换至"开始"选项卡，在"剪贴板"选项组中单击"格式刷"按钮。

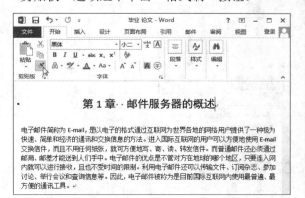

步骤02 将光标移动至文档编辑区，光标变为形状时，拨动鼠标滚轮，向下移动文档，将光标移动至需要刷新格式的文本后，单击鼠标左键。

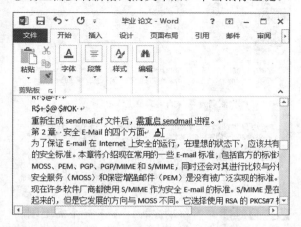

步骤03 文本随即被刷新成格式刷复制的样式。

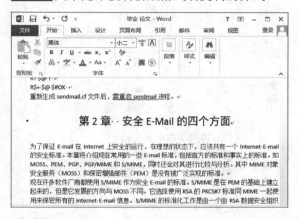

步骤04 如果想让格式刷复制的样式连续刷新其他文本，则先选中应用了标题样式的文本，在"开始"选项卡的"剪贴板"选项组中双击"格式刷"按钮。

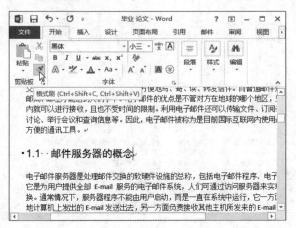

步骤05 光标变为 ▲ 形状，将光标移动至需要刷新格式的文本后，按下鼠标左键。

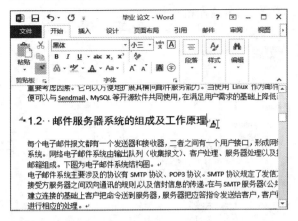

步骤06 继续向下移动光标，在下一个需要刷新格式的文本后单击，直至将所有需要套用"标题2"格式的文本全部刷新。

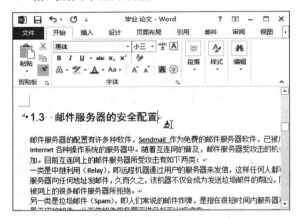

步骤07 参照以上方法将所有样式刷新完毕后，在"开始"选项卡的"剪贴板"选项组中，再次单击"格式刷"按钮，即可关闭格式刷功能。

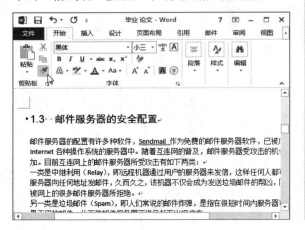

4.1.2 设计文档封面

毕业设计的封面需要显示出所在学校、论文题目、考生姓名、导师姓名、专业和完成日期等内容。

1. 自定义封面底图

为文档插入封面时，用户可以选择Word中内置的封面样式，也可以根据需要，自定义封面样式。

◎ 插入内置封面样式

步骤01 将光标置于文档第一页首行的第一个字之前。切换至"插入"选项卡，在"页面"选项组中单击"封面"下拉按钮。

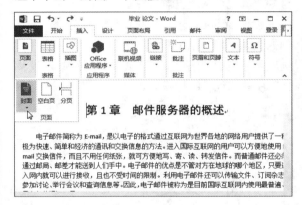

步骤02 在打开的下拉列表的"内置"区域中选择"边线型"选项。

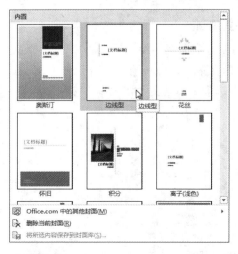

步骤03 选中的封面随即被插入到第一页之前，根据实际需要对封面进行修改即可。

步骤04 若要删除封面，则再次打开"封面"下拉列表，选择"删除当前封面"选项。

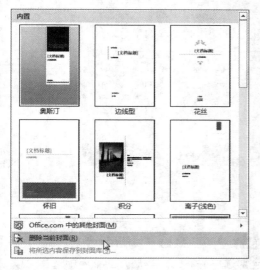

◎ 在空白页中自定义封面

步骤01 将光标置于文档第一页首行的第一个字之前。切换至"插入"选项卡，在"页面"选项组中单击"空白页"按钮。

步骤02 一个空白页随即被插入到文档中，成为了第一页，用户根据实际需要在插入的空白页中设计所需的封面样式。。

2. 设计封面文字

毕业论文的封面要求简洁明了，下面我们详细介绍在空白页上编辑封面文字的具体操作方法。

步骤01 在空白封面上输入学校名称、毕业设计题目、考生姓名、导师姓名、专业和完成时间。

步骤02 选中前两行文本并右击，在展开的菜单中选择"字体"命令。

步骤 03 弹出"字体"对话框，在"字体"选项卡中选择"中文字体"为"宋体"，"字形"为"加粗"，"字号"为"二号"。

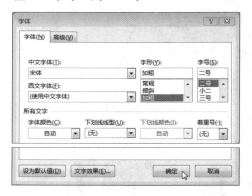

步骤 04 单击"确定"按钮返回文档。选中第一行文本并右击，在展开的菜单中选择"段落"命令。

步骤 05 弹出"段落"对话框，切换至"缩进和间距"选项卡，在"间距"选项区域中设置"段前"为"6行"。

步骤 06 单击"确定"按钮返回文档中，此时第一行的段前距离被增加到了6行。

步骤 07 选中题目文本，切换至"开始"选项卡，在"字体"选项组中选择"字号"为"四号"。参照此法设置其他文本的字号。

步骤 08 将"考生姓名"、"导师姓名"和"专业"全部选中并右击，在展开的菜单中选择"段落"命令。

步骤 09 打开"段落"对话框，切换到"缩进和间距"对话框，在"常规"选项区域中选择"对齐方式"为"两端对齐"，在"缩进"选项区域

中设置"左侧"为"3.7厘米","特殊格式"为"首行缩进","缩进值"为"0.74厘米",其他选项保持默认设置。

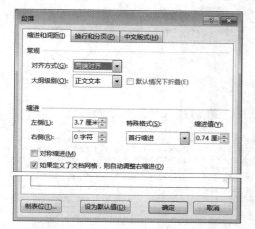

步骤10 选中其他文本,切换至"开始"选项卡,在"段落"选项组中单击"居中"按钮。

步骤11 至此毕业论文封面设计完成,效果如下图所示。

4.1.3 插入并编辑目录

对于长文档来说,目录是不可缺少的部分,有了目录用户就能够很轻易地检索文档中的内容,快速查找所需的内容。

1. 插入目录

在文档中的添加目录很多人的方法是用手动输入的,其实Word 2013有一个自动生成目录的功能,下面介绍具体操作方法。

◎ 设置大纲级别

Word的目录提取是基于大纲级别和段落样式。因为Word使用层次结构来组织文档,大纲级别就是段落所处层次的级别编号,在Word 2013中内置的标题样式分别对应相应的大纲级别,例如"标题1"~"标题5"分别对应大纲级别1~5。

步骤01 将光标置于一级标题文本中,切换至"开始"选项卡,单击"样式"选项组中的对话框启动器按钮。打开"样式"窗格,将光标置于"标题1"选项上,查看大纲级别是否为1级。

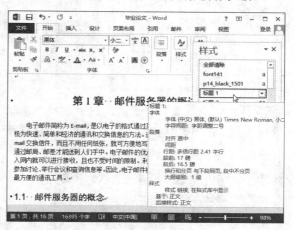

步骤02 若要修改大纲级别,则右击"标题1"选项,在展开的菜单中选择"修改"命令。

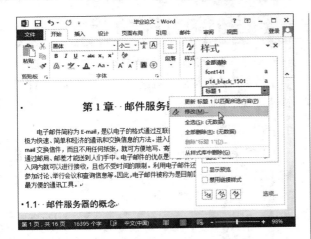

步骤03 弹出"修改样式"对话框,单击"格式"按钮,在展开的列表中选择"段落"选项。

步骤04 弹出"段落"对话框,在"常规"选项区域中,单击"大纲级别"下拉按钮,选择需要设置的大纲级别。

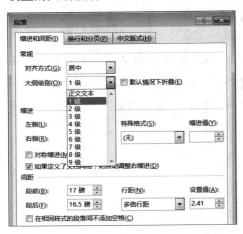

● 自动生成目录

步骤01 将光标置于文档正文首行第一个字之前,单击"引用"选项卡中的"目录"下拉按钮。

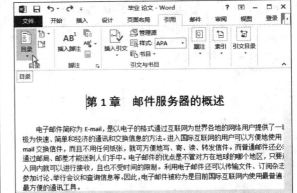

步骤02 在展开的下拉列表中选择"自动目录1"选项。

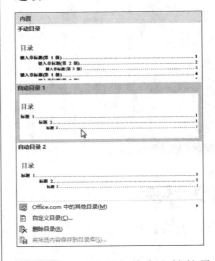

步骤03 即可看到在整个文档的最上方自动生成了一个目录。

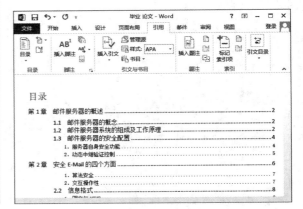

2. 修改目录

自动插入目录后，如果对目录的样式不满意，可以根据实际需要进行修改。

● "目录"选项组中修改

步骤 01 切换至"引用"选项卡，单击"目录"选项组中的"目录"下拉按钮。

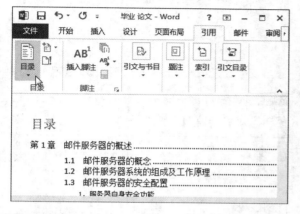

步骤 02 在展开的列表中选择"自定义目录"选项。

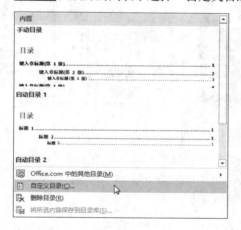

步骤 03 打开"目录"对话框，单击"修改"按钮。

步骤 04 弹出"样式"对话框，在"样式"选项列表中选择"目录1"选项，单击"修改"按钮。

步骤 05 弹出"修改样式"对话框，在"格式"组中重新设置对齐方式为左对齐，"1.5倍行距"，单击"确定"按钮。

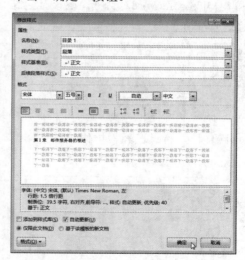

步骤 06 返回"格式"对话框，单击"确定"按钮。

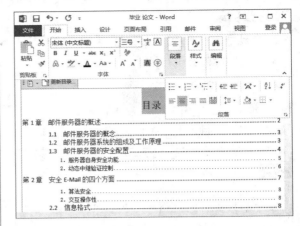

步骤07 返回"目录"对话框，单击"确定"按钮，关闭该对话框。

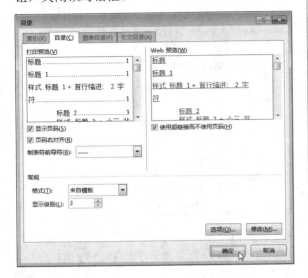

步骤08 弹出Microsoft Word对话框，在该对话框中单击"是"按钮。

步骤09 返回文档，目录已经根据修改重新调整了格式。

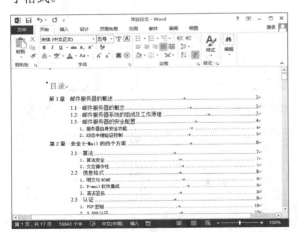

● **在"开始"选项卡下修改**

步骤01 选中"目录"文本，切换至"开始"选项卡，设置"字体颜色"为"黑色"，在"段落"选项组中单击"居中"按钮。

步骤02 选中目录中的所有标题，在"字体"选项组中设置字体为"黑体"。

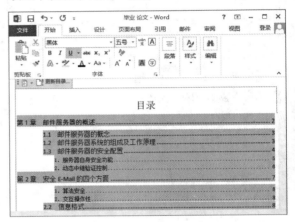

3. 更新目录

在目录制作好之后，如果又向文档中添加了一些内容，为了让这些新加入的内容显示在目录中，就需要更新目录。

步骤01 在文档正文的最上方加入"摘要"内容，并设置"摘要"文本为"标题1"样式。

步骤 02 将文档移动到目录页，单击"目录"左上方的"更新目录"按钮。

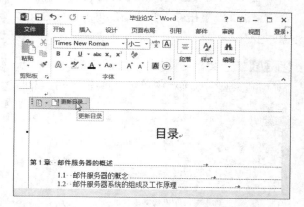

步骤 03 弹出"更新目录"对话框，选择"更新整个目录"单选按钮，单击"确定"按钮。

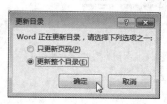

步骤 04 此时，目录已被更新，新加入到文档中的"摘要"内容出现在目录中。

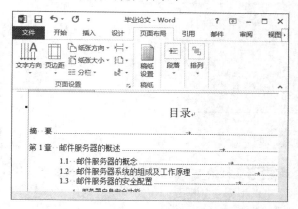

4.1.4　插入页眉和页脚

页眉和页脚通常显示文档的附加信息，常用来插入时间、日期、页码、单位名称、徽标等。页眉在页面的顶部，页脚在页面的底部。通常页眉也可以添加文档注释等内容。

1. 插入分隔符

分隔符主要分为分页符、分节符两大类，下

面将介绍其作用和使用方法。

● 分页符

在Word中输入文本时，Word会按照页面设置中的参数使文字填满一页后自动分页，而分页符则可以使文档插入分页符的位置强制分页。

步骤 01 将光标置于需要从当前页面分割到下一页的内容之前，切换至"页面布局"选项卡。

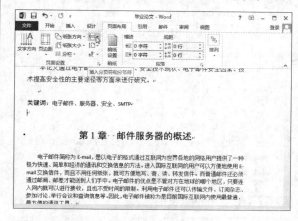

步骤 02 在"页面设置"选项组中单击"分隔符"下拉按钮，在展开的列表中选择"分页符"选项。

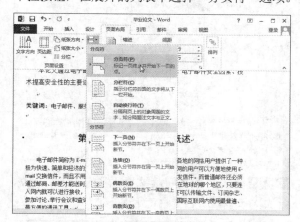

步骤 03 光标后面的内容自动移动到下一页中。

● 分节符

分节符是为在一节中设置相对独立的格式而插入的标记。

步骤 01 将光标定位在"摘要"文本前面，打开"页面布局"选项卡，在"页面设置"选项组中单击"分隔符"下拉按钮。

步骤 02 在展开的列表中选择"下一页"选项。

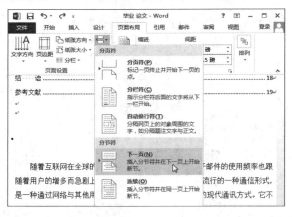

步骤 03 两段文本之间就被插入了分节符，光标后的文本被移动到下一页中显示。

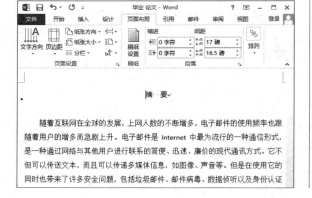

2. 插入页眉和页脚

在Word中设置一个漂亮的页眉和页脚，将会使整篇文章更出彩，介绍插入页眉页脚的具体操作步骤。

步骤 01 打开文档，切换到"插入"选项卡，在"页眉和页脚"选项组中单击"页眉"下拉按钮。

步骤 02 在展开的列表中，用户根据需要选择所需的页眉样式，这里选择"空白"选项。

步骤 03 文档最上方的页眉编辑区随即被激活，用户可以根据实际需要向页眉中插入图片、文字等。

步骤 04 插入页脚的方法和插入页眉相同，只需要在"页眉和页脚"选项组中单击"页脚"下拉按钮，在展开的列表中选择合适的页脚样式即可。

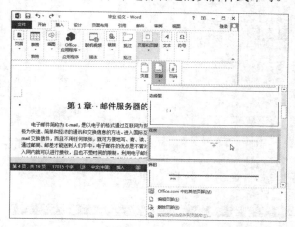

步骤 05 除了可以在选项卡中激活页眉、页脚外，也可以在文档中的页眉、页脚处双击，激活页眉或页脚编辑区。

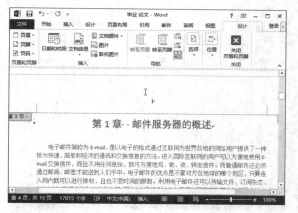

3. 插入页码

在Word 2013中，插入页码可以从文档的第一页开始插入，也可以从任意页开始插入，具体操作步骤如下。

◉ 从第一页插入页码

步骤 01 打开文档，切换到"插入"选项卡，在"页眉和页脚"选项组中单击"页码"下拉按钮。在展开的列中选择"页面底端"选项。

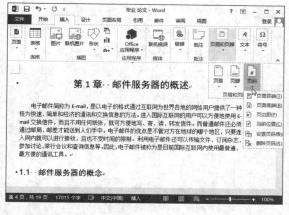

步骤 02 在展开的子列表中的"简单"区域中选择"普通数字2"选项，则文档中的页码从第一页开始向下排列。

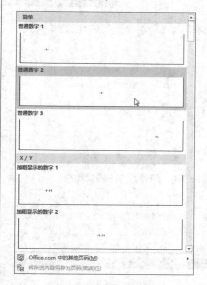

◉ 从文档指定位置开始插入页码

步骤 01 将光标置于开始插入页码的前一页末尾。

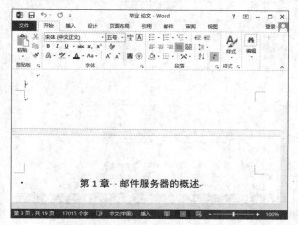

步骤02 切换到"页面布局"选项卡，在"页面设置"选项组中单击"分隔符"下拉按钮，在展开的列表中选择"下一页"选项。

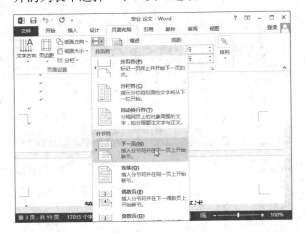

步骤03 此时光标自动移动到下一页首行，即第四页的首行。

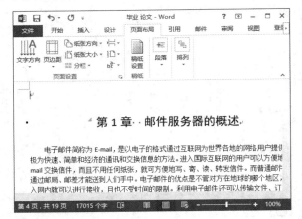

步骤04 将光标放置在该页的页眉处然后双击，激活页眉编辑区。

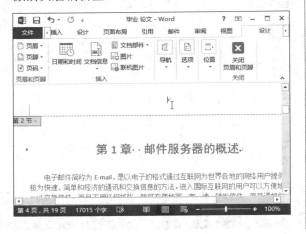

步骤05 切换至"页眉和页脚工具-设计"选项卡，在"导航"选项组中单击"连接到前一条页眉"按钮。

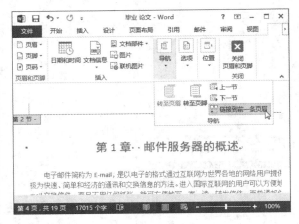

步骤06 将光标移动到该页页脚处，再次在"导航"选项组中单击"连接到前一条页眉"按钮，取消该按钮的选中状态。

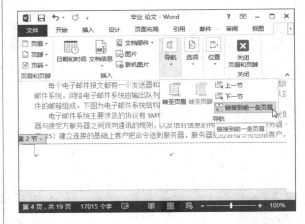

步骤07 在"页眉和页脚"选项组中单击"页码"下拉按钮，选择"设置页码格式"选项。

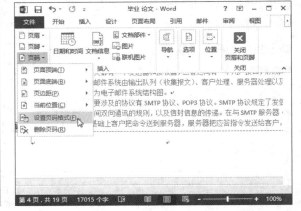

步骤 08 弹出"页码格式"对话框，在"编号格式"下拉列表中选择合适的格式。

步骤 09 在"页码编号"中选中"起始页码"单选按钮，在其后面的数值框中输入1，单击"确定"按钮。

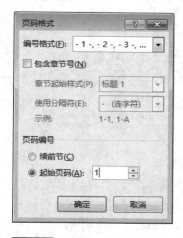

步骤 10 切换到"插入"选项卡，在"页眉和页脚"选项组中单击"页码"下拉按钮，在展开的列表中选择"页面底端"选项。

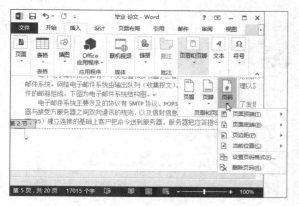

步骤 11 在展开的下级列表"简单"区域中，选择"普通数字2"选项。

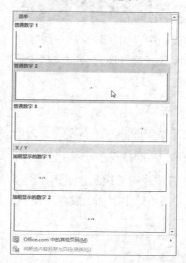

步骤 12 此时，文档中的页码则是从指定的位置开始插入。

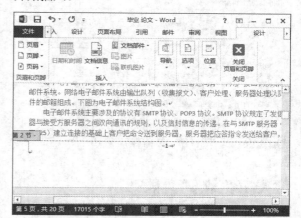

步骤 13 单击"关闭"选项组中的"关闭页眉和页脚"按钮，退出页眉和页脚的编辑状态。

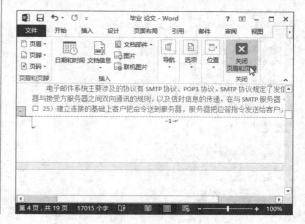

4.1.5 插入题注、脚注和尾注

在编辑文档的过程中，为了对文档中特定内容进行说明，便于读者阅读，通常会在文档中插入题注、脚注和尾注。

1. 插入题注

为了方便管理文档中的图片，常常需要为图片编号，这时可以使用插入题注的方法实现。

步骤 01 选中文档中的图片，切换到"引用"选项卡，在"题注"选项组中单击"插入题注"按钮。

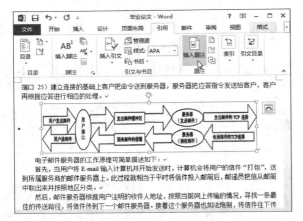

步骤 02 弹出"题注"对话框，单击"新建标签"按钮。

步骤 03 打开"新建标签"对话框，在"标签"文本框中输入"电子邮件系统结构图"，单击"确定"按钮。

步骤 04 返回"题注"对话框，此时"题注"文本框中的名称已经变为"电子邮件系统结构图1"，单击"确定"按钮。

步骤 05 返回文档中，此时选中的图片下已经被添加了题注。

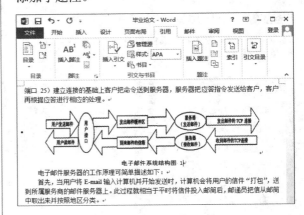

2. 插入脚注和尾注

脚注和尾注都是用来对文档中某个内容进行解释、说明或列出引文的出处等。脚注通常插入在页面底部，而尾注一般位于文档的末尾。

● 插入脚注

步骤 01 选中需插入脚注的文本，切换至"引用"选项卡，单击"脚注"选项组中"插入脚注"按钮。

步骤02 此时在选中文本所在页面的底部，出现了一条分隔线。

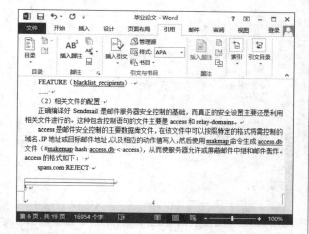

步骤03 在分隔线的下方输入选中文本的释义。

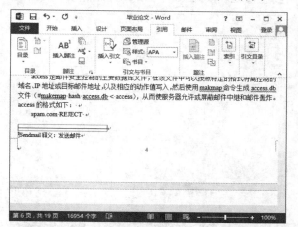

步骤04 将光标移动至插入脚注的文本上，该文本的上方则出现了脚注内容。

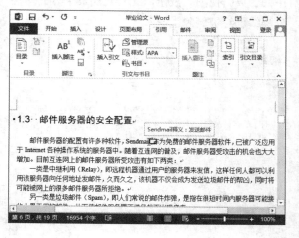

◎ 插入尾注

步骤01 将光标置于需要插入尾注的文本后，切换至"引用"选项卡，在"脚注"选项组中单击"插入尾注"按钮。

步骤02 在整个文档的末尾出现了一条分隔线，在分隔线的下方输入尾注内容。

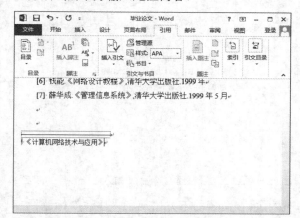

步骤03 将光标移动至插入了尾注的文本上，在该文本的上方则出现了尾注内容。

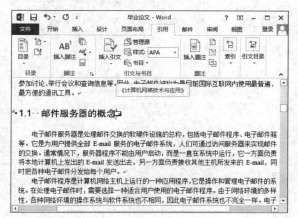

步骤04 若要删除脚注和尾注上方的分隔线，则切换至"视图"选项卡，在"视图"选项组中单击"草稿"按钮。

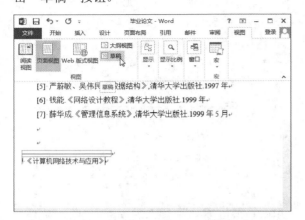

步骤05 切换到草稿视图方式，将光标放置在脚注分隔线后，在键盘上按下Ctrl+Alt+D组合键。

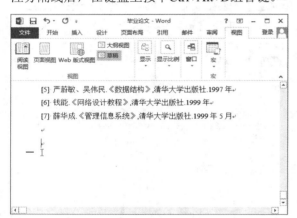

步骤06 在文档的下方出现了"尾注"标题栏，单击"尾注"下拉按钮，在展开的列表中选择"尾注分隔符"选项。

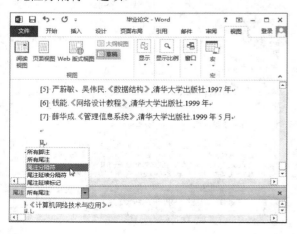

步骤07 此时标题栏下方的编辑框中出现了一条直线。

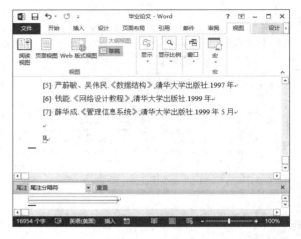

步骤08 选中该直线，按Delete键删除该直线。

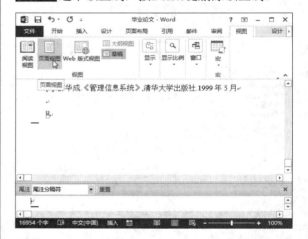

步骤09 单击"视图"选项卡的"视图"选项组中的"页面视图"按钮，此时文档最下方的尾注分隔线已经被删除了。

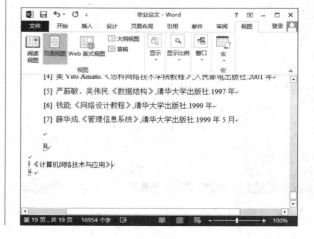

Word办公篇

4.2 下载并打印报名表

全国公务员考试即将开始报名，考生可以在各地的公务员考试网上下载报名表，填写并打印。下面将对报表的下载、填写、打印以及保护等操作进行介绍。

4.2.1 通过网络下载报名表

在各地的公务员考试网中，考试前夕网站都会开放报名表下载窗口，考生可以在网页上下载报名表。

步骤 01 打开网页进入公务员考试报名网，下载一份报名表。

步骤 02 单击"文件"按钮，打开"文件"菜单。

步骤 03 在"文件"菜单中选择"另存为"选项。

步骤 04 在"另存为"面板中选择"计算机"选项。然后双击右侧将要存放报名表的文件夹。

步骤 05 打开"另存为"对话框，在"文件名"文本框中输入"报名表"，单击"保存"按钮。

步骤06 返回文档，单击"视图"按钮，在下拉列表中选择"编辑文档"选项。

步骤07 将文档切换到页面视图模式，即可对报名表进行编辑。

4.2.2 填写报名表

报名表下载好以后，就要开始填写报名表，操作步骤如下。

步骤01 在报名表空白单元格内，将资料填写完整，选中表格中的文字，在"开始"选项卡的"段落"选项组中单击"居中"按钮，将单元格中的文本设置为居中显示。

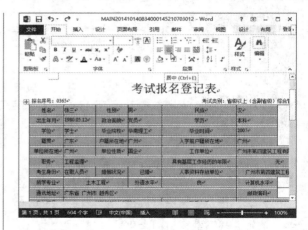

步骤02 将光标置于"照片"文本框中，切换至"插入"选项卡，在"插图"选项组中单击"图片"按钮。

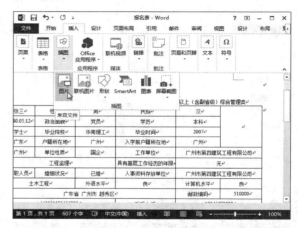

步骤03 弹出"插入图片"对话框，选择合适的图片，单击"插入"按钮。

步骤04 照片随即被插入到表格中，右击图片，在展开的菜单中选择"大小和位置"命令。

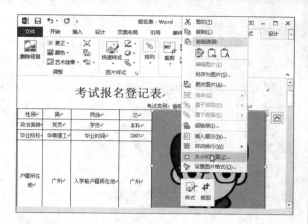

步骤 05 弹出"布局"对话框，切换到"文字环绕"选项卡，选择"衬于文字下方"选项，单击"确定"按钮。

步骤 06 调整好照片的大小和位置，考试报名登记表就完成了。

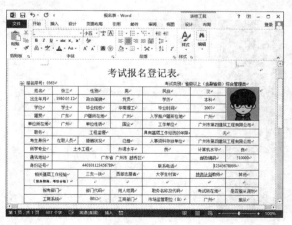

4.2.3 打印报名表

编辑完报名表的内容后，就要对报名表进行打印了。打印之前可以先对报名表进行预览。

1. 页面设置

页面设置可使文档看上去更整洁更美观，设置页面的步骤如下。

◎ 在"页面设置"选项组设置

步骤 01 切换至"页面布局"选项卡，在"页面设置"选项组中单击"页边距"下拉按钮。

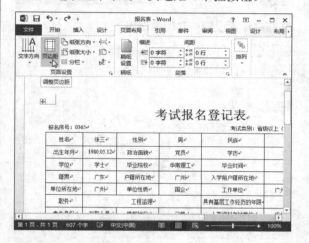

步骤 02 在展开的列表中选择"适中"选项。

上次的自定义设置			
上	3.17 厘米	下	3.17 厘米
左	2.54 厘米	右	2.54 厘米
普通			
上	2.54 厘米	下	2.54 厘米
左	3.18 厘米	右	3.18 厘米
窄			
上	1.27 厘米	下	1.27 厘米
左	1.27 厘米	右	1.27 厘米
适中			
上	2.54 厘米	下	2.54 厘米
左	1.91 厘米	右	1.91 厘米
宽			
上	2.54 厘米	下	2.54 厘米
左	5.08 厘米	右	5.08 厘米
镜像			
上	2.54 厘米	下	2.54 厘米
里	3.18 厘米	外	2.54 厘米

自定义边距(A)...

步骤 03 在"页面设置"选项组中单击"纸张大小"下拉按钮，在展开的列表中选择A4选项。

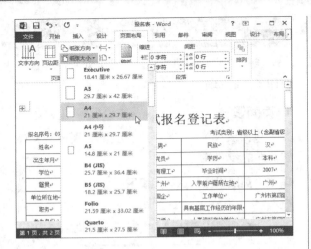

● 在"页面设置"对话框设置

步骤 01 在"页面布局"选项卡的"页面设置"选项组中，单击对话框启动器按钮。

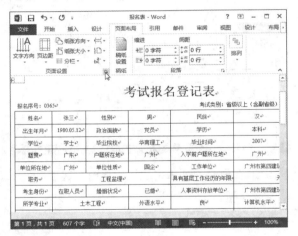

步骤 02 弹出"页面设置"对话框，在"页边距"选项卡的"页边距"选项区域中设置文档的页边距。

步骤 03 切换到"纸张"选项卡，在"纸张大小"下拉列表中选择合适的纸张大小，单击"确定"按钮，关闭对话框。

2. 预览后打印

通过文档预览操作，可从总体上检查版面是否符合要求，如果不够理想，可以返回重新编辑调整。

步骤 01 单击"文件"按钮，打开"文件"菜单。

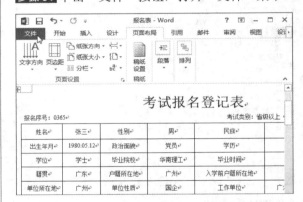

步骤 02 在打开的"文件"菜单列表中选择"打印"选项。

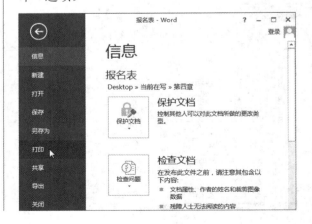

步骤03 在面板右侧的预览区域查看报名表的打印效果，然后单击"打印"按钮，对报表进行打印输出。

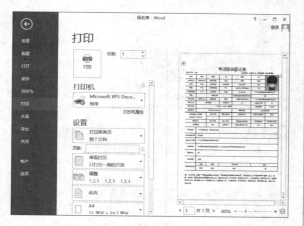

4.2.4 保护文档

如果用户在Word中录入了比较隐私重要的内容，不希望所录入的内容被别人看到或是修改，可以将文件设置成只读或者直接为文档加密，进行保护操作。

1. 设置只读文档

Word 2013提供了一种新功能：最终版本，用户可以通过它来将Word文档设置成只读。

步骤01 打开"文件"菜单，选择"信息"选项。

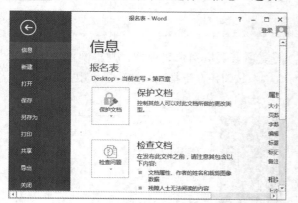

步骤02 在打开的"信息"面板中，单击"保护文档"下拉按钮，在展开的列表中选择"标记为最终状态"选项。

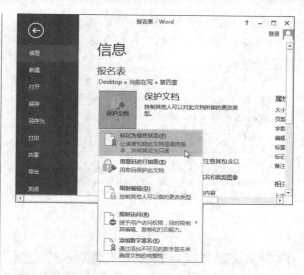

步骤03 弹出Microsoft Word对话框，单击"确定"按钮。

步骤04 在弹出的确认对话框中再次单击"确定"按钮。

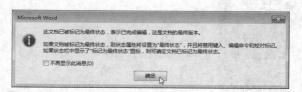

步骤05 "保护文档"按钮右侧显示出"此文档已标记为最终状态防止编辑"文字。

步骤06 返回文档，编辑区上方出现了"标记为最终版本"字样，文档名称后面也显示出"只读"字样。

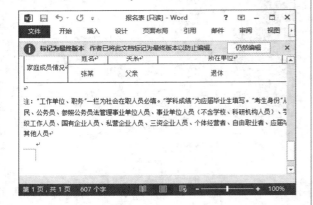

2. 设置加密文档

设置加密文档之后，如果不知道密码将无法打开文档。

步骤01 在"信息"选项面板中，单击"保护文档"下拉按钮，在其下拉列表中选择"用密码进行加密"选项。

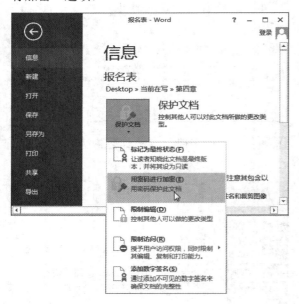

步骤02 弹出"加密文档"对话框，在"密码"文本框中输入密码，单击"确定"按钮。

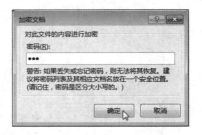

步骤03 弹出"确认密码"对话框，在"重新输入密码"文本框中再次输入密码，单击"确定"按钮。

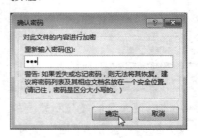

步骤04 关闭Word文档，再次试图打开该文档时，将弹出"密码"对话框。必须在密码框中输入正确的密码才能打开文档。

步骤05 若要取消密码保护，则再次单击"保护文档"按钮，在下拉列表中选择"用密码进行加密"选项。

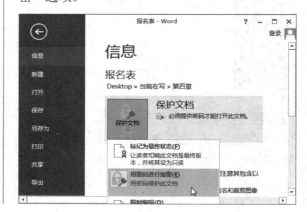

步骤06 弹出"加密文档"对话框，在"密码"文本框中删除设置的密码，单击"确定"按钮即可。

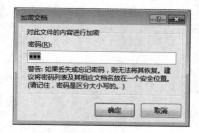

3. 启动强制保护

启动强制保护后，文档中的任何内容都不允许更改，启动强制保护的方法如下。

步骤01 切换至"审阅"选项卡，在"保护"选项组中单击"限制编辑"按钮。

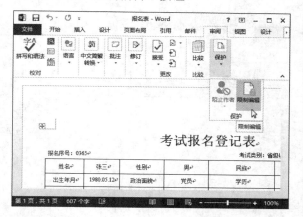

步骤02 在文档的右侧打开了"限制编辑"窗格。

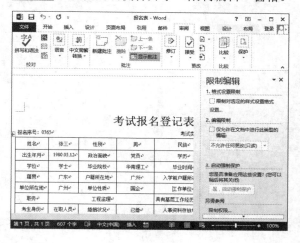

步骤03 勾选"编辑限制"区域中的"仅允许在文档中进行此类型的编辑"复选框，在下拉列表中选择"不允许任何更改（只读）"选项。

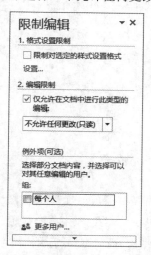

步骤04 在"启动强制保护"区域中单击"是，启动强制保护"按钮。

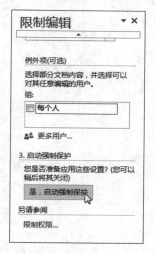

步骤05 弹出"启动强制保护"对话框，分别在"新密码"和"确认新密码"文本框中输入密码，单击"确定"按钮。

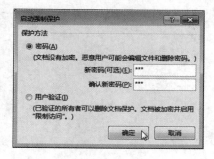

步骤 06 最后单击"限制编辑"窗格上的"关闭"按钮，关闭该窗格。

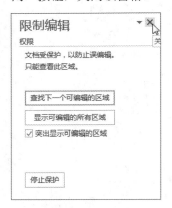

步骤 07 对文档进行强制保护以后，如果试图修改文档中的内容，则在Word文档的左下方会显示"不允许修改因为所选内容已被锁定"的提醒。

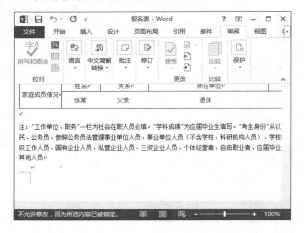

步骤 08 如果要取消强制保护，则再次打开"限制编辑"窗格，单击"停止保护"按钮。

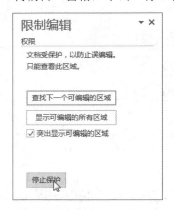

步骤 09 弹出"取消保护文档"对话框，在"密码"文本框中输入正确的密码，然后单击"确定"按钮即可。

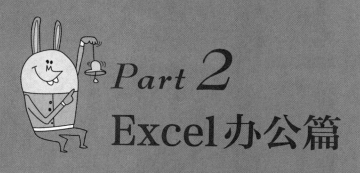

Part 2
Excel办公篇

应用Excel 2013来创建和管理数据，会让数据处理与分析变得更简单有序，从而帮助您做出更好、更明智的决策。

Chapter 05

创建Excel数据表

作为微软办公自动化软件中的重要成员，经过多次的升级改进，Excel 2013的数据处理功能变得更强大丰富。本章将介绍Excel工作簿的基本操作内容。对本章内容的学习，使读者可以迅速通往Excel数据处理的广阔天地。

核心知识点

❶ 工作簿的创建与安全设置

❷ 数据的输入技巧

❸ 数据的编辑方法

❹ 单元格的编辑操作

❺ 工作表的格式设置

Excel办公篇

5.1 创建物品领用统计表

对于在行政或后勤部门工作的读者来说，办公用品、劳保用品等的发放是常有的工作，这时制作一个物品领用统计表，精确记录物品都发放到哪里去了是很有必要的。下面我们将介绍应用Excel创建物品领用统计表的操作方法。

5.1.1 工作簿的基本操作

要制作物品领用统计表，先要创建一个新的工作簿，下面介绍创建工作簿的具体操作方法。

1. 新建工作簿

启动Excel后，在开始屏幕中单击"空白工作簿"选项，创建一个新的工作簿。

我们也可以在已经打开的工作簿中选择"文件<新建"选项，打开"新建"选项面板，单击右侧的"空白工作簿"选项，也可创建一个新的工作簿。

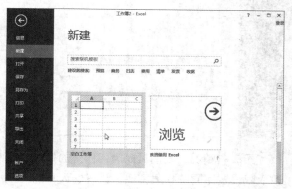

提示 使用快捷键创建工作簿

在打开的工作簿中，我们可以直接按下键盘上的Ctrl+N快捷键，快速创建一个新的工作簿。

2. 保存工作簿

创建工作簿后，需要将其保存到合适的位置，以便下次可以快速找到所创建的工作簿。

步骤 01 单击快速访问工具栏中的"保存"按钮，或直接按下键盘上的Ctrl+S快捷键，将打开"另存为"面板。

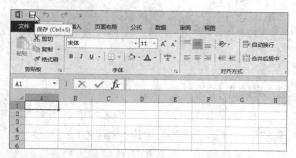

步骤 02 在"另存为"列表中选择保存方法，这里选择"计算机"选项，单击右侧的"浏览"按钮。

步骤 03 打开"另存为"对话框，选择需要的存放位置，在"文件名"右侧的文本框中输入保存的工作簿名称，"保存类型"默认情况下就是"Excel工作簿"，单击"保存"按钮。

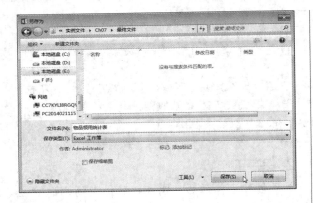

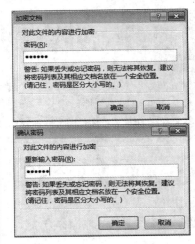

提示 编辑后保存

上面介绍的方法是首次保存工作簿时的情况。当我们需要对已有工作簿进行保存时，单击快速访问工具栏中的"保存"按钮时，只是单纯地保存编辑后的工作簿。如需要另存为，则需要选择"文件＞另存为"选项，然后按照上面的方法打开"另存为"对话框，进行保存。

3. 保护工作簿

在日常工作中，为了保护工作表的安全性，我们可以根据不同的需要进行相应的安全设定。

第一种情况，当我们不希望别人打开工作簿时，可以设置工作簿的打开密码，这样只有知道密码的人才能打开工作簿。

步骤 01 打开刚刚保存的"物品领用统计表"工作簿，选择"文件＜信息"选项，在"信息"选项面板中单击"保护工作簿"下三角按钮，选择"用密码进行加密"选项。

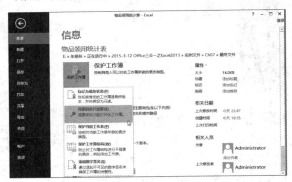

步骤 02 在打开的"加密文档"对话框中输入密码后，单击"确定"按钮，继续在打开的"确认密码"对话框中输入相同的密码。

步骤 03 单击"保存"按钮后，关闭工作簿。再次打开工作簿时，可以看到将打开"密码"对话框，只有输入正确的密码，才能将该工作簿打开。

步骤 04 若需要取消密码设定，则再次选择"文件＜信息"选项，单击"保护工作簿"下三角按钮，选择"用密码进行加密"选项，在打开的"加密文档"对话框中将密码删除即可。

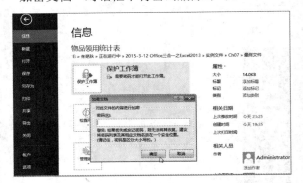

第二种情况，我们可以为工作簿的打开和修改权限设置不同的权限密码，让有的人只能打开工作簿，有的人既可以打开也可以修改工作簿。

步骤 01 打开"物品领用统计表"工作簿，选择"文件＜另存为"选项，单击"另存为"选项面板中的"计算机＞浏览"按钮。

步骤02 在打开的对话框中选择合适的存放位置后，单击"工具"下三角按钮，选择"常规选项"选项。

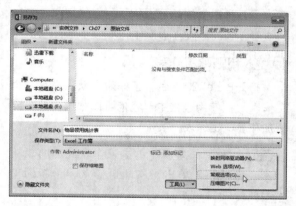

步骤03 在打开的"常规选项"对话框中分别设置"打开权限密码"和"修改权限密码"后，单击"确定"按钮，继续在打开的"确认密码"对话框中输入确认密码。

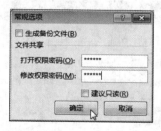

步骤04 单击"保存"按钮后，关闭工作簿。我们再打开刚刚另存为的工作簿，可以看到将打开"密码"对话框，输入正确的打开密码，单击"确定"按钮。

步骤05 这时将弹出修改密码对话框，若知道修改密码，输入密码，即可打开工作簿进行查看和修改操作；若不知道修改密码，则单击"只读"按钮，查看工作簿内容，不能进行修改操作。

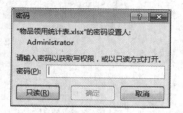

步骤06 采用"只读"方法打开的工作簿，在工作簿名称后面将显示"[只读]"字样。若需要取消密码，同样的再次打开"常规选项"对话框，将文本框中的密码删除即可。

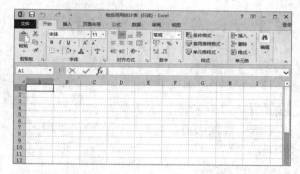

4. 保护工作表

除了可以对工作簿进行保护设置外，还可以对工作表中的相关内容进行设置。我们可以设置其他人只可以编辑工作表中的指定区域，下面介绍具体操作方法。

步骤01 打开需要设置可编辑范围的工作表，切换至"审阅"选项卡，单击"更改"选项组中的"允许用户编辑区域"按钮。

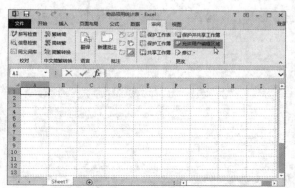

步骤02 打开"允许用户编辑区域"对话框,单击"新建"按钮,打开"新区域"对话框,单击"引用单元格"后面的折叠按钮,选择可编辑的单元格区域。

步骤03 单击"确定"按钮,返回"允许用户编辑区域"对话框,再次单击"确定"按钮,返回工作表中。在"审阅"选项卡下单击"更改"选项组中的"保护工作表"按钮,打开"保护工作表"对话框。

步骤04 在"取消工作表保护时使用的密码"文本框中设置取消保护的密码,单击"确定"按钮。

步骤05 在弹出的对话框中再次单击"确定"按钮后,返回工作表中。这时在可编辑区域外的单元格中进行输入,可以看到Excel提示不可以修改,单击"确定"按钮。

步骤06 若取消工作表保护,则单击"更改"选项组中的"取消保护工作表"按钮,打开"撤消工作表保护"对话框,输入步骤04设置的密码,单击"确定"按钮即可。

5.1.2 工作表的基本操作

创建Excel工作簿后,我们就可以在工作表中进行各种数据的处理操作了。在这之前,先来讲讲工作表的一些基本操作。

1. 插入和删除工作表

打开Excel 2013后,工作簿中默认只有一个工作表。在使用过程中,我们可以根据实际需要添加和删除工作表。

步骤01 打开工作簿后,单击工作表底部的"新工作表"按钮,单击一次即可插入一个新的工作表。

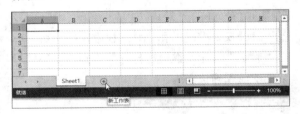

步骤02 若需要删除工作表,则右击该工作表,在弹出的快捷菜单中选项"删除"命令。

2. 隐藏和显示工作表

如果工作表中包含不想让别人查看的数据,

我们可以将该工作表暂时隐藏起来，在需要查看的时候再进行显示操作。

步骤 01 打开工作簿后，选择需要隐藏的工作表标签并右击，在弹出的快捷菜单中选择"隐藏"命令。

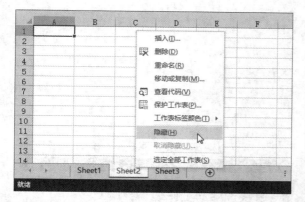

步骤 02 可以看到刚刚选择的Sheet2工作表已经隐藏了。

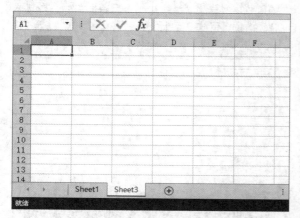

步骤 03 若需取消工作表的隐藏，则右击任意一个工作表标签，在弹出的快捷菜单中选择"取消隐藏"命令。

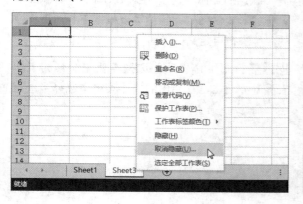

步骤 04 将弹出"取消隐藏"对话框，在"取消隐藏工作表"列表中选择需要取消隐藏的工作表，单击"确定"按钮。

步骤 05 返回工作表中，可看到刚刚消失的Sheet2工作表已经显现出来了。

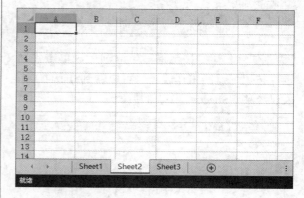

3. 移动或复制工作表

我们可以根据需要，对工作簿中的工作表进行移动或复制操作，可以将工作表移动或复制到本工作表中，也可以移动或复制到其他工作表中。

步骤 01 打开工作簿后，选择需要移动或复制的工作表标签并右击，在弹出的快捷菜单中选择"移动或复制"命令。

步骤02 在打开的对话框中，单击"工作簿"下三角按钮，选择需要移动或复制到的工作表名称，这里我们还是选择本工作表。在"下列选定工作表之前"列表中选择移动或复制后的工作表位置。

步骤03 当选择"移至最后"选项后，单击"确定"按钮，返回工作表中，可以看到Sheet1工作表已经移到Sheet3工作表的后面了。

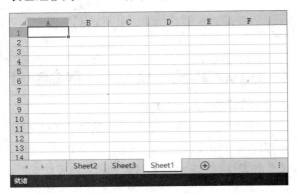

步骤04 在步骤02中，若我们选择了移动或复制后的工作表位置后，勾选"建立副本"复选框，单击"确定"按钮。

步骤05 这时可以看到，Sheet1工作表的位置保持不变，在Sheet3后面出现了Sheet1工作表的副本，即复制了该工作表。

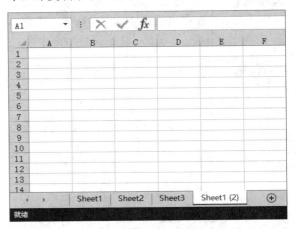

提示 快速移动工作表

选中需要移动的工作表，按住鼠标左键不放，移动时可以看到出现一个小的下三角形图标，移到合适的位置释放鼠标即可。

4. 重命名工作表

默认的工作表是以Sheet1，Sheet2，Sheet3…这样的形式命名的，我们可以根据需要对工作表的名称进行自定义，下面介绍具体操作方法。

步骤01 打开工作表后，选择需要重命名的工作表标签并右击，在弹出的快捷菜单中选择"重命名"命令。

步骤 02 这时可以看到工作表名称变成了可编辑状态，输入需要的名称即可。

提示 快速重命名工作表

选择需要重命名的工作表标签并双击，这时可以看到工作表名称变成了可编辑状态，输入需要的工作表名称即可。

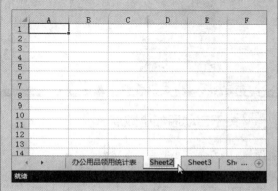

5. 设置工作表标签颜色

为了让工作表标签更突出、更个性化，我们可以为工作表标签设置不同的颜色，下面介绍具体操作方法。

步骤 01 选择需设置颜色的工作表标签并右击，在弹出的快捷菜单中选择"工作表标签颜色"命令，在右侧的子菜单中选择需要的颜色。

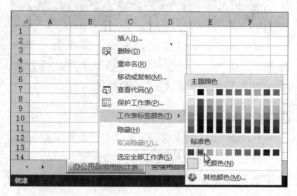

步骤 02 可以看到工作表标签已经设置为所选择的颜色了。

提示 为多个工作表设置标签颜色

我们还可以一次为多个工作表设置标签颜色，即按住Ctrl键的同时选择多个工作表标签，这时可以看到工作簿名称后面显示"[工作组]"字样。
然后在"开始"选项卡下的"单元格"选项组中单击"格式"下三角按钮，在下拉列表中选择"工作表标签颜色"选项，在子菜单中选择需要的颜色。

Excel办公篇

5.2 制作办公用品领用统计表

创建工作簿后，我们可以在工作表中制作出各种工作表格，对工作中各种细节进行管理，下面将通过介绍如何创建一个办公用品领用统计表的操作过程，来详细介绍数据的输入、编辑和单元格的设置等操作。

5.2.1 输入数据

Excel的数据类型分为常规、文本型、货币型和日期型等，正确掌握各种数据类型的输入方式，才能更快速顺利地进行数据输入。

1. 输入常规数据

Excel默认的数据输入状态为常规数据输入，此时输入的数据没有什么特定格式，默认情况下数据都是左对齐的。

2. 输入数值型数据

输入数值型数据时，一般数据都是右对齐的，和常规性数据一样没有什么特别要求。

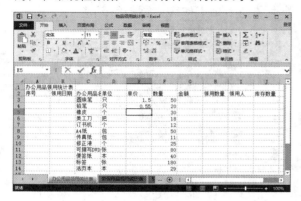

若在处理数据时经常会用到小数，Excel提供了自动输入小数点的功能，该功能能够在输入数据后自动为数据添加小数点，具体操作如下。

步骤01 选择"文件>选项"选项，打开"Excel选项"对话框，切换至"高级"选项卡，勾选"自动插入小数点"复选框，在"位数"数值框中设置合适的小数位数。

步骤02 单击"确定"按钮，返回工作表中，输入数值后，Excel将自动为其添加两位小数的小数点。

提示 关于自动添加小数点

设置了自动插入小数点后，输入的数字要包含两位小数时，没有小数也要用0补齐，但显示的时候将0省略。若需要取消该设定，则再次打开"Excel选项"对话框，取消勾选"自动插入小数点"复选框。

3. 输入货币型数据

对于从事财务方面工作的读者而言，输入货币型数据是经常使用的。所谓货币型数据，就是在金额前面有货币符号的数据。下面介绍货币型数据输入的方法。

○ 方法一：手动输入货币符号

选中需要输入货币型数据的单元格，输入法状态切换至中文输入法，按下Ctrl＋4键，即可输入￥符号，然后输入数值。

> **提示** 输入$符号
>
> 选中需要输入$符号的单元格，输入法状态切换至英文输入法，按下Ctrl＋4键，即可输入$符号。

○ 方法二：批量添加货币符号

如果已经输入好数值，我们可以一次为多个单元格添加货币符号。

步骤01 选中需要添加货币符号的单元格区域并右击，在弹出的快捷菜单中选择"设置单元格格式"命令。

步骤02 打开"设置单元格格式"对话框，在

"货币"选项面板右侧单击"货币符号"下三角按钮，在下拉列表中选择货币符号样式后，单击"确定"按钮。

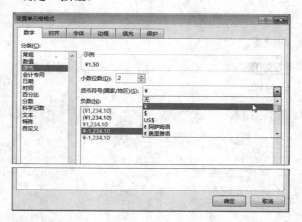

步骤03 返回工作表中，可以看到所选单元格区域的数据已经自动的都添加了￥货币符号。

> **提示** 应用功能区添加货币符号
>
> 选中需要添加货币符号的单元格区域，在"开始"选项卡下的"数字"选项组中，单击"数字格式"下三角按钮，在下拉列表中选择"货币"选项。

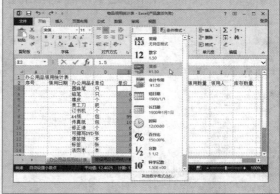

4. 输入日期型数据

Excel的日期显示形式有"年/月/日"、"年-月-日"和"月-日"等多种形式，我们在输入日期时，可以根据自己的需要和喜好设置不同的日期格式。

步骤01 选中需要输入日期的单元格，输入需要的日期。

步骤02 按下Enter键，可以看到在B3单元格中输入的日期格式是"2015/3/14"，而不是我们刚刚输入的"3月14日"格式。

步骤03 选择需要设置日期格式的单元格区域并右击，在弹出的快捷菜单中选择"设置单元格格式"命令。

步骤04 在打开的"设置单元格格式"对话框中，切换至"日期"选项面板，在右侧的"类型"列表框中选择需要的日期格式类型后，单击"确定"按钮。

步骤05 这时可以看到B3单元格的日期已经变成了选择的日期格式。这时，我们在B4单元格输入日期"2015-3-15"。

步骤06 按下Enter键，可看到日期格式自动变成了我们之前设置的"3月15日"的日期格式了。

提示 快速输入当前的日期时间

我们可以应用快捷键来输入当前的时间和日期：按下快捷键Ctrl+；即可快速输入当前的日期；按下快捷键Ctrl+Shift+；即可快速输入当前的时间。

5. 输入文本型数据

在Excel中，直接输入超过11位的数字时，会自动转换为科学计数格式，当我们需要输入身份证号码、商品编码或银行账户等数据，通常情况下将不能正常显示。这时，我们可以将相关单元格设置为文本型数据，然后再进行数据输入，操作方法如下：

选中需要输入文本型数据的单元格区域，按下Ctrl＋1快捷键，打开"设置单元格格式"对话框，在"分类"列表中选择"文本"选项，单击"确定"按钮，这时再进行数据输入，即可正常显示。

6. 输入特殊类型数据

下面我们将介绍一些特殊类型的数据输入方法。

◎ 输入0开头的数据

先输入英文半角状态下的单引号"'"，然后再输入0开头的数据。

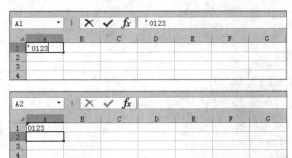

◎ 输入分数

选中需要输入分数的单元格区域，按下快捷键Ctrl＋1，打开"设置单元格格式"对话框，在"分类"列表中选择"分数"选项，然后在右侧的"类型"列表框中选择合适的分数类型，单击"确定"按钮，再进行数据输入即可。

◎ 输入特殊符号

在Excel的"符号"对话框中，通过选择不同的"字体"、不同的"子集"和不同的进制，几乎可以找到计算机上使用的所有字符或符号，下面介绍插入这些特殊字符的操作方法。

在"插入"选项卡下的"符号"选项组中单击"符号"按钮，打开"符号"对话框，选择需要的符号，单击"插入"按钮。

在Windings系列字体中，可以选择许多非常形象化的符号样式。

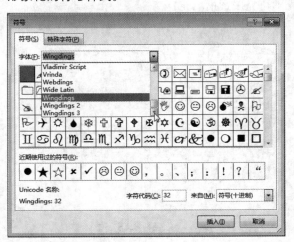

5.2.2 编辑数据

在工作表中输入数据后，我们还可以进行各种编辑操作，正确熟练地对数据进行编辑对于工作表中数据的采集和处理具有十分重要的意义，下面介绍相关内容。

1. 填充数据

若需要在若干单元格中输入相同的或有规律的数据，我们可以使用Excel的数据填充功能来快速输入。

● 方法一：拖动填充

步骤01 在A3单元格中输入1，在A4单元格中输入2，然后选中A3:A4单元格区域，将光标移至A4单元格的右下角。

步骤02 当光标变为十字形状时，按住鼠标左键不放向下拖动至合适的位置后，释放鼠标左键，即可完成数据填充。

● 方法二：拖动并选择填充方式

步骤01 在A3单元格中输入1，然后选中A3单元格，将光标移至右下角，当光标变为十字形状时，按住鼠标左键不放向下拖动至合适的位置后，释放鼠标左键。

步骤02 这时可以看到Excel将A3单元格中的数据复制至A12单元格，并且出现了"自动填充选项"下三角按钮，单击该下三角按钮，选择"填充序列"单选按钮。

步骤03 可以看到Excel自动进行了序列填充。

● 方法三：按住Ctrl键拖动填充

步骤01 在A3单元格中输入1，然后选中A3单元格，按住Ctrl键的同时将光标移至单元格右下角。

步骤02 当光标变为十字形状时，按住鼠标左键不放向下拖动至合适的位置后，释放鼠标左键，即可完成数据填充。

● 方法四：应用对话框填充

步骤01 在A3单元格中输入1，在"开始"选项卡下的"编辑"选项组中，单击"填充"下三角按钮，选择"序列"选项。

步骤02 在打开的"序列"对话框中进行下图所示的设置。

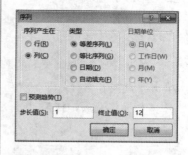

步骤03 单击"确定"按钮，返回工作表中，可以看到Excel自动进行了序列填充。

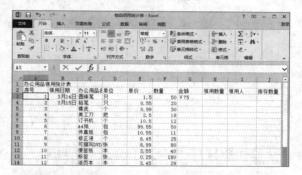

● 方法五：填充日期

步骤01 在B3:B4单元格中输入日期后，选中该单元格区域，将光标移至B4单元格的右下角。

步骤02 双击即可完成日期的填充，效果如下图所示。

2. 查找和替换数据

在进行数据整理的过程中，查找和替换是一个非常重要的功能，使用该功能可以非常方便地进行查找和替换操作。

步骤01 打开工作表后，在"开始"选项卡下的"编辑"选项组中，单击"查找和选择"下三角按钮，选择"查找"或"替换"选项，打开"查找和替换"对话框。

提示 快速打开"查找和替换"对话框

按下快捷键Ctrl+F，可快速打开"查找和替换"对话框，并切换到"查找"选项卡；
按下快捷键Ctrl+H，可快速打开"查找和替换"对话框，并切换到"替换"选项卡。

步骤02 在"查找内容"文本框中输入要查找的内容，单击"查找下一个"按钮，查找工作表中第一处要查找的内容；单击"查找全部"按钮，对话框将扩展，显示所有符合条件的内容列表。

步骤03 切换至"替换"选项卡，在"替换为"文本框中输入要替换的内容。如果希望逐个替换，则单击"替换"按钮；如果需要全部替换，则单击"查找替换"按钮。

步骤04 这时在弹出的Microsoft Excel提示对话框中显示替换的数目，单击"确定"按钮后，单击"关闭"按钮返回工作表中。

提示 删除工作表中的某些内容

若希望从工作表中删除某些内容，可以在"查找内容"文本框中输入要删除的内容，保持"替换为"文本框为空白，然后单击"替换"或"全部替换"按钮。

3. 删除数据

在进行数据输入时，发生输入错误是不可避免的，我们可以删除错误数据，重新输入。

我们可以选择需删除的单元格或单元格区域，按下Delete键或Backspace键进行删除；也可以选择需要删除的单元格或单元格区域，在"开始"选项卡下的"编辑"选项组中单击"清除"下三角按钮，然后选择删除单元格的所有内容，或仅删除格式、内容、批注或超链接等。

4. 数据计算

在进行数据编辑的过程中，一些简单的数据计算是必不可少的，下面介绍一些简单的数据运算，具体操作如下。

步骤 01 首先来计算办公用品的金额，因为金额=单价*数量，所以我们在G3单元格中输入金额计算公式"=E3*F3"。

提示 **应用鼠标进行公式输入**

除了可以直接在G3单元格中输入金额的计算公式，我们还可以使用鼠标进行选择输入，方法是：在G3单元格中输入"="后，单击E3单元格，再输入"*"，然后再选择F3单元格，按下Enter键，即可完成公式输入。

步骤 02 按下Enter键，即可查看计算出的金额。再次选中G3单元格，将光标放在G3单元格的右下角并双击，即可复制公式，计算出所有办公用品的金额。

步骤 03 然后再来计算库存数量，库存数量=原数量-领用数量。所以我们在J3单元格中输入库存数量的计算公式"=F3-H3"。

步骤 04 按下Enter键，选中J3单元格，将光标放在单元格右下角并双击，复制公式至J12单元格。

5. 数据显示

有时候输入的数据过长，会出现不能正常显示的情况，我们可以通过下面的方法来使数据内容完整显示。

◉ 设置合适的列宽显示数据

步骤 01 选中需要完整显示数据的单元格，将光标放在列标签处，待光标变成十字形时双击。

步骤 02 可以看到Excel自动调整列宽以完整显示单元格的内容。

提示 **在功能区中设置合适的列宽**

选中需要完整显示数据的单元格，在"开始"选项卡下的"编辑"选项组中，单击"格式"下三角按钮，选择"自动调整列宽"选项，也可调整列宽，使数据完整显示。

● 设置文本适用列宽

如果我们不想改变原表格的列宽，可以设置文本格式。

步骤01 选中G8单元格，按下Ctrl+1快捷键，打开"设置单元格格式"对话框。切换至"对齐"选项卡，勾选"缩小字体填充"复选框，单击"确定"按钮。

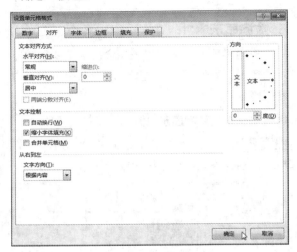

步骤02 返回工作表中，可以看到G8单元格的字号已经缩小到可以完整显示。

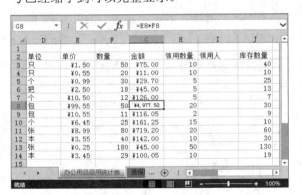

5.2.3 单元格的基本操作

单元格是工作表最基础的组成单位，是工作表中最基本构成元素和操作对象。

所谓单元格，就是行列交叉所形成的一个个格子。每个单元格都可以通过单元格地址来进行标识，如C4单元格，就表示位于C列第4行的单元格，多个连续的单元格称之为单元格区域。

1. 单元格的选取

选取单元格或单元格区域后，我们就可以对该单元格或单元格区域进行各种编辑操作了，下面介绍单元格选取的操作方法。

步骤01 单击某个单元格，即可选中该单元格；单击某个单元格，按住鼠标左键不放，向上下左右拖动，选取相应的单元格区域。

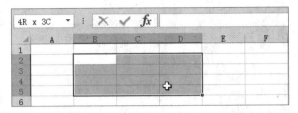

步骤02 单击B2单元格，按住Shift键的同时单击D8单元格，即可选中B2:D8单元格区域，该方法适合选择较大的单元格区域。

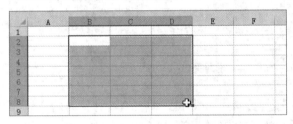

步骤03 选中第一个单元格，按住Ctrl键不放，然后选择其他不相邻的单元格或单元格区域。

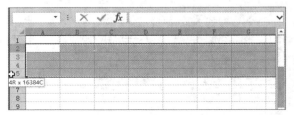

步骤04 单击行或列标题，即可选中相应的行或列；在行标题或列标题中拖动，即可选中相应的多行或多列。

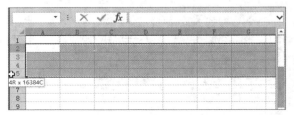

步骤 05 先选中某行或某列，按住Ctrl键不放继续选择不相邻的行或列，即可选中不相邻的行或列。

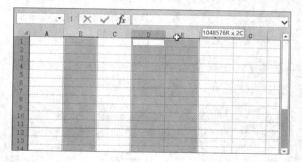

步骤 06 先选中起始行或起始列，按住Shift键不放，在选择最后一行或最后一列，即可选中该范围内的所有行或列。

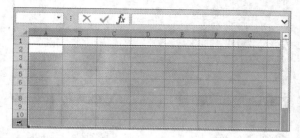

提示 选择工作表中的所有单元格

按下Ctrl+A快捷键，选中工作表中的所有单元格；如果工作表中包含数据，则按下一次Ctrl+A快捷键，选中当前的所有区域，再次按下Ctrl+A快捷键，选中工作表中的所有单元格。

2. 单元格之间的移动

在进行数据的处理和编辑过程中，单元格之间移动是必不可少的操作，熟练地应用各种单元格移动操作技巧，更有利于提高工作效率，我们用下面的表格来总结单元格的移动方式。

快捷键	移动结果
Enter	从选择的单元格向下移动
Shift+Enter	从选择的单元格向上移动
Home	移到当前行的第一个单元格
Ctrl+Home	移到A1单元格
Tab	在选定区域中从左向右移动
Shift+Tab	在选定区域中从右向左移动

通常情况下，按下Enter键，将移到下面一个单元格，但是我们可以根据需要设置Enter键的移动方向。

选择"文件<选项"选项，打开"Excel选项"对话框，切换至"高级"选项卡，勾选"按Enter键后移动所选内容"复选框，单击"方向"下三角按钮，选择需要移动的方向，设置完成后单击"确定"按钮。

3. 单元格的合并和拆分

在Excel中，我们可以将两个或多个单元格合并成一个大的单元格，用来表示报表名称等内容。若不需要单元格合并，也可以轻松地进行拆分操作，具体操作如下。

步骤 01 选择A1:J1单元格区域，单击"开始"选项卡下"对齐方式"选项组中的"合并居中"按钮，或单击下三角按钮，选择合并后的显示形式。

步骤 02 这时可以看到合并居中后的效果。

提示 在对话框中设置合并方式

选择需合并的单元格区域，按下Ctrl+1快捷键，打开"设置单元格格式"对话框，切换至"对齐"选项卡，设置合并后的文本对齐方式，并勾选"合并单元格"复选框，单击"确定"按钮。

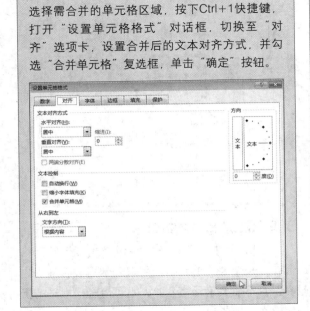

步骤 03 若需要拆分单元格，则选中合并后的单元格，单击"开始"选项卡下"对齐方式"选项组中的"合并居中"按钮，即可取消单元格合并。或单击"合并居中"下三角按钮，选择"取消单元格合并"选项。

4. 单元格的插入与删除

在对表格进行编辑时，如果对单元格的位置不满意，可以通过插入和删除单元格的方法来更改单元格的位置，具体操作如下。

步骤 01 选中要插入单元格的位置并右击，在弹出的快捷菜单中选择"插入"命令。

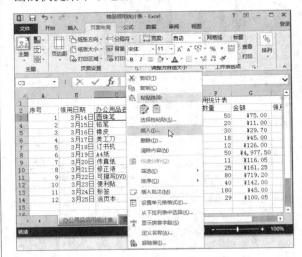

步骤 02 在弹出的"插入"对话框中，选择插入后原单元格的位置，这里选择"活动单元格下移"单选按钮。

步骤 03 单击"确定"按钮，返回工作表中可以看到插入的单元格，原单元格向下移动了一个单元格。

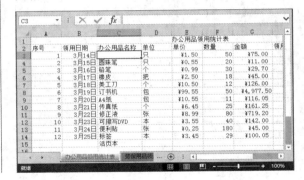

步骤 04 若要删除单元格，则选中该单元格后右击，在弹出的快捷菜单中选择"删除"命令。

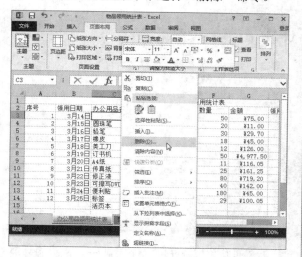

步骤 05 在弹出的"删除"对话框中，选择删除后单元格的移动方式，这里选择"下方单元格上移"单选按钮，单击"确定"按钮。

提示 打开"插入"/"删除"对话框

我们还可以在"开始"选项卡下的"单元格"选项组中，单击"插入"/"删除"下三角按钮，打开"插入"/"删除"对话框。

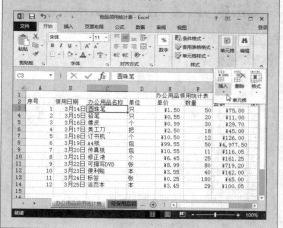

5. 单元格的移动和复制

在进行数据编辑时，我们也可以将选定的单元格移动或复制到当前工作表、其他工作表或其他工作簿中，具体操作如下。

● 移动单元格

选择需要移动的单元格，单击"开始"选项卡下"剪贴板"选项组中的"剪切"按钮，选择要移动到的单元格，然后单击"粘贴"按钮。

选中需要移动的单元格，将鼠标指针移动到单元格边框上，待鼠标指针变成十字形状时，按住鼠标左键不放，拖动到需要的位置。

提示 快捷键移动单元格

选中需要移动的单元格，按下Ctrl+X快捷键剪切单元格；选择要移动到的单元格，按下Ctrl+V快捷键粘贴单元格。

◎ 复制单元格

选中需要复制的单元格，将鼠标指针移动到单元格边框上，待鼠标指针变成十字形状时，按住Ctrl键的同时鼠标左键不放，拖动到需要的位置释放鼠标左键。

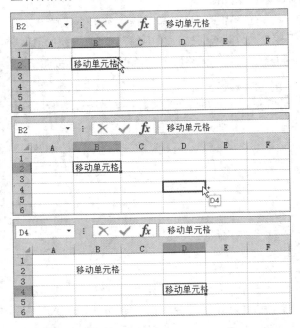

提示 快捷键复制单元格

选中需要复制的单元格，按下Ctrl+C快捷键复制单元格；选择要复制到的单元格，按下Ctrl+V快捷键粘贴选中的单元格。

5.2.4 设置单元格格式

设置单元格格式是美化工作表最基本的操作，包括设置字体格式、对齐方式、边框样式、填充颜色等，我们下面将详细地一一进行讲解。

1. 设置字体格式

创建工作表后，表格中的字体格式一般显示的是默认的设置。选择"文件<选项"选项，打开"Excel选项"对话框，在"常用"选项面板右侧的"新建工作簿时"选项区域中，显示了默认的字体、字号等设置，我们可以在此对默认设置进行更改。

下面介绍设置字体、字号和字体样式的具体操作方法。

步骤01 选择需要设置字号的单元格或单元格区域，在"开始"选项卡下的"字体"选项组中，单击"字号"下三角按钮，选择表格名称字号为16。

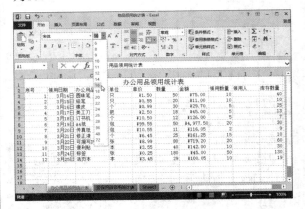

步骤02 选择表头A2:J2单元格区域并右击，将弹出快捷菜单，单击浮动工具栏中的"字号"下三角按钮，设置表头的字号为12。

步骤 03 选择需设置字体的单元格区域，在"开始"选项卡下的"字体"选项组中，单击"字体"下三角按钮，选择需要的字体样式。

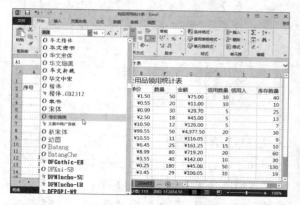

步骤 04 选择需要设置字体颜色的单元格区域，单击"开始"选项卡下"字体"选项组的对话框启动器按钮。

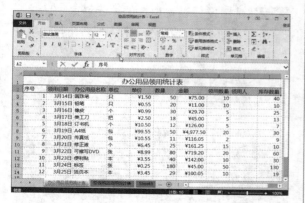

步骤 05 打开"设置单元格格式"对话框，切换至"字体"选项卡，单击"颜色"下三角按钮，选择需要的字体颜色，单击"确定"按钮。

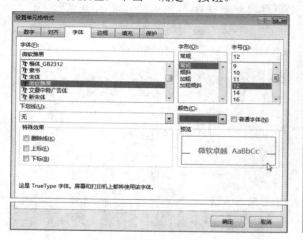

提示 **关于"设置单元格格式"对话框**

> 我们可以在该对话框中设置单元格的字体、字号、字形、下划线、字体颜色和特殊效果等。

步骤 06 选择需要设置单元格填充颜色的单元格区域，在"开始"选项卡下的"字体"选项组中，单击"填充颜色"下三角按钮，在下拉列表中选择合适的单元格填充颜色。

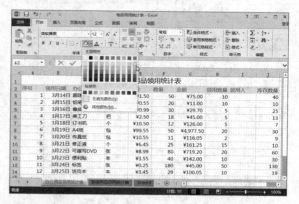

提示 **其他填充颜色**

> 若"填充颜色"下拉列表中没有合适的颜色，我们可以在下拉列表中选择"其他颜色"选项，打开"颜色"对话框，进行更多的选择。

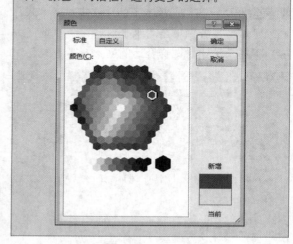

2. 设置单元格对齐方式

单元格的对齐方式包括左对齐、居中、右对齐、顶端对齐、垂直居中、底端对齐等多种方式，我们可以在功能区或"设置单元格格式"对话框中进行设置。

步骤01 选中需要设置对齐方式的单元格区域，在"开始"选项卡下的"对齐方式"选项组中选择合适的对齐方式。

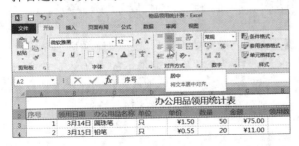

步骤02 选中需要设置对齐方式的单元格区域，单击"对齐方式"选项组的对话框启动器按钮，打开"设置单元格格式"对话框。

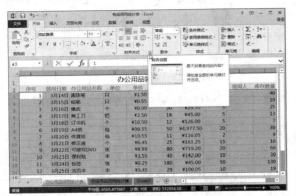

步骤03 在"对齐"选项卡下的"文本对齐方式"选项区域中，分别单击"水平对齐"和"垂直对齐"下三角按钮，选择合适的文本对齐方式。

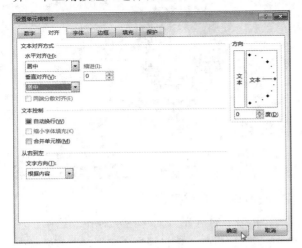

步骤04 单击"确定"按钮，返回工作表中查看设置对齐方式后的表格效果。

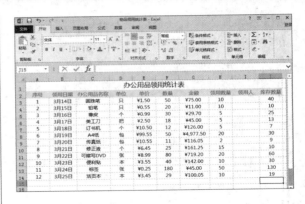

3. 设置边框和底纹

为了更好地显示数据，也为了打印的方便，制作表格后，我们会为工作表添加边框。至于底纹的设置，要根据具体情况进行添加，很多情况下设置了过于艳丽的工作表底纹，反而不利于数据的展示。

步骤01 选中需要设置边框的单元格区域，单击"字体"选项组的"所有边框"下三角按钮，在下拉列表中选择边框样式。

步骤02 然后选中需要添加底纹的单元格区域，单击"字体"选项组的"填充底纹"下三角按钮，在下拉列表中选择填充颜色。

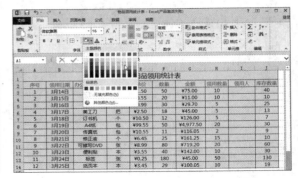

步骤03 这时我们可以看到为工作表设置边框和底纹后的效果。

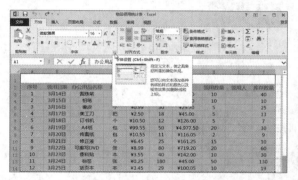

我们还可以在"设置单元格格式"对话框中，更详细地设置边框和底纹效果。

步骤01 选中需要设置边框的单元格区域，单击"字体"选项组的对话框启动器按钮，打开"设置单元格格式"对话框。

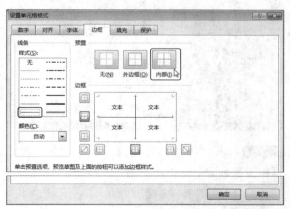

步骤02 切换至"边框"选项卡，在线条样式列表中选择需要的线条样式，在"预置"选项区域中选择"内部"选项。

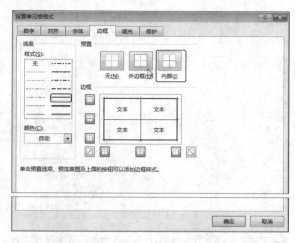

步骤03 然后再在线条样式列表中选择粗一些的线条样式，在"预置"选项区域中选择"外边框"选项。

步骤04 切换至"填充"选项卡，选择需要的背景颜色后，单击"确定"按钮。

提示 使用浮动工具进行设置

选中需要设置边框或底纹的单元格区域并右击，在弹出的快捷菜单中单击浮动工具栏中的框线下三角按钮，选择需要的边框样式；单击"填充颜色"下三角按钮，设置需要的底纹颜色。

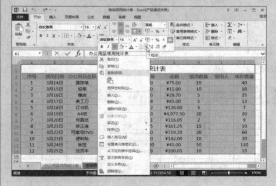

步骤05 返回工作表中，可以看到所选的表格区域，外边框应用了稍粗些的线条样式。

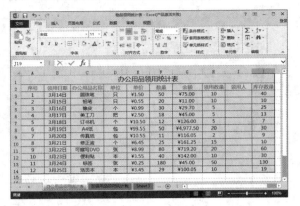

4. 调整行高和列宽

工作表的行高和列宽一般情况下都是固定的，当行高或列宽不能满足所输入内容的正常显示时，我们可以对其进行适当的调整。

◎ 手动调整行高列宽

步骤01 将鼠标放在行标题上，待鼠标变成双向箭头时，向上或向下拖动鼠标，调整行的高度。

步骤02 将鼠标放在列标题上，待鼠标变成双向箭头时，向左或向右拖动鼠标，调整行的宽度。

提示 设置多行/多列的行高列宽

选中需要设置行高/列宽的多行/多列，将鼠标放在行/列标题上，待鼠标变成双向箭头时，拖动鼠标调整行高/列宽。

◎ 精确调整行高列宽

步骤01 选中需要设置行高的多行并右击，在弹出的快捷菜单中选择"行高"命令。

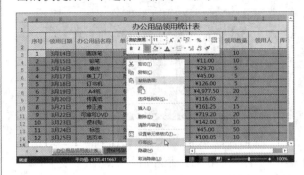

步骤02 打开"行高"对话框，在"行高"数值框中输入行高值，单击"确定"按钮。

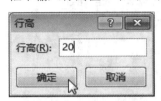

步骤03 选中需要精确设置的列，在"开始"选项卡下"单元格"选项组中单击"格式"下三角按钮，在下拉列表中选择"列宽"选项。

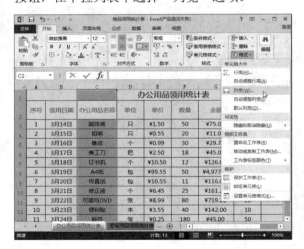

步骤04 打开"列宽"对话框，在"列宽"数值框中设置列宽后，单击"确定"按钮。

提示 设置最合适行高/列宽

将鼠标放在需要调整列/行标题上，待鼠标指针变成双向箭头时双击，Excel将自动根据该列/行中内容的具体情况，调整成最合适的列宽/行高。

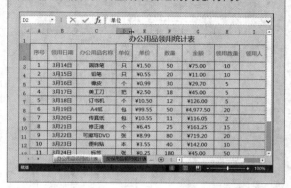

5. 套用单元格样式

在Excel中预置了一些典型的单元格样式，我们可以直接套用这些单元格样式来快速设置单元格格式。

步骤01 选中要设置单元格样式的单元格区域，这里选择工作表表头，在"开始"选项卡下的"样式"选项组中，单击"单元格样式"下三角按钮，选择需要的预设样式。

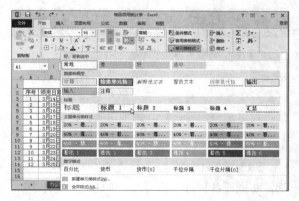

步骤02 可以看到，工作表表头已经应用了选择的单元格样式。

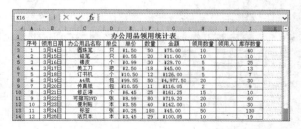

我们还可以自定义单元格样式，然后保存在单元格预设样式库中，下次可以直接调出来使用，具体操作方法如下：

步骤01 单击"单元格样式"下三角按钮，选择"新建单元格样式"选项。

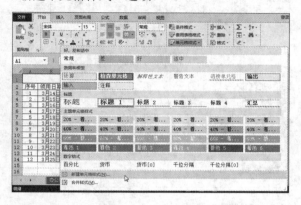

步骤02 打开"样式"对话框，在"样式名"文本框中输入新建的单元格样式名称，单击"格式"按钮。

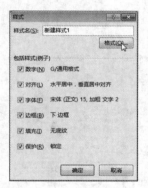

步骤03 打开"设置单元格格式"对话框，分别设置单元格的对齐方式、填充颜色、字体、字形、字号等，单击"确定"按钮。

步骤04 返回"样式"对话框中再次单击"确定"按钮。返回工作表中，单击"单元格样式"下三角按钮，在下拉列表库中可以看到刚刚新建的"新建样式1"单元格样式。

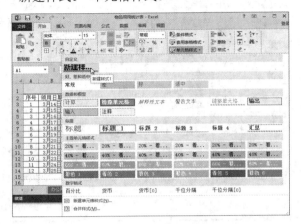

6. 套用表格格式

Excel预置了60种常用的表格样式，我们可以根据需要选择合适的表格样式，快速美化工作表。

步骤01 选择需要设置表格格式的单元格区域，在"开始"选项卡下的"样式"选项组中，单击"套用表格格式"下三角按钮，在下拉列表中选择需要的预设样式。

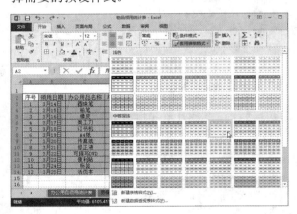

步骤02 打开"套用表格格式"对话框，在"表数据的来源"文本框中自动显示了刚刚选取的区域，单击"确定"按钮。

步骤03 此时工作表已经应用选择的表格格式，此时的工作表已经转换成表格，在功能区中显示了"表格工具-设计"选项卡，这时我们可以进行一些数据的分析运算。

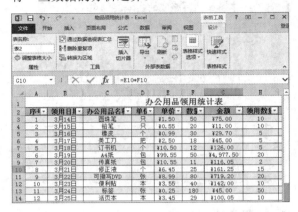

步骤04 单击"表格工具-设计"选项卡下的"转换为区域"按钮，可将表格转换为普通表格。

5.2.5 添加批注

当我们需要在某一单元格中添加与该单元格相关联的附加信息，或对单元格内容进行进一步的解释备注时，可以为单元格添加批注，下面我们将对这部分内容进行详细地讲解。

1. 插入批注

Excel中可以进行插入批注的操作，我们可根据需要进行各种批注的插入，快速完善工作表。

步骤01 选择需要添加批注的J13单元格，单击"审阅"选项卡下"批注"选项组中的"新建批注"按钮。

步骤02 此时会出现一个批注文本框，在其中输入要说明的内容即可。

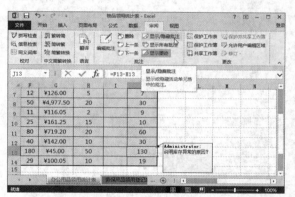

2. 编辑批注

在单元格中插入批注后，我们还可以对其进行显示、隐藏、删除或编辑操作。

步骤01 选择含有批注的单元格，单击"批注"选项组中的"显示/隐藏批注"按钮，即可显示或隐藏批注。

步骤02 若要编辑批注，则在批注显示为显示状态时，在批注框中进行编辑即可。若要删除批注，则选中批注后，单击"删除"按钮。

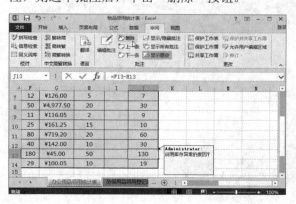

3. 打印批注

在工作表中添加批注后，在进行表格打印时，批注是不被打印的。我们可以进行相应的设置，将批注正常打印出来。

步骤01 选中含有批注的单元格，单击"批注"选项组的"显示/隐藏批注"按钮，使批注显示出来。切换至"页面布局"选项卡，单击"页面设置"选项组的对话框启动器按钮。

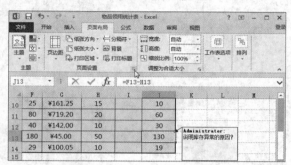

步骤02 打开"页面设置"对话框，切换至"工作表"选项卡，单击"批注"下三角按钮，选择"如同工作表中的显示"选项。

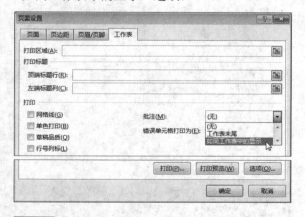

步骤03 单击"打印预览"按钮，即可查看打印出的批注效果。

Chapter 06
数据的处理与分析

Excel提供了强大的数据处理和分析功能，可以非常方便地对工作表中的数据进行各种排序、筛选、分类汇总等操作，这些功能基本满足日常的数据处理需要。本节还将介绍如何创建各种方案，并选择最合适的方案。

核心知识点

❶ 复杂排序和自定义排序
❷ 自定义筛选和高级筛选
❸ 创建分类汇总
❹ 合并计算
❺ 创建条件格式

6.1 公司费用统计表

财务人员统计当月公司费用是很辛苦的事情，为了查看数据还要按照一定的顺序进行排序，如果掌握一定的排序的技巧，将大大提高工作效率。数据排序包括简单排序、复杂排序和自定义排序，下面以公司费用统计表为例，依次介绍这三种排序的方法。

6.1.1 简单排序

简单排序是指照单列的数据进行升序或降序排序，下面我们按"费用统计表"中"金额"降序排序为例进行介绍。

步骤01 打开"费用统计表"工作表，选中单元格区域E2:E22，切换至"数据"选项卡，单击"排序和筛选"选项组中的"降序"按钮。

步骤02 弹出"排序提醒"对话框，在"给出排序依据"选项区域中选择"扩展选定区域"单选按钮，然后单击"排序"按钮。

步骤03 操作完成后，工作表中的数据按"金额"进行降序排序。

	A	B	C	D	E	F	G
1			公司费用统计表				
2	日期	员工姓名	部门	费用类型	金额	备注	
3	2月15日	张小明	采购部	服装费用	5600.00元	新员工服装	
4	2月13日	王涵	销售部	招待费用	3000.00元		
5	2月10日	王涵	销售部	宣传费用	2000.00元		
6	2月4日	董正军	销售部	销售费用	1800.00元		
7	2月23日	胡大武	人事部	招聘费用	1800.00元		
8	2月18日	段玉	财务部	培训费用	1500.00元		
9	2月3日	张可	销售部	差旅费用	1350.00元	出差	
10	2月2日	王浩浩	人事部	招聘费用	1000.00元	招聘	
11	2月5日	陈峰	销售部	交通费用	800.00元	出差	
12	2月3日	赵前	销售部	交通费用	800.00元		
13	2月10日	乔峰峰	人事部	培训费用	790.00元	新员工培训	
14	2月1日	郑伟	行政部	办公费用	520.00元	购买办公用品	
15	2月21日	王浩浩	人事部	培训费用	500.00元		
16	2月3日	刘彩虹	采购部	交通费用	460.00元		
17	2月5日	刘然	销售部	通讯费用	350.00元	手机话费	
18	2月2日	胡大武	人事部	办公费用	320.00元	购买计算器	
19	2月3日	顾金金	财务部	办公费用	180.00元		

提示 **以当前选定区域排序**

如果在"给出排序依据"选项区域中选择"以当前选定区域排序"单选按钮，表示只在选定的E2:E22单元格区域内按降序排序，未选定的区域次序不变。

6.1.2 复杂排序

复杂排序是对两列或两列以上的数据进行排序。

步骤01 打开"费用统计表"工作表，选中工作表任意单元格，切换至"数据"选项卡，单击"排序和筛选"选项组中的"排序"按钮。

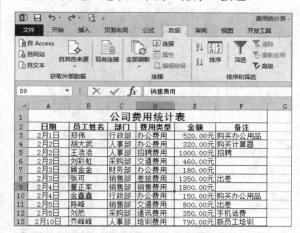

	A	B	C	D	E	F	G
1			公司费用统计表				
2	日期	员工姓名	部门	费用类型	金额	备注	
3	2月1日	郑伟	行政部	办公费用	520.00元	购买办公用品	
4	2月2日	胡大武	人事部	办公费用	320.00元	购买计算器	
5	2月2日	王浩浩	人事部	招聘费用	1000.00元	招聘	
6	2月3日	刘彩虹	采购部	交通费用	460.00元		
7	2月3日	顾金金	财务部	办公费用	180.00元		
8	2月3日	张可	销售部	差旅费用	1350.00元	出差	
9	2月4日	董正军	销售部	销售费用	1800.00元		
10	2月4日	金鑫鑫	行政部	办公费用	150.00元	购买办公用品	
11	2月5日	陈峰	销售部	交通费用	800.00元	出差	
12	2月5日	刘然	销售部	通讯费用	350.00元	手机话费	
13	2月10日	乔峰峰	人事部	培训费用	790.00元	新员工培训	

步骤02 弹出"排序"对话框，在"主要关键字"下拉列表中选择"费用类型"选项，将"排序依据"设置为"数值"，在"次序"列表中选择"降序"选项。

步骤03 设置完成后，单击"添加条件"按钮，出现第二个排序条件选项。

步骤04 在"次要关键字"下拉列表中选择"金额"选项，将"排序依据"设置为"数值"，在"次序"下拉列表中选择"升序"选项，然后单击"确定"按钮。

步骤05 操作完成后，工作表的数据先按"费用类型"降序排序，相同数据时再按"金额"升序排序。

6.1.3 自定义排序

自定义排序，顾名思义就是按照我们的不同需要对数据进行排序，它是无规律可寻的。

例如在"费用统计表"工作表中，需要按照"人事部-采购部-财务部-行政部-销售部"顺序对"部门"进行排序时，自定义排序的操作方法如下。

步骤01 打开"费用统计表"工作表，选中工作表任意单元格，切换至"数据"选项卡，单击"排序和筛选"选项组中的"排序"按钮。

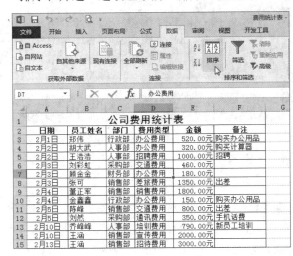

步骤02 弹出"排序"对话框，在"主要关键字"下拉列表中选择"部门"选项。

步骤03 保持"排序依据"为默认值，在"次序"下拉列表中选择"自定义序列"选项。

提示 使用系统内置的序列排序

当需要排序的单元格区域的数据内容是系统中包含的序列时，用户可以选择使用系统提供的序列进行排序。系统内置的序列包括4种星期格式、4种月份格式、一种季度格式、一种天干格式和一种地支格式。用户只需要做好相应的选择即可。

Excel办公篇

6.2 查询员工工资

员工工资是用人单位按一定的时间周期支付给员工的劳动报酬，是企业非常重要的资金支出，下面将介绍对员工资进行筛选分析的各种方法。

6.2.1 自动筛选

自动筛选是在单一条件下进行筛选，只显示符合筛选条件的数据，比较简单，容易操作。

1. 指定数据的筛选

步骤 01 打开"员工工资表"工作表，选中A2:G17单元格区域，切换至"数据"选项卡，单击"排序和筛选"选项组中的"筛选"按钮。

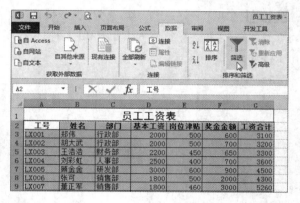

步骤 02 操作完成后，各标题右侧出现下拉按钮，单击"部门"下拉按钮，在列表中只勾选"销售部"复选框，然后单击"确定"按钮。

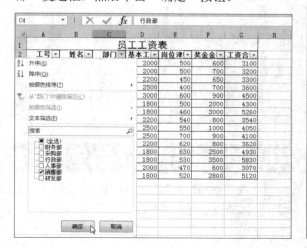

步骤 03 筛选结果只显示销售部员工的工资信息。

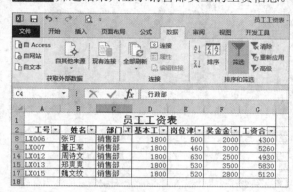

提示 进入筛选模式的方法

进入筛选模式的方法很多，除了本节介绍的常规方法外还有其他几种方法。

- 选中单元格区域后，选择"开始>编辑>排序和筛选>筛选"选项；
- 右击报表中的单元格，从快捷菜单中选择"筛选>按所选单元格的值筛选"命令；
- 选中报表中的任意单元格，按下Ctrl+Shift+L组合键，进入筛选模式。

2. 指定条件的筛选

指定条件的筛选可以对数值、文本和日期等格式进行筛选，筛选的格式不同，下拉选项也随之不同。此处以对数值筛选为例，在员工工资表中筛选出总工资大于4000的员工信息。

步骤 01 在"数据"选项卡中，单击"排序和筛选"选项组中的"筛选"按钮，撤销之前的筛选操作，然后按照同样方法再次进筛选模式。

步骤02 单击"工资合计"下拉按钮，在"数字筛选"子菜单中选择"大于"选项。

步骤03 弹出"自定义自动筛选方式"对话框，设置"工资合计"的条件为大于4000。

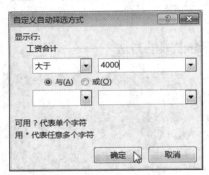

步骤04 单击"确定"按钮返回工作表中，即可查看筛选出的信息。

工号	姓名	部门	基本工	岗位津	奖金金	工资合
LX005	顾金金	研发部	3000	600	900	4500
LX006	张可	销售部	1800	500	2000	4300
LX007	董正军	销售部	1800	460	3000	5260
LX009	陈峰	采购部	2500	550	1000	4050
LX010	赵前	采购部	2500	700	900	4100
LX012	周诗文	销售部	1800	630	2500	4930
LX013	郑爽爽	销售部	1800	530	3500	5830
LX015	魏文纹	销售部	1800	520	2800	5120

6.2.2 自定义筛选

　　当自动筛选不能满足需要时，我们可以选择自定义筛选，例如，需要查看基本工资大于2000而小于或等于2500之间的员工信息时，可以应用自定义筛选，具体如下。

步骤01 打开"员工工资表"工作表，选中表格，按下Ctrl+Shift+L组合键，进入筛选模式，单击"基本工资"下三角按钮，在"数字筛选"子菜单中选择"自定义筛选"选项。

步骤02 弹出"自定义自动筛选方式"对话框，设置"基本工资"条件为大于2000与小于或等于2500。

步骤03 单击"确定"按钮，返回工作表中，查看自定义筛选的数据。

6.2.3 按通配符进行筛选

　　在进行数据筛选时，若对筛选的条件比较模糊，可以通过通配符进行筛选。

例如，在员工工资表中需要提取姓"郑"的员工信息，具体操作步骤如下。

步骤01 打开"员工工资表"工作表，选中表格内任一单元格，切换至"数据"选项卡，单击"排序和筛选"选项组中的"筛选"按钮。

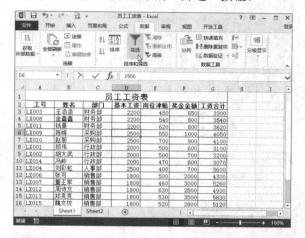

步骤02 单击"姓名"右侧下三角按钮，在列表中选择"文本筛选>自定义筛选"选项。

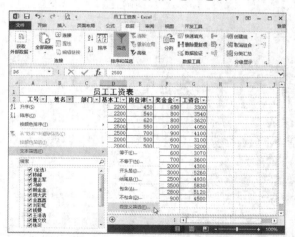

步骤03 弹出"自定义自动筛选方式"对话框，选择"姓名"条件方式为"等于"，在右侧文本框中输入"郑*"，然后单击"确定"按钮。

提示 ?和*的区别

在我们输入这两个符号时，应在英文半角状态下输入。这两个符号分别代表不同的意义，?代表单个字符，如本例中若输入"郑?"，则结果只会显示"郑伟"的信息；*代表任意多个字符。

步骤04 返回工作表中，查看筛选姓"郑"的员工信息。

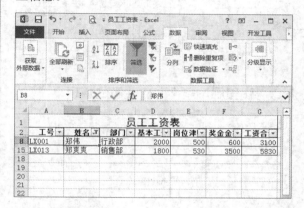

6.2.4 高级筛选

当数据筛选的条件比较多时，我们可以使用高级筛选功能来实现。高级筛选不但包含了自动筛选的所有功能，还可以设置更复杂筛选条件进行筛选。

本例中，我们将筛选出销售部门中总工资大于4500员工信息，具体操作如下。

步骤01 打开"员工工资表"工作表，在表格之外任意位置输入筛选的条件。

	A	B	C	D	E	F	G
1				员工工资表			
2	工号	姓名	部门	基本工资	岗位津贴	奖金金额	工资合计
3	LX001	郑伟	行政部	2000	500	600	3100
4	LX002	胡大武	行政部	2000	500	700	3200
5	LX003	王浩浩	财务部	2200	450	650	3300
6	LX004	刘彩虹	人事部	2500	400	700	3600
7	LX005	顾金金	研发部	3000	600	900	4500
8	LX006	张可	销售部	1800	500	2000	4300
9	LX007	董正军	销售部	1800	460	3000	5260
10	LX008	金鑫鑫	财务部	2200	540	800	3540
11	LX009	陈峰	采购部	2500	550	1000	4050
12	LX010	赵前	采购部	2500	700	900	4100
13	LX011	钱曼	财务部	2200	620	800	3620
14	LX012	周诗文	销售部	1800	630	2500	4930
15	LX013	郑爽爽	销售部	1800	530	3500	5830
16	LX014	冯岭	行政部	2000	470	600	3070
17	LX015	魏文纹	销售部	1800	520	2800	5120
18							
19			部门	工资合计			
20			销售部	>4500			

步骤02 切换至"数据"选项卡，单击"排序和筛选"选项组中的"高级"按钮。

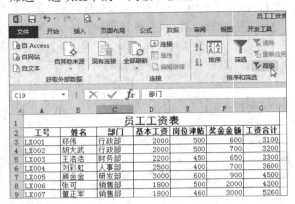

提示 设置筛选条件时应注意的事项

在高级筛选中最重要的一项是设置筛选条件，在编辑条件时应遵循以下规则。

● 条件区域的首行必须是标题行，标题行的内容必须与目标表格标题相匹配；

● 在同一行输入筛选条件时，条件之间是"和"关系，在不同行输入筛选条件时，条件之间是"或"关系。

步骤03 弹出"高级筛选"对话框，保持默认的筛选位置，在"条件区域"文本框中输入引用条件的位置。

步骤04 单击"确定"按钮，返回工作表，查看符合条件的员工信息。

6.3 统计各部门工资情况

Excel办公篇

在数据管理过程中，用户跟据需要对某项数据进行分类并汇总后，可以很容易查看数据分类后的效果，对数据进行相应的分析。

6.3.1 创建分类汇总

分类汇总是按照某一字段进行分类并且分别计算出每一类相应的数据值。在分类汇总之前必须先对分类的字段进行排序，如果不先排序，那么分类汇总后的数据比较零乱。

在本例中，我们利用分类汇总分别统计出各个部门工资的总额，具体的操作步骤如下。

步骤01 打开"员工工资表"工作表，选中C2:C17单元格区域，切换至"数据"选项卡，单击"排序和筛选"选项组中的"升序"按钮。

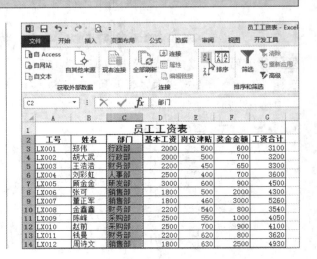

步骤 02 弹出"排序提醒"对话框,选择"扩展选定区域"单选按钮,单击"排序"按钮。

步骤 03 返回工作表,可见工作表中的数据按部门升序重新排序了。

步骤 04 选中A2:G17单元格区域,然后单击"分级显示"选项组中的"分类汇总"按钮。

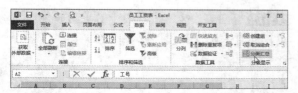

步骤 05 弹出"分类汇总"对话框,在"分类字段"下拉列表中选择"部门"选项,在"汇总方式"下拉列表中选择"求和"选项。

步骤 06 在"选定汇总项"列表框中勾选"工资合计"复选框,然后单击"确定"按钮。

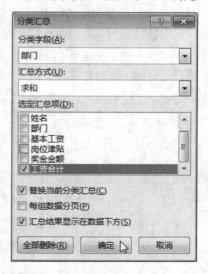

步骤 07 返回工作表,可见工作表中的数据按照不同部门分类,并且分别计算出各部门工资合计的总额。

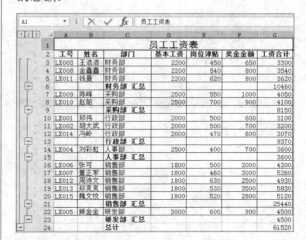

提示 各复选框的意义

"分类汇总"对话框底部三个复选框的意义分别为:

- **替换当前分类汇总**:勾选该复选框,表示在执行分类汇总时,先取消之前的分类汇总,然后重新分类汇总。在执行多次分类汇总操作时一定要注意。
- **每组数据分页**:勾选该复选框,表示在打印时按照分类后的每部份分别打印在不同的纸张上。
- **汇总结果显示在数据下方**:勾选该复选框,表示分类汇总后的数据显示在每类别部份最上面。

6.3.2 汇总多项数值

我们经常会遇到分类后需要统计多项数据总值的情况，此时，可以通过分类汇总来操作。

在本案例中，需要分别查看各个部门奖金和工资的总额，下面介绍详细的操作步骤。

步骤01 打开原始文件"员工工资表"工作表，选中表格C列中任意单元格，例如选择C4单元格。然后切换至"数据"选项卡，单击"排序和筛选"选项组中的"升序"按钮。

步骤02 弹出"排序提醒"对话框，选择"扩展选定区域"单选按钮，然后单击"排序"按钮，这样就完成了部门的升序排序，排序后效果如下图所示。

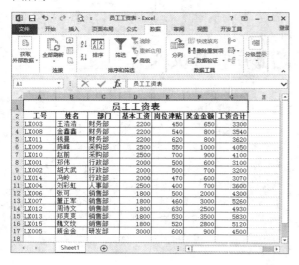

步骤03 选中A2:G17单元格区域，然后单击"分级显示"选项组中的"分类汇总"按钮。

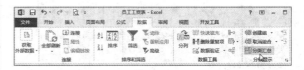

步骤04 弹出"分类汇总"对话框，在"分类字段"下拉列表中选择"部门"选项，在"汇总方式"下拉列表中选择"求和"选项，在"选定汇总项"列表框中勾选"奖金金额"和"工资合计"复选框，然后单击"确定"按钮。

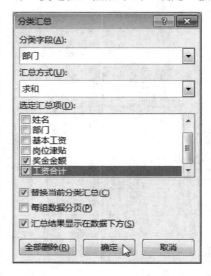

步骤05 返回工作表，工作表中数据按照部门分类，并且分别计算出"奖金金额"和"工资合计"的总额。

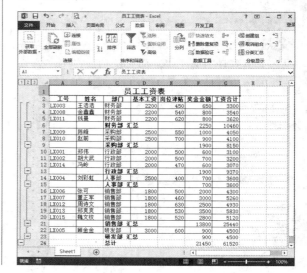

6.3.3 复制分类汇总数据

分类汇总完之后，我们需要对汇总的数据进行存档，但我们如何把数据复制出来呢？具体操作步骤如下。

步骤01 单击工作表左侧数字按钮，选择需要复制的分类汇总数据。

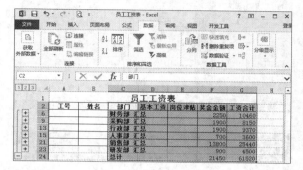

步骤02 在"开始"选项卡中，单击"编辑"选项组中的"查找和选择"下三角按钮，从下拉列表中选择"定位条件"选项。

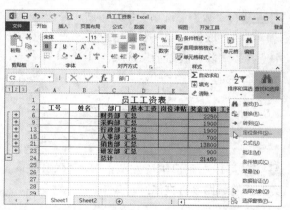

步骤03 弹出"定位条件"对话框，选择"可见单元格"单选按钮，单击"确定"按钮。

步骤04 选中区域内的单元格周围出现虚线边框，然后按下Ctrl+C快捷键进行复制，周边出现滚动的虚线。

步骤05 切换至Sheet2工作表，选中定位的A2单元格，按下Ctrl+V快捷键执行粘贴操作，并适当调整列宽。

步骤06 为表格填写标题，并设置字体和字号，为表格设置边框，合并部分单元格，将金额部分单元格的数字格式设置为"货币"格式。

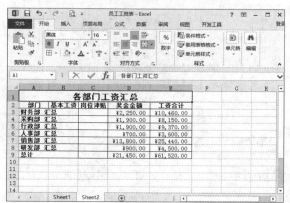

6.3.4 删除分类汇总

在分类统计数据时，应用分类汇总功能可以很方便地统计数据。但是有时我们不需要分类汇总了，该如何删除呢？删除分类汇总后，工作表只是恢复到排序后的状态，下面介绍如何删除分类汇总。

步骤01 选中分类汇总表中任意单元格，切换至"数据"选项卡，单击"分级显示"选项组中"分类汇总"按钮。

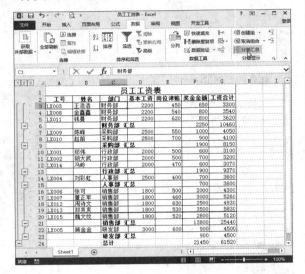

步骤02 弹出"分类汇总"对话框，单击"全部删除"按钮，即可实现删除分类汇总。

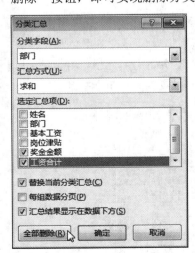

步骤03 返回工作表后，即可查看删除分类汇总后的效果。

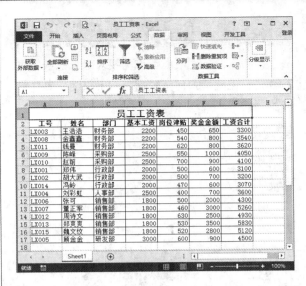

6.3.5 清除分级显示

清除分级显示是分类汇总后清除工作表左侧的等级区域，汇总数据保持不变，具体操作步骤如下。

步骤01 在"数据"选项卡中，单击"分级显示"选项组中"取消组合"下三角按钮，在下拉列表中选择"清除分级显示"选项。

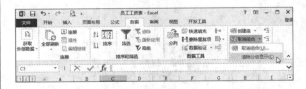

步骤02 可以看到已清除左侧的等级区域，但分类汇总的数据没有被清除，如下图所示。

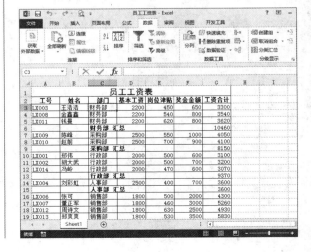

步骤 03 若要撤销清除分级显示，单击"分级显示"选项组中的对话框启动器按钮，弹出"设置"对话框，单击"创建"按钮即可显示分级。

6.4 年度销售总额

在年度销售报表中如何快速计算各分店不同产品的销售总额，如何跟据固定的资金计算出提成的比例呢?

6.4.1 合并计算

在处理各种数据时，通常会遇到把多个工作表中数据汇总到一个工作表中，此时我们可以通过合并计算快速实现。需要汇总的数据源可以在同一工作表中不同区域，也可以在同一工作簿中不同工作表中的区域，还可以在不同工作簿中。

1. 按分类合并计算

我们先把需要汇总的区域定义名称，然后根据名称再合并计算。下面以将同一个工作簿不同工作表中的数据合并计算为例，介绍合并计算的方法，具体操作步骤如下。

步骤 01 打开"年度销售总额"工作表，选择"中关村店"工作表，选中B3:C9单元格区域。在"公式"选项卡中，单击"定义的名称"选项组中"定义名称"下三角按钮，选择"定义名称"选项。

步骤 02 在"新建名称"对话框的"名称"文本框中输入名称，单击"确定"按钮。

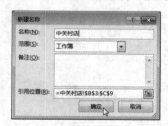

步骤 03 按照同样的方法分别定义"建外店"和"百脑汇店"中同样单元格区域名称。切换至"销售总额汇总"工作表，选中B3单元格，在"数据"选项卡下，单击"数据工具"选项组中的"合并计算"按钮。

步骤 04 弹出"合并计算"对话框，在"引用位置"文本框中输入刚才定义的名称。然后单击"添加"按钮，将添加至"所有引用位置"区域中即可。

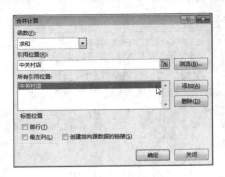

步骤 05 按照同样的方法，将其余两个名称添加进来，单击"确定"按钮。

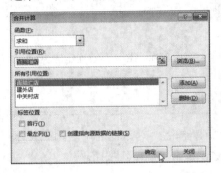

步骤 06 返回工作表中，可见在B3:C9单元格区域中计算出三个店的各产品年度销售总额。

2. 按位置合并计算

上一小节我们介绍是按照定义后的名称来合并计算的，本小节我们介绍按照数据区域的位置来合并计算，具体步骤如下。

步骤 01 删除"销售总额汇总"工作表中B3:C9单元格区域的数据。切换至"数据"选项卡，单击"数据工具"选项组中"合并计算"按钮。

步骤 02 弹出"合并计算"对话框，选中"所有引用位置"列表的名称，单击"删除"按钮。

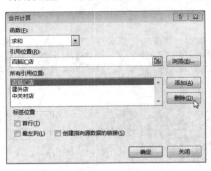

步骤 03 按照相同的方法删除另外两个名称，单击"引用位置"右侧的折叠按钮。

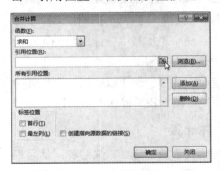

步骤 04 然后切换至"中关村店"工作表，选中需要引用数据的B3:C9单元格区域，然后再单击折叠按钮。

步骤05 返回"合并计算"对话框，单击"添加"按钮，将引用的位置添加至"所有引用位置"列表中。

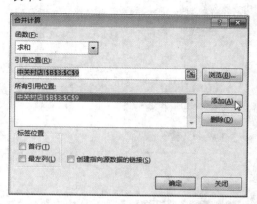

步骤06 按照同样的方法引用"建外店"和"百脑汇店"工作表中相同的单元格区域。添加完成后单击"确定"按钮。

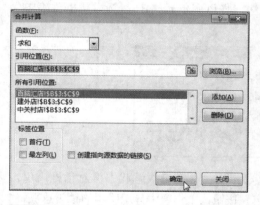

步骤07 返回工作表中，即可查看合并计算后的结果。

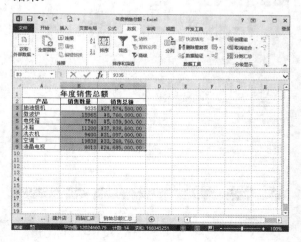

提示 **删除定义名称**

选定区域被定义名称后，若选中该区域，在"名称框"中会显示名称。如果删除该名称，可以在"公式"选项卡中，单击"定义的名称"选项组中的"名称管理器"按钮，弹出"名称管理器"对话框，选中需要删除的名称，再单击"删除"按钮。

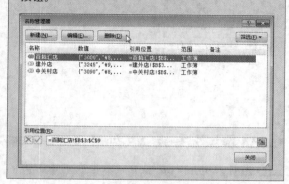

6.4.2 单变量求解

单变量求解顾名思义就是只有一个变量，利用某个计算公式达到某计算结果，这一变量需要取得什么样的数值，也就是用假设的方法进行求解。

例如，商场产品销售额的35%是利润，利润中的15%是销售费用和员工工资，剩余的为本商场的纯利润。预计明年本商场的纯利润达到5500万元，明年商场的销售总额应达到多少，具体步骤如下。

步骤01 打开原始文件，切换至"单变量求解"工作表，选中B2单元格，输入公式"=B1*0.35*0.15"，按Enter键执行计算，得出的结果表示本商场年度总的销售成本。

步骤 02 选中B3单元格，输入公式"=B1*0.35-B2"。按Enter键执行计算，所得结果表示本商场年度总的纯利润。

步骤 03 计算完成，表格中显示是商场本年度的利润值。若要计算明年商场应达到的销售总额，需切换至"数据"选项卡，在"数据工具"选项组中单击"模拟分析"下三角按钮，在其下拉列表中选择"单变量求解"选项。

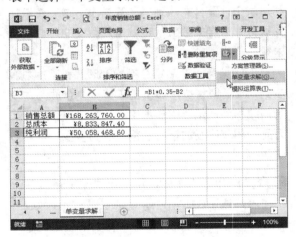

步骤 04 弹出"单变量求解"对话框，单击"目标单元格"右侧折叠按钮。

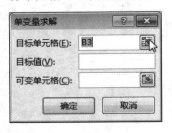

步骤 05 返回工作表中，选中表格中B3单元格，然后单击折叠按钮。

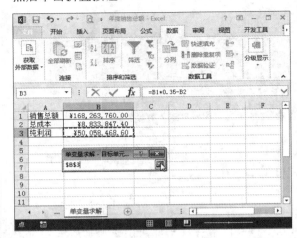

步骤 06 返回"单变量求解"对话框，在"目标值"数值框中输入55000000，按照步骤04、05的方法选择可变单元格B1，然后单击"确定"按钮。

步骤 07 弹出"单变量求解状态"对话框，单击"确定"按钮，工作表中显示明年的销售总额。

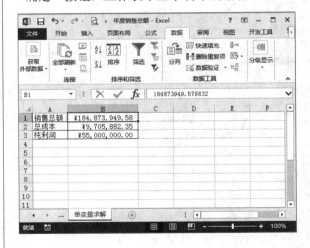

6.5 产品销售预测分析

在千变万化的市场中，影响产品利润的因素很多，某企业市场部门根据各种因素针对各个产品做出预估分析，并预估出相关数据。本案例跟据市场部门预估的相关数据介绍如何使用方案管理器进行方案的分析。

6.5.1 创建方案

根据各产品去年销售数据和市场预估相关数据，预计下年度市场会出现以下A、B、C、D几种等级，依次从好到差，创建的方案具体步骤如下。

步骤 01 打开原始文件"产品分析表"工作表，选中G7单元格，输入公式"=SUMPRODUCT(B3:B6, 1+G3:G6)-SUMPRODUCT(C3:C6,1+H3:H6)"，按Enter键执行计算，结果表示根据预估数据计算出下年度预计总利润。

步骤 02 选中单元格G3，切换至"公式"选项卡，单击"定义的名称"选项组中"定义名称"下三角按钮，在下拉列表中选择"定义名称"选项。

步骤 03 弹出"新建名称"对话框，在"名称"文本框中输入"液晶电视销售增长率"，然后单击"确定"按钮。

步骤 04 选中H3单元格，定义名称为"液晶电视成本增长率"。按照相同的方法分别定义G4:H6单元格区域的所有单元格名称。

步骤 05 切换至"数据"选项卡，单击"数据工具"选项组中"模拟分析"下拉按钮，在下拉列表中选择"方案管理器"选项。

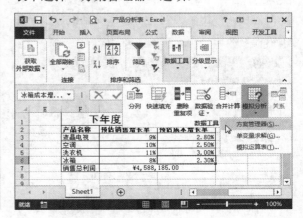

步骤 06 弹出"方案管理器"对话框，然后单击"添加"按钮。打开"编辑方案"对话框，在"方案名"文本框中输入"方案1：等级A"，然后单击"可变单元格"后面的折叠按钮。

步骤 07 打开"编辑方案-可变单元格"对话框，选中工作表中的G3:H6单元格区域，再单击右侧的折叠按钮。

步骤 08 返回"编辑方案"对话框，单击"确定"按钮，弹出"方案变量值"对话框，核查各个数值，然后单击"确定"按钮。

步骤 09 弹出"方案管理器"对话框，即完成一个方案，单击"添加"按钮，按照同样的方法继续添加另外三个方案。将所有方案添加完成后，单击"关闭"按钮即可。

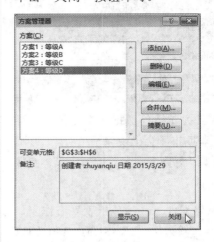

6.5.2　显示方案

创建方案后，如何去查看每种方案的销售总利润呢？我们可以通过"方案管理器"对话框，查看在同一个位置不同方案的销售总利润。本案例中查看"方案2：等级B"和"方案4：等级D"情况下的数值，具体操作步骤如下。

步骤 01 打开"产品分析表"工作表，切换至"数据"选项卡，单击"数据工具"选项组中"模拟分析"下三角按钮，在下拉列表中选择"方案管理器"选项。

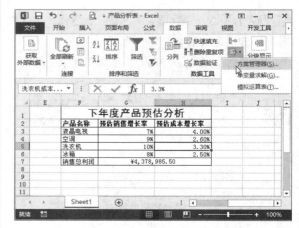

步骤 02 弹出"方案管理器"对话框，在"方案"列表框中选择"方案2：等级B"选项，然后单击"显示"按钮。

步骤 03 返回工作表，可见G3:H6单元格区域内的数值是"方案2：等级B"的预估数值，在G7单元格中计算出销售总利润。

步骤 04 在"方案"列表框中选择"方案4：等级D"选项，单击"显示"按钮。

步骤 05 单击"关闭"按钮，返回工作表查看"方案4：等级D"情况下的各项数值。

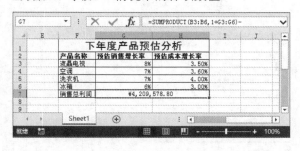

6.5.3 生成方案总结报告

如何把所有的方案显示在同一工作表中，以方便比较各方案情况下的数值呢？下面我们将通过"方案管理器"对话框，将所有方案情况下所有数值记录在新的工作表中来进行比较。

本案例中，将4种方案情况下所有数值生成在同一个工作表中的具体操作步骤。

步骤 01 打开工作表，切换至"数据"选项卡，单击"数据工具"选项组中"模拟分析"下三角按钮，选择"方案管理器"选项。

步骤 02 在弹出"方案管理器"对话框，单击"摘要"按钮。

步骤 03 弹出"方案摘要"对话框,选择"方案摘要"单选按钮,单击"结果单元格"右侧折叠按钮。

步骤 04 弹出"方案摘要"对话框,选中G7单元格,单击折叠按钮。

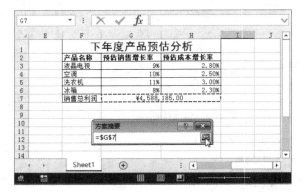

步骤 05 返回"方案摘要"对话框,单击"确定"按钮,返回工作表,系统新建"方案摘要"工作表,将4种方案所有数值都显示在同一个表格中。

6.5.4 编辑和删除方案

因为市场因素比较复杂而且随时在变化,所以对创建好的方案需要随时进行更改或删除。本案例将以修改方案1,删除方案4为例介绍编辑和删除方案的方法,具体操作步骤如下。

步骤 01 打开工作表,切换至"数据"选项卡,单击"数据工具"选项组中"模拟分析"下三角按钮,选择"方案管理器"选项。

步骤 02 在弹出"方案管理器"对话框,在"方案"列表框中选择需要编辑的方案,然后单击"编辑"按钮。

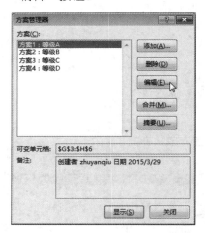

步骤 03 弹出"编辑方案"对话框,然后单击"确定"按钮。

步骤04 弹出"方案变量值"对话框，在右侧的数值框中输入新的数值，单击"确定"按钮。

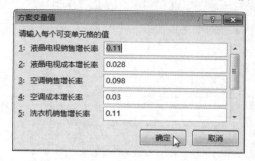

对方案进行重新修改后，系统中都记录修改者和修改日期。重新打开"方案管理器"对话框，选中修改后的方案，在"备注"区域会显示修改的相关信息。

步骤05 返回"方案管理器"对话框，单击"关闭"按钮。返回工作表，查看编辑方案1之后所显示的各种数值。

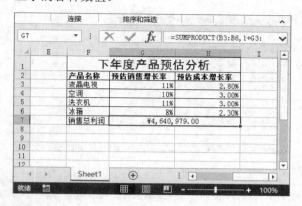

步骤06 打开"方案管理器"对话框，在"方案"列表区域选择需要删除的方案，然后单击"删除"按钮，即可删除选中的方案。

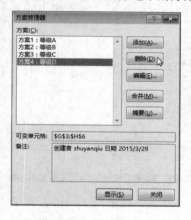

Excel办公篇

6.6 绩效考核表

各企业都会在一定的期间对员工进行绩效考核，从而对员工的工作行为、工作业绩和个人表现等方面进行评估，并运用评估的结果对员工将来的工作进行正面引导。下面我们通过绩效考核表来分析各个员工的考核情况。

6.6.1 创建条件格式

所谓创建条件格式，就是根据某条件，使单元格中所有符合条件的数据以特定的方式突出表现出来，以更直观的方式显示单元格中的相关数据信息。

下面介绍创建条件格式的各种操作方法。

1. 突出显示单元格规则

突出显示单元格规则，可以为单元格中指定的数字、文本或重复值等设定特定的格式，以突出显示，具体操作步骤如下。

步骤01 打开"绩效考核表"工作表，选中C2:F16单元格区域。

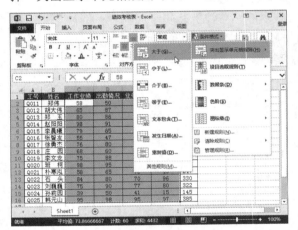

步骤02 单击"开始"选项卡下"样式"选项组中的"条件格式"下三角按钮，在下拉列表中选择"突出显示单元格规则>大于"选项。

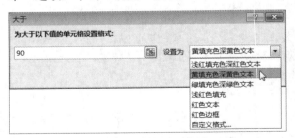

步骤03 在打开的"大于"对话框中，设置大于的值为90，单击"设置为"下三角按钮，将符合条件的单元格格式设置为"黄填充色深黄色文本"选项，单击"确定"按钮。

步骤04 返回工作表中，可以看到符合条件的单元格以黄填充色深黄色文本的方式突出显示了，我们可以很清晰地看到哪些单元格的值大于90。

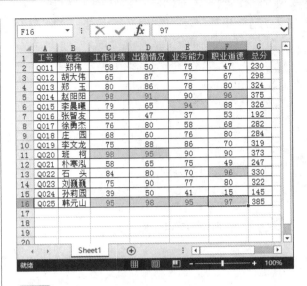

提示 **自定义单元格格式**

若在"大于"对话框中的"设置为"下拉列表中没有合适的单元格样式选项，则选择"自定义格式"选项，打开"设置单元格格式"对话框，在对话框中对单元格中的字体、填充效果等进行设置。

2. 项目选取规则

设置项目选取规则，可以为相应的单元格区域应用条件格式。Excel内置的有6种项目选取规则，我们可以根据需要选择需要的规则。

下面我们将分别突出显示在本次考核中总分和业务能力前3名的单元格，具体操作步骤如下。

步骤01 打开"绩效考核表"工作表，选中G2:G16单元格区域。

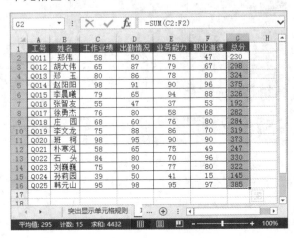

步骤02 单击"开始"选项卡下"样式"选项组中的"条件格式"下三角按钮，在下拉列表中选择"项目选取规则>前10项"选项。

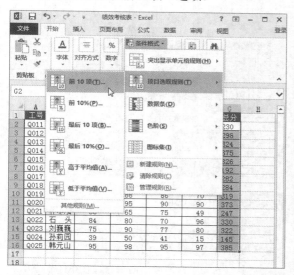

步骤03 在打开的"前10项"对话框中，单击微调按钮，将数值框中的值设置为3，单击"设置为"后面的下三角按钮，选择"浅红填充色深红色文本"选项，单击"确定"按钮。

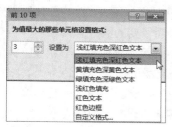

步骤04 返回工作表中，可以看到Excel已经标记出本次绩效考核总分前3名的单元格。继续选中G2:G16单元格区域右击，在弹出的快捷菜单中选择"复制"命令。

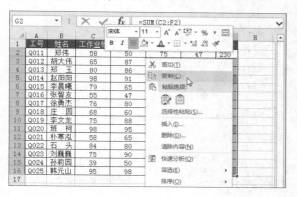

步骤05 然后选择E2:E16单元格区域并右击，在弹出的快捷菜单的"粘贴选项"区域中选择"格式"粘贴命令，即可标记出本次绩效考核业务能力前3名的单元格。

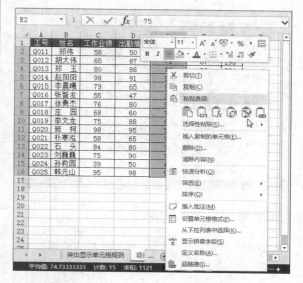

3. 数据条

应用数据条可以非常直观地显示单元格数据的大小，便于我们查看和比较数据，下面介绍数据条的应用方法，具体步骤如下。

步骤01 选中C2:F16单元格区域。在"开始"选项卡下，单击"样式"选项组中的"条件格式"下三角按钮，选择"数据条"选项。

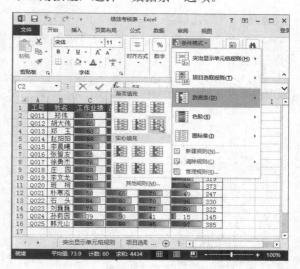

步骤02 在子菜单中选择合适的样式，即可将该样式应用到所选单元格区域，数据条的长短直观地反应数据值的大小。

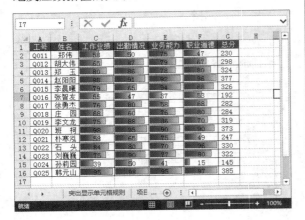

提示 自定义单元格格式

数据条一般分为"渐变填充"和"实心填充"两种类型，我们也可以根据需要，自定义显示效果。在"数据条"子列表中选择"其他规则"选项，在打开的"新建格式规则"对话框中，根据需要设置数据条的类型和外观效果。

4. 色阶

在对数据进行查看比较时，为了能够更直观地了解整体效果，我们可以使用"色阶"功能来展示数据的整体分布情况。

步骤01 选中C2:F16单元格区域，在"开始"选项卡下，单击"样式"选项组中的"条件格式"下三角按钮，选择"色阶"选项。

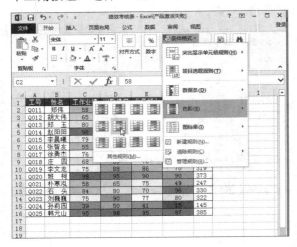

步骤02 在子菜单中选择合适的样式，即可将该样式应用到所选单元格区域。可以看到根据颜色分布的不同，表示不同的数据段。

提示 数据条和色阶

色阶与数据条的不同之处在于，它虽然也是对区域中单元格内的数值进行比较，但不是在每个单元格中绘制一个数据条，而是通过在单元格中使用不同的阴影颜色来反映单元格内数值的大小。

5. 图标集

在进行数据展示时，我们可以应用"图标集"对数据进行等级划分（区域划分），让数据使用者直观明了地查看需要的数据信息。

在Excel 2013中提供"方向"、"形状"、"标记"和"等级"4个大类的图标集，每个大类根据图标个数分为3个、4个或5个图标的图标集。下面介绍如何应用图标集为数据划分等级。

步骤01 选中C2:F16单元格区域，在"开始"选项卡下，单击"样式"选项组中的"条件格式"下三角按钮，选择"图标集"选项。

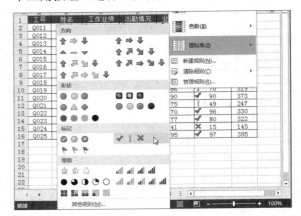

步骤02 在子菜单中选择合适的样式，即可将该样式应用到所选单元格区域，为数据进行等级划分，不同的数据等级，图标符号不同。

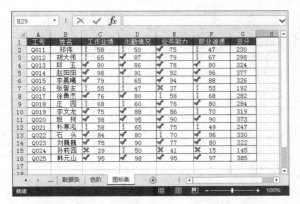

6. 自定义图标集等级

使用图标集可以为数据划分等级，当Excel自动为数据划分的等级不符合要求时，我们可以根据具体数据自定义划分等级。

下面我们应用图标集来对不同的数值段进行划分：大于或等于90分为一个等级，大于或等于60分而小于90分为一个等级；小于60分为一个等级，具体操作步骤如下。

步骤01 选中需要设置图标集的C2:F16单元格区域，在"开始"选项卡下单击"样式"选项组中的"条件格式"下三角按钮，在下拉列表中选择"图标集"选项，然后在子菜单中选择"其他规则"选项。

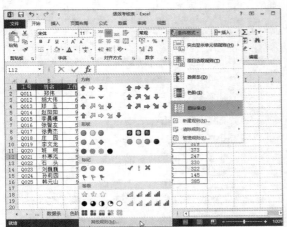

步骤02 在打开的"新建格式规则"对话框中，设置"格式样式"为"图标集"，在"图标样式"库中选择需要的样式，然后设置各个数值段的划分标准，单击"确定"按钮。

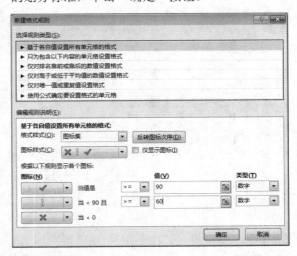

步骤03 返回工作表中，可以看到运用3种等级的条件格式后的效果。

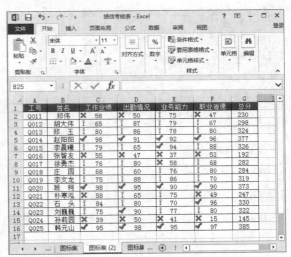

6.6.2　管理条件格式

为工作表应用条件格式后，我们还可以对条件格式应用查找、复制、编辑或删除操作。

1. 查找条件格式

在工作表中应用条件格式后，我们可以应用Excel的查找功能，查找应用条件格式的相关单元格区域，具体操作步骤如下。

步骤01 打开含有条件格式的工作表，在"开始"选项卡下，单击"编辑"选项组中的"查找和选择"下三角按钮，在下拉列表中选择"条件格式"选项。

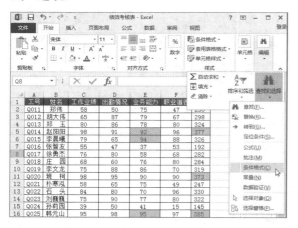

步骤02 即可查找到工作表中包含条件格式的单元格区域。

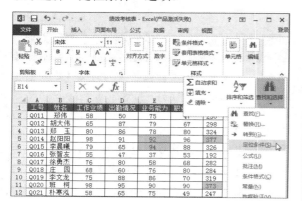

我们还可以应用定位条件的方法查找包含条件格式的单元格区域。

步骤01 在"开始"选项卡下，单击"编辑"选项组中的"查找和选择"下三角按钮，在下拉列表中选择"定位条件"选项。

步骤02 在打开的"定位条件"对话框中，选择"条件格式"单选按钮，然后单击"确定"按钮即可。

2. 复制条件格式

我们可以将已经设置的条件格式复制到其他需要应用相同条件格式的单元格或单元格区域，具体操作步骤如下。

步骤01 选定要复制条件格式的单元格区域，单击"开始"选项卡下"剪贴板"选项组中的"格式刷"按钮。

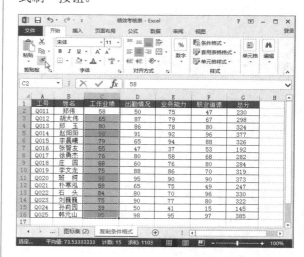

步骤02 然后选择需要设置相同条件格式的单元格区域，按住鼠标左键拖动格式刷，即可将条件格式应用到该区域。

步骤 03 打开"编辑格式规则"对话框，对规则进行重新设置后，单击"确定"按钮，即可更改条件格式规则。

步骤 04 返回"条件格式规则管理器"对话框后，单击"新建规则"按钮，打开"新建格式规则"对话框。

步骤 05 在"选择规则类型"列表中选择规则类型，这里选择"只为包含以下内容的单元格设置格式"选项，然后设置相应的规则，若需要对单元格设置条件格式，则单击"格式"按钮。

提示 应用"选择性粘贴"选项复制条件

选定要复制条件格式的单元格区域，单击"开始"选项卡下"剪贴板"选项组中的"复制"按钮，然后选中需要设置相同条件格式的单元格区域，单击"剪贴板"选项组中的"粘贴"下拉按钮，选择"选择性粘贴"选项，在打开的"选择性粘贴"对话框中选择"格式"单选按钮，单击"确定"按钮即可。

3. 管理条件格式

为单元格或单元格区域应用条件格式后，我们还可以对其进行更改、添加或删除等编辑操作，具体操作步骤如下。

步骤 01 选定要复制条件格式的单元格区域，在"开始"选项卡下，单击"样式"选项组中的"条件格式"下三角按钮，在下拉列表中选择"管理规则"选项。

步骤 02 打开"条件格式规则管理器"对话框，单击"编辑规则"按钮。

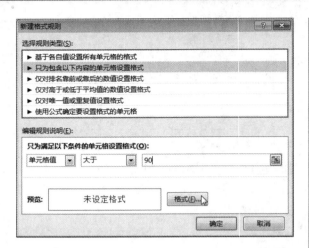

步骤06 在打开的"设置单元格格式"对话框中，分别切换至"字体"和"填充"选项卡，为条件格式设置相应的单元格格式后，单击"确定"按钮。

步骤07 返回"新建格式规则"对话框，在"预览"显示框中可以预览设置条件格式单元格效果。

步骤08 单击"确定"按钮，返回"条件格式规则管理器"对话框，查看添加的新规则。

步骤09 单击"确定"按钮，返回工作表中，可以看到更改和添加新规则后的效果。

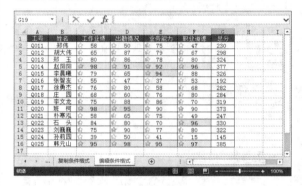

提示 **选择当前工作表中的规则**

若没有选择含有条件格式的单元格，可以在"条件格式规则管理器"对话框中，单击"显示其格式规则"下三角按钮，选择"当前工作表"选项，显示要编辑的规则。

4. 设置优先级别

当对同一单元格区域设置多个条件格式后，我们可以设置条件格式的优先级别。在"条件格式规则管理器"对话框中，越是位于上方的规则，优先级越高，默认为新规则具有最高优先级。

当同一个单元格区域中存在多个条件格式规

则时，若规则不冲突，则全部规则有效；若规则之间有冲突，则执行优先级别较高的规则。

步骤01 选中包含条件格式的单元格区域，在"开始"选项卡下，单击"样式"选项组中的"条件格式"下三角按钮，在下拉列表中选择"管理规则"选项。

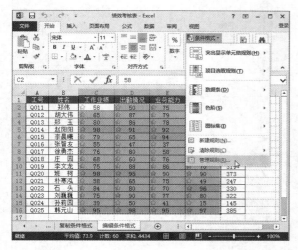

步骤02 在打开的"条件格式规则管理器"对话框中，单击"上移"或"下移"按钮，设置条件格式的优先级别。

提示 **"如果为真则停止"复选框**

在"条件格式规则管理器"对话框中，当同时存在多个条件规则时，优先级别最高的先执行，然后执行下一级规则。但若勾选某一级别后面的"如果为真则停止"复选框，一旦该级别规则被执行，则不再执行下面的规则。

5. 删除条件格式规则

为单元格区域应用条件格式后，若不再需要该条件格式，我们可以将其删除。

● 删除条件格式规则

步骤01 选中包含条件格式的单元格区域，在"开始"选项卡下，单击"样式"选项组中的"条件格式"下三角按钮，在下拉列表中选择"管理规则"选项。

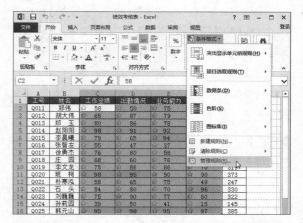

步骤02 在打开的"条件格式规则管理器"对话框中，选择要删除的规则，单击"删除规则"按钮，然后单击"确定"按钮。

● 清除条件格式规则

选中包含条件格式的单元格区域，在"开始"选项卡下，单击"样式"选项组中的"条件格式"下三角按钮，选择"清除规则>清除所选单元格的规则"选项。

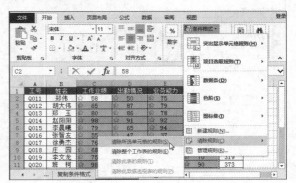

6.6.3 应用条件格式

应用条件格式不仅可以实现数据可视化和突显相关单元格，还可以根据需要为数据进行分级操作。

以绩效考核成绩为例，为考核成绩分为优秀、良好和不及格3个等级，要求如下：当总分大于或等于340时，设置为"优秀"；当总分大于或等于240而小于340时，设置为"良好"；当总分小于240时，设置为"不及格"，具体操作步骤如下。

步骤 01 打开"绩效考核表"工作表，选中C2：F16单元格区域。在"开始"选项卡下，单击"样式"选项组中的"条件格式"下三角按钮，选择"新建规则"选项。

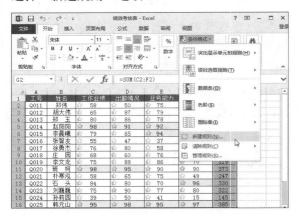

步骤 02 在打开的"新建格式规则"对话框中，选择"只为包含以下内容的单元格设置格式"规则类型，设置编辑规则为"单元格值、大于或等于、340"，然后单击"格式"按钮。

步骤 03 打开"设置单元格格式"对话框，切换至"字体"选项卡，在"字体"列表框中选择"加粗"选项。

步骤 04 然后切换至"填充"选项卡，选择合适的填充颜色。

步骤 05 切换至"数字"选项卡，在"分类"列表框中选择"自定义"选项，在右侧的"类型"文本框中输入"优秀"，表示若满足条件，则单元格显示"优秀"。

步骤06 返回"新建格式规则"对话框中，可以在预览框中预览设置效果，再次单击"确定"按钮。

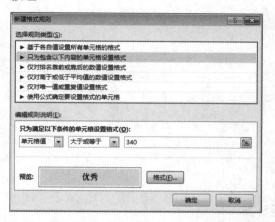

步骤07 返回工作表中，即可查看设置后的效果。再次在"开始"选项卡下，单击"样式"选项组中的"条件格式"下三角按钮，选择"新建规则"选项。

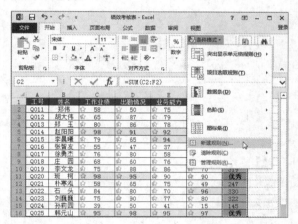

步骤08 同样的方法，设置"良好"数据段的条件格式、字体和填充效果。

步骤09 然后再设置"不及格"数据段的条件格式、字体和填充效果。

步骤10 设置完成后，返回工作表中，最终效果如下图所示。

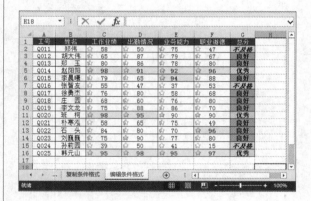

Chapter 07

公式与函数的魅力

说到Excel就不能不提函数，Excel的强大之处不仅体现在数据的展示和分析上，更重要的是其强悍的计算功能。在Excel中应用公式和函数，可以瞬间对非常复杂的数据进行计算，大大简化了手动计算的工作。Excel提供了丰富多样的函数类型，我们熟练地应用这些函数，可以让工作事半功倍。

核心知识点

❶ 公式的输入方法

❷ 3种单元格引用方法

❸ 常用函数介绍

❹ 函数在工作中的应用

❺ 数据有效性的应用

Excel办公篇

7.1 销售业绩统计表

快速并准确地对销售人员每月的销售业绩进行统计，是财务人员必备的技能。当然在Excel中利用公式计算是最便捷的操作，下面介绍如何利用公式对销售业绩统计表进行分析计算。

7.1.1 输入公式与函数

在使用公式进行运算之前，首先我们需要输入公式，下面具体介绍几种输入公式的方法。

1. 应用鼠标输入公式

在需要输入公式的单元格中，先输入"="，然后应用鼠标选择参与计算的单元格，进行公式输入，下面介绍具体操作步骤。

步骤01 打开"销售业绩统计表"工作表，选中需要输入公式的E3单元格，并输入"="，然后用鼠标选中需要引用数据的C3单元格。

步骤02 继续输入"*"，然后再用鼠标选中需要引用数据的D3单元格。

步骤03 公式输入完成后，按下Enter键，在E3单元格中显示计算结果。

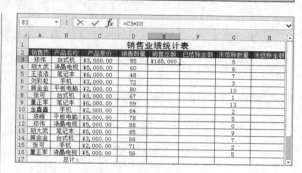

2. 手动输入公式

我们可以直接选中要输入公式的单元格，然后输入计算公式。

步骤01 打开"销售业绩统计表"工作表，选中需要输入公式的F3单元格，然后输入"="。

步骤02 继续输入"C3*(D3-G3)"，表示已结账金额等于产品单价乘以销售数量减去未结账的产品数量。

步骤 03 公式输入完成后，按下Enter键，在F3单元格中显示计算结果，表示显示了已结账金额的计算公式。

3. 在编辑栏中输入公式

除了在单元格中输入计算公式外，也可以在编辑栏中直接输入，下面介绍具体输入方法。

步骤 01 打开"销售业绩统计表"工作表，选中需要输入公式的H3单元格，单击编辑栏，输入"="。

步骤 02 然后输入未结账金额的计算公式"C3*G3"，单击"输入"按钮或直接按下Enter键，完成公式输入。

步骤 03 在H3单元格中显示了计算结果。

4. 在下拉列表中选择函数输入公式

为了减少输入错误，在输入函数的时候可以利用公式的记忆式键入功能，进行公式的输入。当在Excel中输入"="，然后开始输入公式时，会显示动态的下拉列表，列表中含有相关的所有函数，我们直接选择相应的函数，避免输入错误。下面继续通过实例来具体介绍操作方法。

步骤 01 打开"销售业绩统计表"工作表，选择E4单元格，单击编辑栏，输入"=PR"，会看到在下拉列表中显示了所有PR开头的函数，选择需要的函数并双击。

步骤 02 可以看到在E4单元格中Excel自动输入了PRODUCT(，并且显示该函数的相关参数，示意这个函数有两个参数需要填写或者选择。

步骤03 在第一个参数的位置输入C4，再输入英文半角状态下的逗号，可以看到Excel光标自动跳到第二个参数的输入位置，此时第二个参数变黑。

步骤04 继续输入第二个参数为D4，并输入")"（右括号），然后单击"输入"按钮或按下Enter键即可。

步骤05 可以看到E4单元格已经计算出了销售总额，再次选中E4单元格可以看到该计算公式。

5. 通过对话框插入公式

对于一些容易出错或参数较多的函数，我们可以使用函数向导来输入，这样可以避免在手工输入过程中犯错。下面继续通过实例来具体介绍操作方法。

步骤01 打开"销售业绩统计表"工作表，选择D17单元格，然后单击编辑栏中的"插入函数"按钮，或切换至"公式"选项卡，单击"函数库"选项组中的"插入函数"按钮。

步骤02 在打开的"插入函数"对话框中，选择需要的函数，这里选择常用的SUM函数，单击"确定"按钮。

步骤03 打开"函数参数"对话框，可看到这个函数有两个参数，设置参数Number1为D3:D16单元格，单击"确定"按钮。

步骤 04 返回工作表中可以看到，在D17单元格中已经显示了求和的结果，选中该单元格，可以看到输入的计算公式为"=SUM(D3:D16)"。

7.1.2　编辑公式

对于工作表中已经存在的公式，我们可以根据实际需要对其进行编辑操作，例如修改公式、复制公式和显示公式等。

1. 修改公式

在工作表中输入公式后，我们可以根据实际需要对公式进行修改。修改公式的方法很简单，具体操作步骤如下。

步骤 01 打开原始文件"销售业绩统计表"工作表，双击需要修改公式的F3单元格，单元格内公式变为可编辑状态。

步骤 02 跟据需要对公式进行修改后，单击编辑栏的"输入"按钮或按下Enter键。

步骤 03 这时可以看到，F3单元格中的公式已更改为"=(D3-C3)*C3"。

2. 复制公式

当需要在多个单元格输入相同的公式时，可以通过复制公式快速计算出其他同类单元格区域的计算结果，下面介绍几种复制公式的方法。

● 应用复制命令公式复制

步骤 01 打开"销售业绩统计表"工作表，选中E4单元格并右击，在快捷菜单中选择"复制"命令。

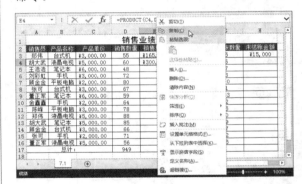

步骤 02 然后选择E5:E16单元格区域并右击，在弹出的快捷菜单的"粘贴选项"中选择"公式"选项。

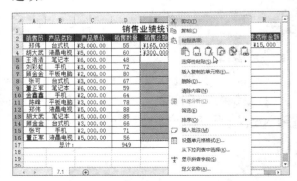

步骤03 粘贴完成后，可以看到E5:E16单元格区域都复制了E4单元格的公式，分别计算出每个产品的销售总额。

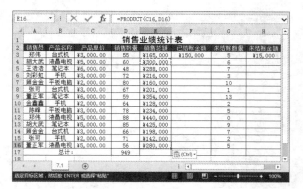

● 拖拽填充复制公式

步骤01 选中F3单元格，将光标移至单元格的右下角，待光标变成十字形状。

步骤02 按住鼠标左键不放，向下拖动鼠标。

提示 双击填充公式

在同一个工作表中，当连续多个单元格的表达式相同时，我们可以采用双击填充公式的方法，即快速又省时间。在本例中，首先选中F3单元格，将光标移至F3单元格的右下角，变成黑色十字时双击，即可在F4:F16单元格区域都复制了F3单元格的公式，分别计算出每个产品的已结账总额。

步骤03 拖动至F16单元格时，释放鼠标，这时可以看到F4:F16单元格区域都复制了F3单元格的公式，分别计算出每个产品的已结账总额。

3. 显示公式

在工作表中输入公式后，一般是显示公式的计算结果。当我们需要查看公式表达式时，可以将公式显示出来，具体操作步骤如下。

步骤01 打开含有公式的工作表后，切换至"公式"选项卡，单击"公式审核"选项组中"显示公式"按钮。

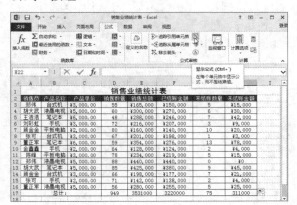

步骤02 表格中所有公式都显示出来，查看显示公式后的效果。

步骤03 若要取消显示公式的操作，只需再次单击"显示公式"按钮即可。

4. 隐藏公式

创建公式后，如果不希望别人看到公式的引用位置时，可以将公式隐藏起来而只显示计算结果。这样就可以防止引用的单元格被更改而造成不必要的麻烦。下面介绍隐藏公式的具体操作方法。

步骤01 若要隐藏工作表中所有含有公式的单元格区域，则按住Ctrl键不放，分别选中所有含有公式的单元格。

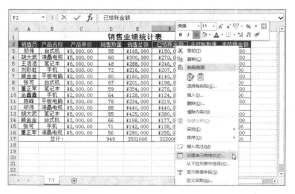

步骤02 选中所有含有公式的单元格后右击，在快捷菜单中选择"设置单元格格式"命令。

步骤03 打开"设置单元格格式"对话框，切换至"保护"选项卡，勾选"隐藏"复选框后，单击"确定"按钮。

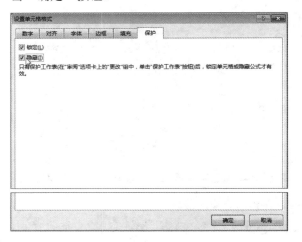

步骤04 返回工作表后，切换至"审阅"选项卡下，单击"更改"选项组中的"保护工作表"按钮。

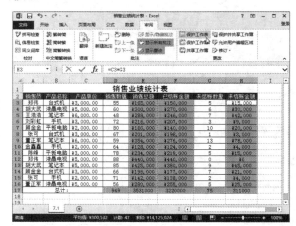

步骤05 在打开的"保护工作表"对话框中，不设置密码，直接单击"确定"按钮。

步骤 06 这时再单击之前含有公式的单元格区域，可以看到编辑栏中将不再显示公式。

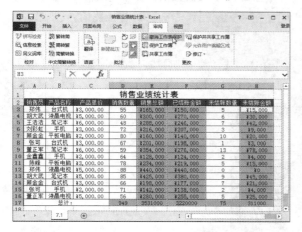

步骤 07 若需要显示公式，则选中所有隐藏公式的单元格，切换至"审阅"选项卡，单击"更改"选项组中的"撤销工作表保护"按钮。

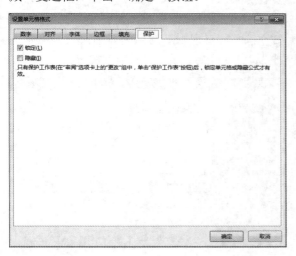

步骤 08 按下快捷键Ctrl+1，打开"设置单元格格式"对话框，取消勾选"保护"选项卡下的"隐藏"复选框，单击"确定"按钮。

步骤 09 返回工作表中，可以看到所有的公式都正常显示了。

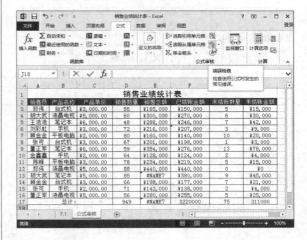

7.1.3 审核公式

在进行较为复杂的计算时，公式往往会引用很多单元格，有时会出现一些异常，比如参数格式不对、指定单元格错误等，使得无法得到正确的结果，我们要花很长时间来确认公式的正确性，这时可应用公式审核功能来轻松检查公式。

1. 检查公式错误

下面我们将介绍分析与解决公式错误的方法，具体操作步骤如下。

步骤 01 打开含有公式的工作表，在"公式"选项组中，单击"公式审核"选项组中的"错误检查"按钮，打开"错误检查"对话框。

步骤 02 可以看到检查的第一个错误是F6单元格中的公式不一致，我们确认公式是正确时，单击"忽略错误"按钮。

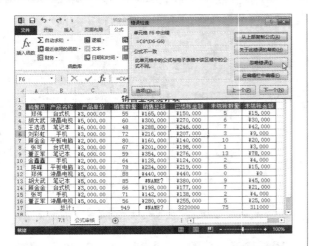

步骤 03 这时Excel将显示下一处错误，我们可以看到E13单元格中的公式错误，若要进行修改，则单击"在编辑栏中编辑"按钮。

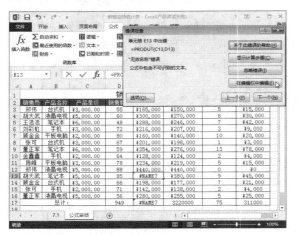

步骤 04 输入正确的公式后，单击"错误检查"对话框中的"继续"按钮，检查工作表中的下一处公式错误。

步骤 05 弹出Microsoft Excel提示对话框中，显示已经完成了工作表中所有的公式的错误检查，单击"确定"按钮。

2. 设置错误检查规则

在Excel中进行错误检查，当发现一些错误时，会在发生错误的单元格左上角出现一个三角形符号进行提示。

在应用某些规则来检查公式中的错误时，这些规则并不能保证工作表中没有错误。但对于发现一些常见的错误非常有帮助，我们可以设置错误检查规则。

步骤 01 单击"文件"标签，选择"选项"选项，打开"Excel选项"对话框。

步骤 02 切换至"公式"选项面板，在"错误检查"选项区域中，设置是否允许后台错误检查；在"错误检查规则"选项区域中，设置检查规则。设置完成后，单击"确定"按钮。

提示 常见错误值及其含义

常见错误值及其含义如下表所示。

错误值	含　义
#DIV/0!	除以0所得的值，除法公式中分母被指定为了空白单元格
#NAME?	用了不能定义的名称。名称输入错误，或文本没加双引号
#VALUE!	参数的数据格式错误。函数中使用的变量或参数类型错误
#REF!	公式中引用了无效的单元格
#N/A	参数中没有输入必需的数值。查找与引用函数中没有匹配检索值的数据，或者统计函数得不到正确结果
#NUM!	参数中指定的数值过大或过小，函数无法计算出正确答案
####	当列宽不够宽，或使用了负的日期及时间时，出现错误

3. 追踪引用或从属单元格

当工作表中的公式过于复杂时，为了更直观地表现单元格与公式之间的关系，应用追踪单元格的方法，可以清晰地确认这些关系。

步骤01 选择需要追踪引用的F17单元格，切换至"公式"选项卡，单击"公式审核"选项组中的"追踪引用单元格"按钮。

步骤02 追踪到所有引用单元格的箭头都指向F17单元格。

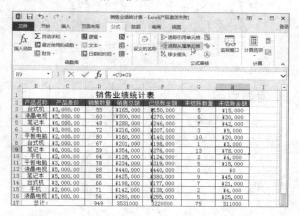

步骤03 选择需要追踪从属的H9单元格，单击"追踪从属单元格"按钮。

步骤04 可以看到箭头指向了引用H9单元格数据的单元格。

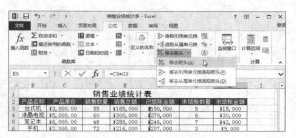

步骤05 若需要移去追踪箭头，则单击"移去箭头"下三角按钮，选择需要移去的箭头。若选择"移去箭头"选项，则移去工作表中所有的追踪箭头。

Excel办公篇

7.2 家电销售统计明细表

销售部门每周都会对产品销售数量和销售金额进行统计汇总，然后根据产品的利润率计算出各产品的总利润，并跟据总利润对产品进行排名。本节中，将应用函数的相关知识，对家电销售统计表进行分析计算。

7.2.1 单元格的引用

单元格的引用在使用公式时起到非常重要的作用，Excel中单元格的引用方式有三种，分别是相对引用、绝对引用和混合引用，下面分别进行介绍。

1. 相对引用

相对引用是基于包含公式的单元格，引用单元格的相对位置，即公式所在的单元格位置发生改变，所引用的单元格位置也随之改变。

步骤01 打开"家电销售一览表"工作表，在E3单元格中输入公式"=D3*C3"。

步骤02 按下Enter键，显示出运算结果，然后将公式填充至E37单元格。

步骤03 操作完成后，选中E4单元格，在编辑栏中公式为"=D4*C4"，可见引用的单元格发生了变化。

2. 绝对引用

绝对引用是引用单元格的位置不会随着公式的单元格变化而变化，如果多行或多列地复制或填充公式时，绝对引用也不会改变。

步骤01 假设销售提成为销售金额的3%，我们在H2单元格输入3%，选中F3单元格并输入公式"=E3*$H$2"，然后按下Enter键。

提示 | **添加绝对值符号F4**

在输入绝对引用公式时，可直接在引用的单元格行号或列标前输入绝对引用符号$，或在公式中选择引用的行号列标，按下F4键，自动切换成绝对引用。

步骤 02 这时查看F3单元格的运算结果，选中F3单元格，将光标移至单元格的右下角，变成十字形状时双击，复制公式至F37单元格。

步骤 03 复制公式后，选中F4单元格，编辑栏中公式为"=E4*$H$2"，可见绝对引用单元格H2没有改变。

提示 | **相对引用和绝对引用区别**

相对引用的单元格，会随公式位置的改变自动改变，即引用的是"相对位置"的单元格，而绝对引用的单元格则不会跟随公式位置改变而改变，即引用"绝对位置"的单元格。

3. 混合引用

混合引用是既包含相对引用又包含绝对引用的混合形式，混合引用具有绝对列和相对行，或绝对行和相对列。下面我们应用"家电销售折扣价格表"来进行详细介绍，具体步骤如下。

步骤 01 切换至"混合引用"工作表，选中C3单元格，输入公式"=B3*(1-B13)"。

步骤 02 单击公式中的"B3"，按3次F4键，变为"$B3"。

步骤 03 单击公式中的"B13"，按两次F4键，变为"B$13"，按下Enter键。

步骤 04 重新选中C3单元格，将光标置于C3单元格的右下角，待变成十字光标时按住左键向下拖至C10单元格。

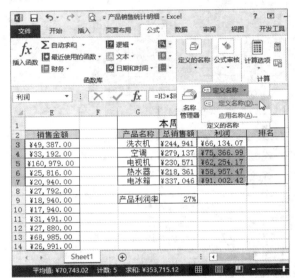

步骤 05 然后选中B3:B10单元格区域，向右复制公式至F3:F10单元格区域。

步骤 06 这时可看到应用混合引用的结果。

提示 混合引用结果

从上面的混合引用结果可以看出：当列号前面加$符号时，无论复制到什么地方，列的引用保持不变，行的引用自动调整；当行号前面加$符号，无论复制到什么地方，行的引用位置不变，列的引用自动调整。

7.2.2 名称的使用

在使用公式时，有时我们需要引用某单元格区域或使用数组进行运算，此时可以将引用单元格区域或数组定义一个名称，编写公式时直接引用定义的名称即可，这样表现更直观。

1. 定义名称

我们将I3:I7单元格区域定义名称为"利润"，具体操作如下。

步骤 01 打开"产品销售统计明细"工作表，选中I3:I7单元格区域，切换至"公式"选项卡，在"定义的名称"选项组中单击"定义名称"下三角按钮，在下拉列表中选择"定义名称"选项。

步骤 02 弹出"新建名称"对话框，在"名称"文本框中输入"利润"，单击"确定"按钮。

步骤 03 返回工作表，选中I3:I7单元格区域，在"名称框"的文本框中显示"利润"，表示定义成功。

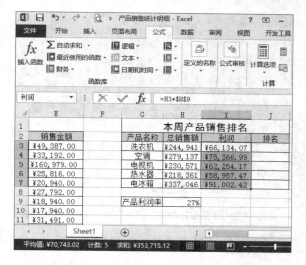

2. 应用名称

名称一旦定义好之后，在公式和函数中就可以使用名称来直接引用项目了。下面我们使用RANK函数对产品按利润进行排名，同时介绍如何快捷方便地应用名称，具体操作如下。

步骤01 打开"产品销售统计明细"工作表，在J3单元格中输入公式"=RANK(I3,利润)"，然后按下Enter键。

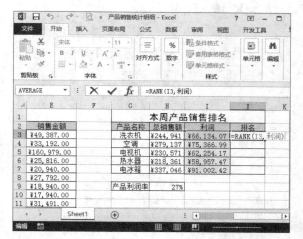

提示 RANK()函数

RANK函数的语法：RANK(number,ref,[order])
RANK函数表示某一个数值在某一区域里的排名。其中number需要求排名的数值，ref是排名的参照区域数值，order为0时表示该数值是从大到小的名次，若为1时表该数值是从小到大的名次。

步骤02 结果显示"洗衣机"利润为第3名。将光标移至J3单元格右下角，待变为十字形状时并双击，即可将公式填充至J7单元格，并计算出各产品的排名。

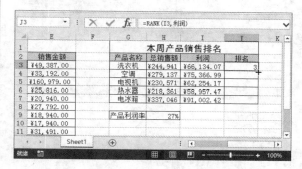

7.2.3 常用函数

在日常工作中，应用函数来处理一些复杂的数据，可以大大节省我们工作时间，下面介绍一些常用函数的使用方法。

1. SUMIF()函数

SUMIF()函数可以对满足条件的数据进行求和运算，下面我们应用该函数计算各家用电器的销售总额。

步骤01 首先选中J3单元格，单击编辑栏中的"插入函数"按钮。

提示 查找SUMIF()函数

在"插入函数"对话框中，设置"或选择类别"为"数学与三角函数"，在"选择函数"列表框中选择SUMIF函数。

步骤02 打开"插入函数"对话框，在常用的函数列表框中选择SUMIF函数后，单击"确定"按钮。

步骤03 在打开的"函数参数"对话框中，可以看到该函数有3个参数，分别设置各参数如下图所示，单击"确定"按钮。

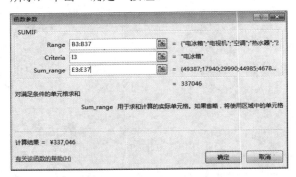

步骤04 返回工作表中，可以看到J3单元格中已经计算出电冰箱的销售总额。

步骤05 复制J3单元格中的公式至J7单元格，即可计算出所有产品的销售总额。

提示 SUMIF()函数的语法结构

SUMIF函数的语法结构为：SUMIF(range, criteria, sum_range)
该函数用于根据指定条件对若干单元格求和。
Range表示要进行条件判断的单元格区域；Criteria表示设定的检索条件，只对符合条件的单元格进行求和；Sum_range表示进行计算的单元格区域，如果省略，则求Range范围内满足检索条件的单元格的和。

2. MAX()与MIN()函数

在进行数据统计时，经常需要应用MAX()和MIN()函数计算一组数据的最大值和最小值，下面介绍这两个函数的使用方法。

步骤01 在"本周产品销售排名"表格下面添加"最大销售额"和"最小销售额"，完善表格，然后选择J11单元格。

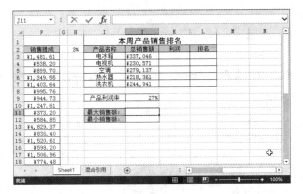

步骤02 在J11单元格中输入最大值的计算公式"=MAX(J3:J7)"，按下Enter键查看计算结果。

步骤 03 可以看到J11单元格中显示了J3:J7单元格中的最大值。然后选择J12单元格，数据最小值的计算公式"=MIN(J3:J7)"后，按下Enter键。

步骤 04 可以看到J12单元格显示了销售总额的最小值。

提示 MAX()与MIN()函数的语法结构

MAX()函数的语法结构：MAX(number1,number2)
MIN()函数的语法结构：MIN(number1,number2)
这两个函数用于计算一组数据的最大值与最小值，最多能指定30个参数。Number参数为要计算最大值/最小值的数值、单元格引用或单元格区域引用。

3. AVERAGE()函数

AVERAGE()函数用于计算指定数据或单元格区域数值的平均值，下面通过介绍计算所有家电销售总额的平均值来说明该函数的应用方法。

步骤 01 在"本周产品销售排名"表格下面添加"平均销售额"，完善表格。选择J13单元格，单击编辑栏中的"插入函数"按钮，打开"插入函数"对话框。

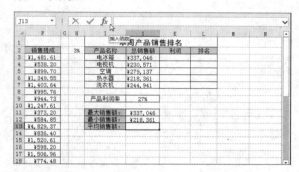

步骤 02 设置"或选择类别"为"统计"，在"选择函数"列表框中选择AVERAGE函数后，单击"确定"按钮。

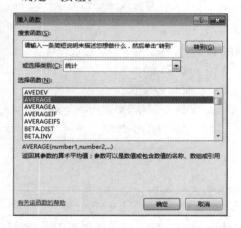

步骤 03 打开"函数参数"对话框，设置Number1的参数为J3:J7，单击"确定"按钮。

步骤04 返回工作表中，查看J13单元格中计算出的平均销售额的值。

AVERAGE()函数的语法结构

AVERAGE函数语法结构为：AVERAGE(number1, number2)
该函数用于计算平均值。最多指定30个参数，number参数可以为数值或引用单元格区域。

4. ROUND()函数

ROUND函数用于将指定数字按指定的位数四舍五入，下面对销售提成进行四舍五入来进行详细讲解。

步骤01 在F列增加新的一列后，选中G3单元格，输入公式"=ROUND(F3,0)"。

步骤02 按Enter键后，在G3单元格中可以看到对F3单元格进行四舍五入的结果。选中G3单元格，将光标放在右下角并双击。

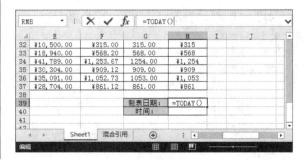

步骤03 可以看到复制公式后的最终结果。

ROUND()函数的语法结构

ROUND函数语法结构为：ROUND (number, num_digits)
该函数用于将数字按指定的位数四舍五入。
Nnmber：为必需项，为要进行四舍五入的数字。
Criteria：为必需项，用于指定小数后面的位数。

5. TODAY()函数

在工作表中添加TODAY()函数，可以自动插入当前日期数据，并且每次打开文件时自动更新为当时的日期。

步骤01 在"每周销售明细表"下面完善表格，并选中H39单元格，如下图所示。

步骤02 然后在编辑栏中输入当前日期计算公式"=TODAY()"后，按下Enter键。

步骤03 此时可以看到H39单元格中显示了当前的日期数据。

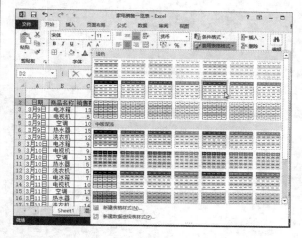

提示 TODAY()函数的语法结构

> TODAY()函数语法结构为：TODAY()
> 该函数用于计算电脑中当前的系统日期数据，该函数没有参数。

6. NOW()函数

在工作表中添加NOW()函数，可以自动插入当前时间数据。

步骤01 选中H40单元格后，在编辑栏中输入当前时间的计算公式"=NOW()"，单击"输入"按钮。

步骤02 可以看到，在H40单元格中显示了当前时间的计算结果。

提示 NOW()函数的语法结构

> NOW()函数语法结构为：NOW ()
> 该函数用于计算电脑中当前的系统日期和时间数据。该函数没有参数。

7. SUBTOTAL()函数

SUBTOTAL函数可以对数据按照指定的运算方法进行分类计算。运算方法包括求和、平均值、最大值、最小值等11种。下面从计算各家电销售总额为例，介绍计算汇总筛选后数据和的方法。

步骤01 在"开始"选项卡下，单击"套用表格格式"按钮，在下拉列表库中选择需要的表格格式。

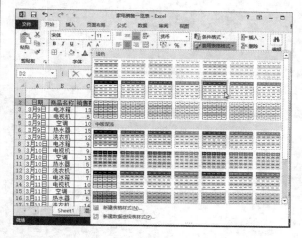

步骤02 在打开的"创建表"对话框中，设置表数据的来源。

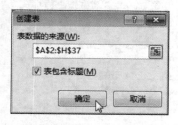

步骤03 单击"确定"按钮，查看套用表格格式后的效果，可以看到表标题旁边都出现了下三角按钮。

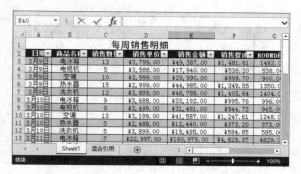

步骤04 选中D18单元格，然后输入公式"=SUBTOTAL(9,E3:E37)"后，按下Enter键。

步骤05 这时计算的值为所有产品的总销售额。单击"商品名称"下三角按钮，取消勾选"全选"复选框后，勾选"电冰箱"复选框后，单击"确定"按钮。

步骤06 可以看到，E38单元格显示了筛选后所有的电冰箱的销售金额。

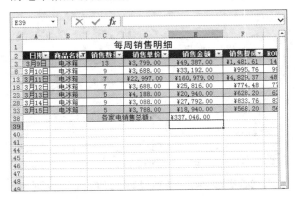

步骤07 再次单击"商品名称"下三角按钮，取消勾选"全选"复选框后，勾选"电视机"复选框后，单击"确定"按钮，可以看到E38单元格显示了所有的电视机的销售金额。

提示 SUBTOTAL()函数的语法结构

SUBTOTAL()函数的语法结构为：
SUBTOTAL(function-num,ref1,ref2)
该函数用于返回数据列表或数据库中的分类汇总数值。
Function-num：用1-11的数字指定合计数据的方法。Ref1,ref2…：用1-29个单元格区域指定求和的数据范围。
该函数的11种合计方式以1-11数字来表示，不同数字代表的合计方式，具体含义如下表所示：

数字	合计方式
1	计算数据的平均值
2	计算数据的数值个数
3	计算数据非空值单元格个数
4	计算数据的最大值
5	计算数据的最小值
6	计算数据的乘积
7	计算样本的标准偏差
8	计算样本总体的标准偏差
9	计算数据的总和
10	计算样本总体的方差
11	计算总体样本的方差

8. SUM()函数

SUM()函数用于数据求和，是最常用的函数之一。下面我们应用该函数计算家电销售明细中电冰箱本周的销售总额。

步骤 01 在"数据"选项卡下，单击"筛选"按钮，表头的各个字段旁边将出现下三角按钮。

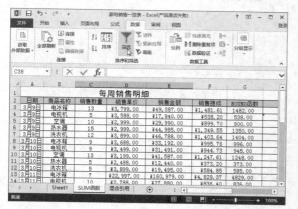

步骤 02 单击"商品名称"下三角按钮，在下拉列表中取消"全选"复选框，勾选"电冰箱"复选框，单击"确定"按钮。

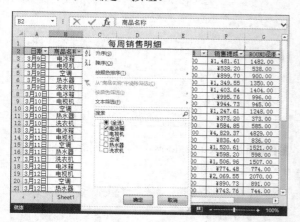

步骤 03 返回工作表中，选中E38单元格，输入电冰箱销售总额的计算公式："=SUM(E3,E8,E13,E18,E23,E28,E33,)"后，按下Enter键。

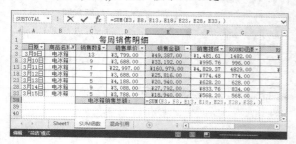

步骤 04 可以看到E38单元格显示了所有的电冰箱的销售金额。

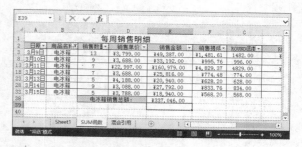

提示 SUM()函数的语法结构

> SUM()函数的语法结构为：SUM(number1,number2)该函数用于所选单元格区域中所有数值之和，最多能指定30个参数。Number参数可以为数值或单元格引用区域。

7.2.4 函数应用

将函数强大的计算功能，巧妙地应用到我们日常工作中，往往会出现事半功倍的效果。下面将通过各种工作中的常用实例，来展示函数的计算功能。

1. 应用VLOOKUP()函数提取员工信息

要想在庞大复杂的表格中提取想要的信息并不容易，应用VLOOKUP函数可以让这个工作变得简单迅速，下面介绍如何应用VLOOKUP()函数提取公司指定员工的相关信息。

步骤 01 打开"员工信息表"工作表，新建一个工作表，设置要提取的相关信息，如下图所示。

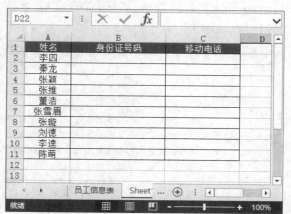

步骤 02 选中B2单元格，然后单击"插入函数"按钮。

步骤 03 在打开的"插入函数"对话框中，选择"或选择类别"为"查找与引用"，在"选择函数"列表中选择VLOOKUP函数后，单击"确定"按钮。

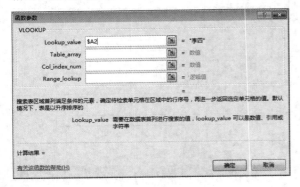

步骤 04 在打开的"函数参数"对话框中，设置Lookup_value的参数为$A2，表示要查找A2单元格对应的相关信息。

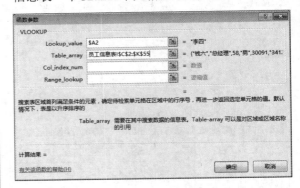

步骤 05 然后设置Table_array参数为"员工信息表!$C$2:$K$55"，表示要查找的位置为"员工信息表"中C2:K55单元格区域中的信息。

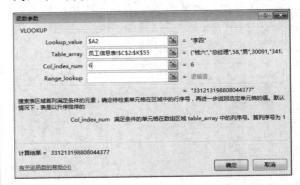

步骤 06 设置Col_index_num参数为6，表示从"员工信息表"工作表中"姓名"列向后数第6列，即"身份证号码"列。

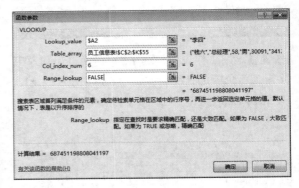

步骤 07 设置Range_lookup的参数为FALSE后，单击"确定"按钮。

步骤 08 返回工作表中，可以看到B2单元格中已经提取了"李四"的身份证号码。

步骤 09 选中B2单元格，将光标移至右下角，带光标变成十字形状时向右拖动，复制公式至C2单元格。

步骤 10 可以看到C2单元格也显示了身份证号码信息。我们要提取的是移动电话信息，所以修改公式中第3个参数，将6改为9，表示从"员工信息表"工作表中"姓名"列向后数第9列，即"移动电话"列。

步骤 11 然后选中B2:C2单元格区域，向下复制公式至B11:C11单元格区域。

步骤 12 这时可以看到提取的所有信息，如下图所示。

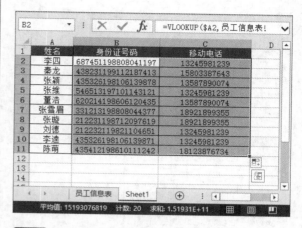

提示 VLOOKUP()函数的语法结构

VLOOKUP()函数的语法结构为：

VLOOKUP(lookup_value,table_array,col_index_num,range_lookup)

该函数用于查找指定的数值，返回当前行中指定列处的内容。Lookup_value：指定在数组第一列中查找的数值，此参数可以为数值或数值所在的单元格。Table_array：指定要查找的范围。Col_index_num：指定函数要返回table_array区域中匹配值的列序号。Range_lookup：以TRUE或FALSE指定查找的方法，或者以1或0来指定查找方法。

2. 应用NETWORKDAYS()函数计算两个日期间的工作日天数

在制作工作计划或跟踪订单进度时，经常需计算两个日期间的工作日天数，用NETWORKDAYS()函数可以快速准确地计算出工作日天数。

步骤 01 打开"订单跟踪表"工作表，选中D3单元格，输入公式"=NETWORKDAYS(B3,C3)"。

步骤02 按Enter键执行计算，选中D3单元格，将光标移至右下角，变为十字时按住鼠标左键拖动至D17单元格，完成填充公式并计算天数。

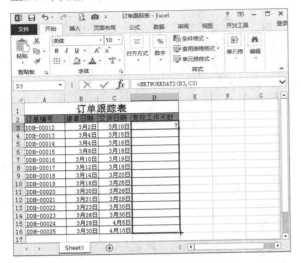

步骤03 返回工作表，查看使用NETWORKDAYS函数计算后的结果。

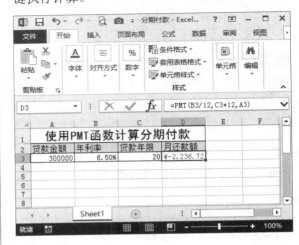

提示 NERWORKDAYS函数的语法结构

NERWORKDAYS()函数的语法结构为：
NERWORKDAYS(start_date,end_date,holidays)
该函数用于计算起始日期到结束日期之间工作日的天数，Start_date：为代表开始日期的日期数据。End_date：为代表结束日期的日期数据，格式与start_date相同。Holidays：表示需要从中排除的日期值，比如国家法定假日。

3. 应用PMT()函数计算固定利率下贷款的等额分期偿还额

使用PMT()函数能简单计算贷款的每期还款额，具体操作如下。

步骤01 打开"分期付款"工作表，选中D3单元格，输入公式"=PMT(B3/12,C3*12,A3)"按Enter键执行计算。

步骤02 可见得到的结果是负数，所以在公式前加"–"负号，再按Enter键执行计算，查看计算后的结果。

提示 PMT()函数的语法结构

PMT()函数的语法结构为PMT(rate,nper,pv,fv,type)
该函数是基于固定利率，返回贷款的每期等额付款额。Rate：为指定期间内的利率；Nper：为指定付款总期数，和Rate的单位必须一致；Pv：为各期所应支付的金额，其数值在整个年金期间保持不变；Fv：指定贷款的付款总数结束后的金额；Type：指定各期的付款时间是在期初还是在期末，期初指定为1，期末指定为0。应用IPMT()函数计算定期内的支付利息。

4. 应用ISPMT()函数计算普通贷款支付利息

某企业向银行贷款600万，年利率为6.5%，5年还清。使用ISPMT函数计算出第一个月还款利息和第一年还款利息。

步骤01 打开"贷款支付的利息"工作表，选中C5单元格，输入公式"=-ISPMT(B3/12,1,C3*12,A3)"，按Enter键执行计算。

步骤02 选中C6单元格，输入公式"=-ISPMT(B3,1,C3,A3)"，按Enter键执行计算，结果为第一年需支付的利息。

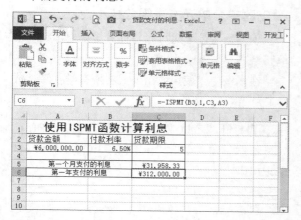

提示 ISPMT()函数的语法结构

ISPMT()函数的语法结构为：ISPMT(rate,per, nper,pv)

该函数用于计算投资期或贷款期内需要支付的利息，rate：表示投资的利率；per：代表需要计算利息的期数，介于1至nper之间；nper：表示投资的支付总期数；pv：表示投资的现值。

5. 应用IF ()函数对数据进行分级

IF函数是常用的逻辑函数，本例中将学生的语文成绩分成5个等级，并显示不同的字母来表示等级。

步骤01 打开"成绩表"工作表，选中D3单元格，输入公式"=IF(C3>89,"A",IF(C3>79,"B",IF(C3>69,"C",IF(C3>59,"D","E"))))"按Enter键执行计算。

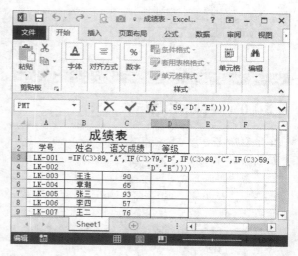

步骤02 选中D3单元格，将光标移至D3右下角变为十字架时双击，可以将公式填充至D14单元格，并执行计算。

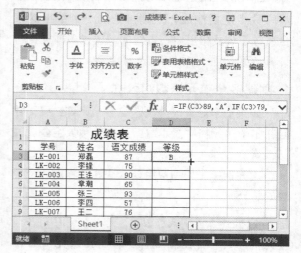

步骤03 返回工作表，查看使用IF函数将成绩分为5个等级的效果。

	A	B	C	D	E	F
1		成绩表				
2	学号	姓名	语文成绩	等级		
3	LK-001	郑磊	87	B		
4	LK-002	李锋	75	C		
5	LK-003	王洼	90	A		
6	LK-004	章潮	65	D		
7	LK-005	张三	93	A		
8	LK-006	李四	57	E		
9	LK-007	王二	76	C		
10	LK-008	钱六	89	B		
11	LK-009	赵一	62	D		
12	LK-010	孙六	55	E		
13	LK-011	周五	76	C		
14	LK-012	郑号	87	B		

D3 fx =IF(C3>89,"A",IF(C3>79,

提示 IF()函数的语法结构

IF()函数的语法结构为：IF (logical_test,value_if_true,value_if_false)

该函数用于执行真假判断，根据判断结果返回不同的值。logical_test：用带有比较运算符的逻辑值指定条件判定公式。value_if_true：指定的逻辑式成立时返回的值。value_if_false：指定的逻辑式不成立时返回的值。

7.2.5 数组公式

数组是指按照行或列排列的一组数据的集合，数组公式指可以在数组的一项或多项上执行计算，可返回一个或多个计算结果。

1. 创建多个单元格数组公式

如果一个函数或公式返回多个计算结果，并且在多个单元格中显示时，可以使用数组公式进行运算。

本案例中，使用数组公式快速计算出各个学生的总分。

步骤01 打开"考试成绩表"工作表，选中F3:F14单元格区域，然后输入公式"=C3:C14+D3:D14+E3:E14"。

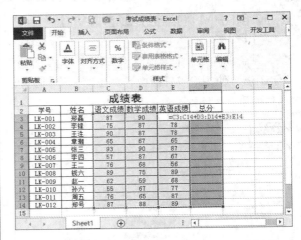

步骤02 按下组合键Ctrl+Shift+Enter，完成操作，查看通过数组计算的结果。

	A	B	C	D	E	F	G
1			成绩表				
2	学号	姓名	语文成绩	数学成绩	英语成绩	总分	
3	LK-001	郑磊	87	90	86	263	
4	LK-002	李锋	75	87	78	240	
5	LK-003	王洼	90	87	78	255	
6	LK-004	章潮	65	67	65	197	
7	LK-005	张三	93	90	87	270	
8	LK-006	李四	57	87	67	211	
9	LK-007	王二	76	68	56	200	
10	LK-008	钱六	89	75	89	253	
11	LK-009	赵一	62	59	68	189	
12	LK-010	孙六	55	67	77	199	
13	LK-011	周五	76	65	87	228	
14	LK-012	郑号	87	88	89	264	

2. 创建单个单元格数组公式

使用数组计算时可以将计算结果显示在一个单元格中。

在本例中，使用数组公式将所有学生考试成绩汇总。

步骤01 打开"考试成绩表"工作表，选中F15单元格，然后输入公式"=SUM(C3:C14+D3:D14+E3:E14)"。

	A	B	C	D	E	F	G	H
1			成绩表					
2	学号	姓名	语文成绩	数学成绩	英语成绩	总分		
3	LK-001	郑磊	87	90	86			
4	LK-002	李锋	75	87	78			
5	LK-003	王洼	90	87	78			
6	LK-004	章潮	65	67	65			
7	LK-005	张三	93	90	87			
8	LK-006	李四	57	87	67			
9	LK-007	王二	76	68	56			
10	LK-008	钱六	89	75	89			
11	LK-009	赵一	62	59	68			
12	LK-010	孙六	55	67	77			
13	LK-011	周五	76	65	87			
14	LK-012	郑号	87	88	89			
15					考试总分	=SUM(C3:		
16						C14+D3:		
17						D14+E3:		
18						E14)		

AVERAGE fx =SUM(C3:C14+D3:D14+E3:E14)

步骤 02 按下组合键Ctrl+Shift+Enter，完成操作，查看通过数组计算的结果。

提示 使用数组公式注意事项

使用数组公式注意事项如下：

- 输入数组公式时，首先要选择用来保存计算结果的单元格区域；
- 数组公式输入后，按下组合键Ctrl+Shift+Enter，系统会自动在输入的公式两端加上大括号{}，表示该公式是数组公式；
- 在数组公式所涉及的区域中，不能编辑或删除部分单元格。

3. 利用数组公式生成成绩单

本案例，我们可以根据考试成绩单再利用数组公式制作出每个考生的成绩单。

步骤 01 打开"考试成绩表"，删除标题，新建一个工作表，命名为"成绩单"，选中A1:F1单元格区域，然后输入公式"=CHOOSE(MOD(ROW(1:1),3)+1,"",成绩表!$A$1:$F$1,OFFSET(成绩表!$A$1:$F$1,INT(ROW(1:1)/3)+1,))"。

步骤 02 按下组合键Ctrl+Shift+Enter，执行计算，查看显示的结果。

步骤 03 将光标移动至F1单元格右下角变为十字时按住鼠标左键向下拖动，直到把所有考生成绩全部显示为止。

7.3 产品销售统计明细

数据验证功能可以有效地避免输入错误信息，提高工作效率。数据验证可以设置数据验证的规则，控制用户在单元格中输入的信息，还可以设置错误警告等。下面通过产品销售统计表来详细介绍数据有效性的相关知识点。

7.3.1 创建数据验证

数据验证是对单元格或单元格区域内输入的数据进行限制，只允许输入或选择有效的数据。这样可避免输入错误数据，提高工作效率。

步骤01 打开"产品销售统计明细"工作表，选中G3单元格，切换至"数据"选项卡，单击"数据工具"选项组的"数据验证"下三角按钮，选择"数据验证"选项。

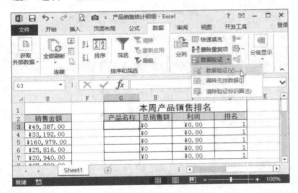

步骤02 弹出"数据验证"对话框，在"设置"选项卡中单击"允许"下三角按钮，在下拉列表中选择"序列"选项。

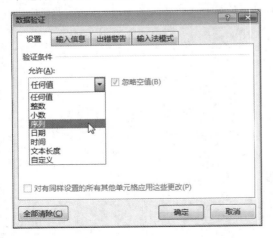

步骤03 在"来源"文本框中输入有效的产品名称，如"电视机,空调,洗衣机,热水器,电冰箱"，产品名称之间用英语状态下的逗号隔开。

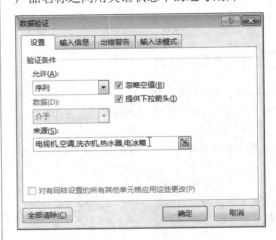

提示 设置"来源"的信息

可以在"来源"的文本框中输入信息，还可以单击文本框右侧的折叠按钮，引用信息所在的单元格区域。

步骤04 切换至"输入信息"选项卡，分别在"标题"和"输入信息"文本框中输入相关信息。

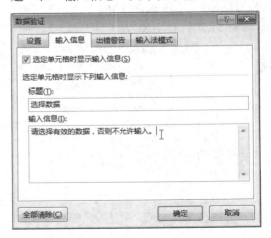

步骤05 切换至"出错警告"选项卡，在"样式"的下拉列表中选择"停止"选项，分别在"标题"和"错误信息"的文本框中输入相关的信息，单击"确定"按钮。

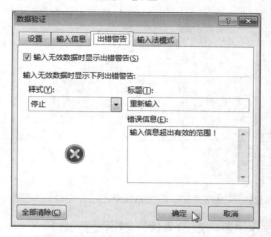

提示 出错警告的样式

出错警告的样式包括停止、警告和信息三种。停止表示阻止用户在单元格中输入无效的数据；警告表示用户输入信息是无效的，但不会阻止用户输入无效的数据；信息表示通知用户输入数据是无效的，也不会阻止用户输入无效的数据。当选择的出错警告样式不同，输入无效数据时，弹出的警告信息的选项也不同，根据需要选择不同的样式。

步骤06 选中G3单元格，将光标移至右下角变为黑色十字架，按住鼠标左键拖动至G7单元格，将数据验证填充至G7单元格。

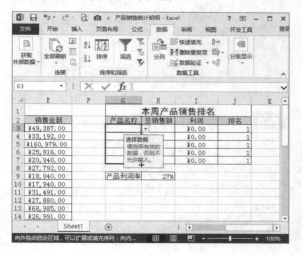

步骤07 选中设置数据有效性的单元格，会出现用户设置的提示文字，而且在单元格右侧出来下三角按钮。

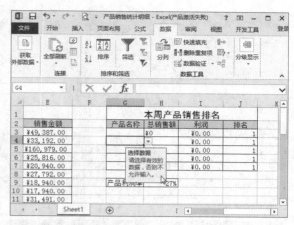

步骤08 单击G3单元格右侧下拉按钮，在下拉列表中选择有效的数据，如选择"电视机"选项。

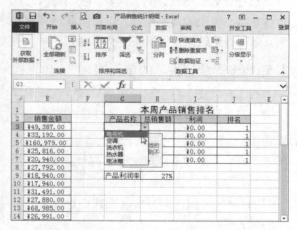

步骤09 按照相同的方法，选择其他不重复的产品名称。

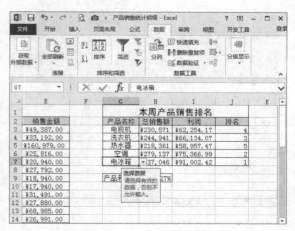

步骤10 如果不从下拉列表中选择有效数据，直接在单元格中输入无效的数据时，系统会弹出警告。

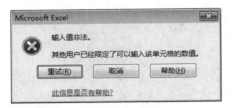

提示 数据验证的对象

不但可以对文本设置数据验证，还可以对数值、日期、时间和文本长度等等进行数据验证。

7.3.2 编辑数据验证

已经设置数据验证的工作表，我们可以对其进行查找、复制和清除操作。下面将通过具体实例，逐一介绍编辑数据验证的操作方法。

1. 查找设置数据验证的单元格

在工作表中，可查找所有设置数据验证的单元格，并且选中这些单元格，具体操作如下。

步骤01 打开"产品销售统计明细"工作表，切换至"开始"选项卡，单击"编辑"选项组中的"查找和选择"下三角按钮，在下拉列表中选择"数据验证"选项，即可实现查找出设置数据验证的单元格。

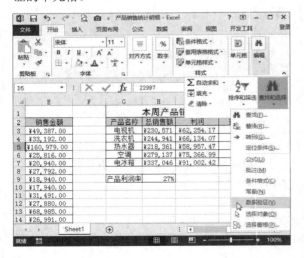

步骤02 操作完成后，返回工作表，可见所有设置数据验证的单元格都被选中。

提示 使用"定位条件"对话框查找

在"开始"选项卡，单击"编辑"选项组中的"查找和选择"下三角按钮，在下拉列表中选择"定位条件"选项，打开"定位条件"对话框，然后选择"数据验证"单选按钮，然后单击"确定"按钮。

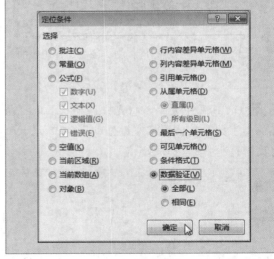

提示 "全部"和"相同"的区别

在数据验证下面包含"全部"和"相同"两个单选按钮，选择"全部"单选按钮表示查找工作表中所有设置数据验证的单元格，若选择"相同"单选按钮，标记出与选中单元格设置数据验证的条件是一样的单元格。

2. 复制数据验证设置

当复制一个设置了数据验证的单元格时，数据验证的条件将被一起复制，若只想复制数据验证的条件，不复制单元格的内容和格式，我们可以通过"选择性粘贴"对话框来实现。

本案例中，将G3:G7单元格区域的数据验证条件复制到I9:I13单元格区域，不需要复制单元格的内容和格式，具体操作步骤如下。

步骤01 打开"产品销售统计明细"工作表，选中G3:G7单元格区域并右击，在快捷菜单中选择"复制"命令。

步骤02 选择I9:I13单元格区域，然后切换至"开始"选项卡，单击"剪贴板"选项组中"粘贴"下三角按钮，在下拉列表中选择"选择性粘贴"选项。

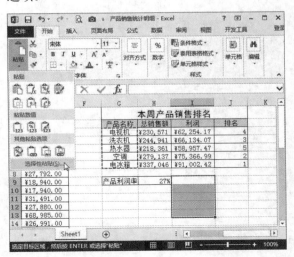

步骤03 弹出"选择性粘贴"对话框，在"粘贴"区域选择"验证"单选按钮，然后单击"确定"按钮。

步骤04 返回工作表，可见I9:I13单元格区域已经复制了数据验证的条件。

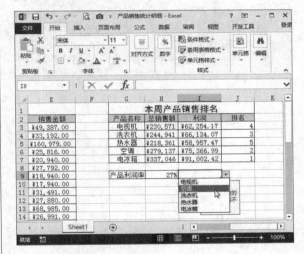

3. 清除数据验证

若不需要设置的数据验证条件，只需要单元格中的内容和格式时，可以只清除数据验证条件即可。

步骤01 选开"产品销售统计明细"工作表，选中G3:J7单元格区域，切换至"数据"选项卡，单击"数据工具"选项组中的"数据验证"下三角按钮，在下拉列表中选择"数据验证"选项。

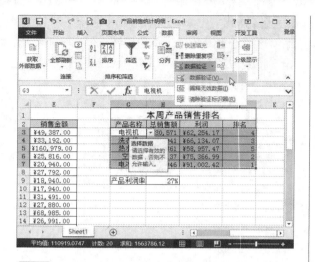

提示 清除单个单元格的数据验证

首先选中需要清除数据验证的单元格，此处选择G3单元格，切换至"数据"选项卡，单击"数据工具"中的"数据验证"下三角按钮，在下拉列表中选择"数据验证"选项，弹出"数据验证"对话框，单击"全部清除"按钮，即可清除单元格G3的数据验证条件。

步骤 02 弹出系统提示对话框，单击"确定"按钮。

步骤 03 弹出"数据验证"对话框，此时设置的条件为"任何值"，单击"确定"按钮，即可完成清除数据验证条件的操作。

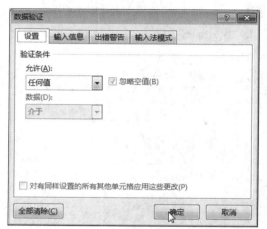

Chapter 08
数据的图形化表示

对工作表中的数据进行图形化显示，是Excel数据可视化展示的重要手段。图表是以图形的形式来表示数据的系列值，来表现数据间的各种相对关系。本章我们主要介绍图表的基础知识、图表的编辑和图表的分析应用等方面的知识。

核心知识点

❶ 根据数据创建合适的图表

❷ 对图表进行适当的美化

❸ 创建迷你图展示数据

❹ 图表数据分析

Excel办公篇

8.1 公司费用分析图表

为了更直观地展示公司日常费用的支出情况，查看每个部门的费用使用多少，我们可以应用Excel图表来直观地展示数据的变化情况。下面将以公司费用分析图表为例，来详细地讲解图表的基本操作技巧。

8.1.1 创建图表

首先我们要为数据选择最合适的图表类型，以便更好地展示数据。

1. 插入图表

Excel 2013新增加了"推荐的图表"功能，Excel可以根据数据的类型向我们推荐最合适的图表类型。

步骤01 将光标置于要创建图表的工作表中，单击"插入"选项卡下"图表"选项组中的"推荐的图表"按钮。

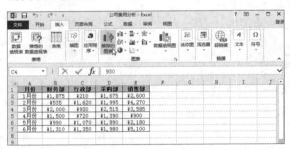

步骤02 打开"插入图表"对话框，在"推荐的图表"列表框中显示了推荐图表的预览效果，选中该图表，单击"确定"按钮。

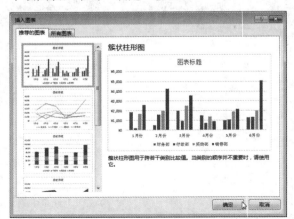

步骤03 这时可以看到，在工作表中已经插入了所选的图表类型。在功能区中显示了"图表工具"选项卡，在该选项卡下可以对插入的图表进行各种编辑操作。

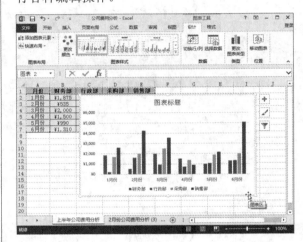

2. 调整图表大小

新创建的图表一般都是以默认的大小显示，我们可以根据图表的显示需要，随心所欲地调整图表的大小。

步骤01 选中图表，将光标放在图表的右下角，这时可以看到光标变成了双向箭头。

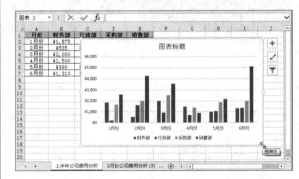

步骤02 按住鼠标左键不放，拖动鼠标即可随意更改图表大小。

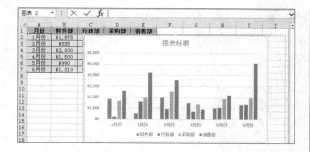

提示 精确调整图表大小

我们还可以在"图表工具-格式"选项卡下的"大小"选项组中,分别设置"形状高度"和"形状宽度"的数值,精确设置图表的大小。

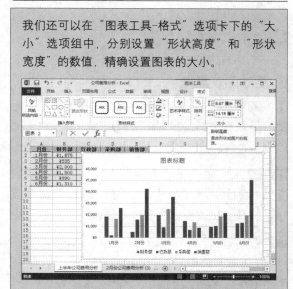

3. 移动图表位置

Excel在生成图表时,默认是将图表放在工作表的正中央,用户可以根据需要将图表移动到需要的位置。

选中图表后,待光标将会变成十字箭头时拖动鼠标,将图表移动到合适的位置,释放鼠标左键即可。

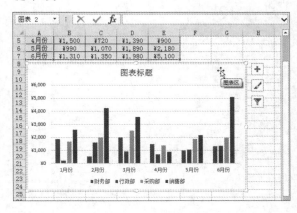

提示 移动图表到新工作表中

单击"图表工具-设计"选项卡下的"移动图表"按钮,打开"移动图表"对话框。选中"新工作表"单选按钮,图表将显示在新工作表中,默认为Chart1,我们也可以在文本框中输入新的名称来替换默认的名称。

4. 复制和删除图表

创建图表后,我们还可以为图表应用复制和删除操作,具体操作步骤如下。

步骤01 选择创建的图表,单击"开始"选项卡下"剪贴板"选项组中的"复制"按钮。

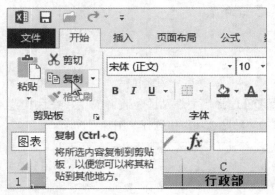

提示 快捷键复制工作表

选中需要复制的图表,按下快捷键Ctrl+C复制图表,按下快捷键Ctrl+V粘贴图表。

步骤02 选择需要粘贴图表位置,在"开始"选项卡下,单击"剪贴板"选项组中的"粘贴"按钮,即可复制选中的图表。

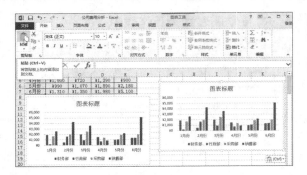

步骤 03 选中要删除的图表，按下键盘上的Delete键，即可删除选中的图表。

5. 将图表复制为图片

如果不希望创建的图表被修改，我们可以应用复制的方法，将图表转换为图片格式。转换后的图表将不会随着源数据的改变而发生改变。

步骤 01 选中图表后右击，在弹出的快捷菜单中选择"复制"命令。

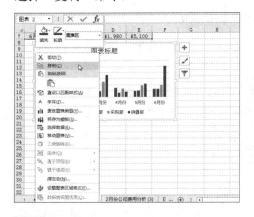

步骤 02 选择需要粘贴的位置并右击，在快捷菜单的"粘贴选项"中选择"图片"选项。

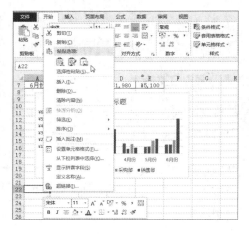

步骤 03 可以看到图表已经转换为图片，在功能区中出现了"图表工具-格式"选项卡。

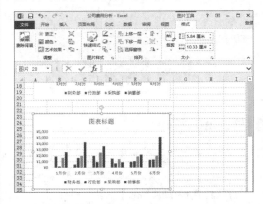

6. 更改图表类型

创建图表后，如果觉得选择的图表类型不能更好地表现数据，我们还可以更改为其他更合适的图表类型。

步骤 01 选中需要更改类型的图表，单击"图表工具-设计"选项卡中的"更改图表类型"按钮，打开"更改图表类型"对话框。

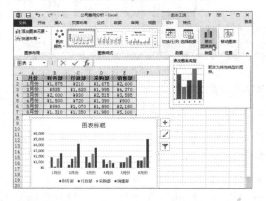

步骤 02 选择需要的图表类型后，单击"确定"按钮。

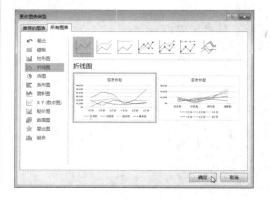

步骤03 返回工作表中，可以看到工作表中的图表已经更改为所选的图表类型。

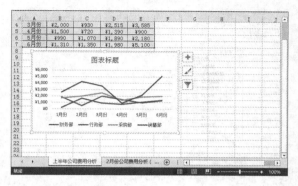

7. 设计图表布局

新创建的图表，一般都是默认的图表布局方式，我们也可以根据需要选择更合适的图表布局。

选中图表后，切换至"图表工具-设计"选项卡，在"图表布局"选项组中单击"快速布局"下三角按钮，在下拉列表中选择合适的布局方式，即可更改图表布局。

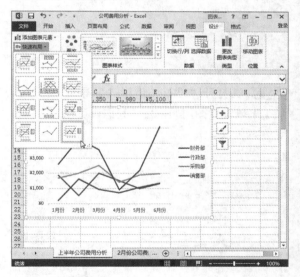

8. 设计图表样式

为了让图表看起来更加美观，我们也可以应用图表样式快速为图表设置更漂亮的图表样式。

选中图表后，切换至"图表工具-设计"选项卡，在"图表样式"选项组中单击"其他"下三角按钮，在下拉列表中选择合适的布图表样式，即可更改图表样式。

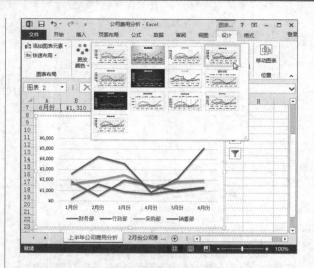

8.1.2　美化图表

若想让我们创建的图表更加美观，还需对图表进行必要的美化处理，让图表看上去更加专业。

1. 设置图表标题

为了使图表内容更直观，为图表设置标题是必不可少的，下面介绍设置方法。

选中图表后，在"图表标题"文本框中输入图表标题即可。

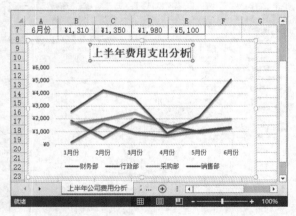

若图表中没有显示"图表标题"文本框，可以在功能区中设置图表标题。

选中图表后，切换至"图表工具-设计"选项卡，单击"图表布局"选项组中的"添加图表元素"下三角按钮，在下拉列表中选择"图表标题"选项，并在子列表中选择标题的位置，然后再输入图表标题。

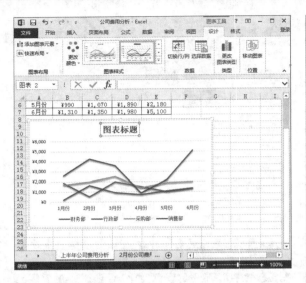

2. 设置图表图例

创建图表后，Excel会根据默认设置显示图表图例，我们可以根据需要显示或隐藏，也可以为图例设置各种格式效果。

步骤01 选中图表后，切换至"图表工具-设计"选项卡，单击"图表布局"选项组中的"添加图表元素"下三角按钮，在下拉列表中选择"图例>无"选项，隐藏图例。

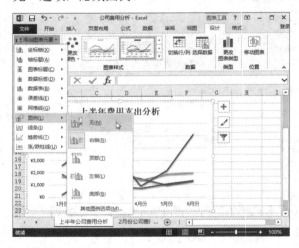

提示 设置图例字体大小及颜色

为图表添加了图例以后，可以在"开始"选项卡中设置图例字体的大小和颜色。

步骤02 选中图表后，单击图表右侧的"图表元素"按钮，在列表框中勾选"图例"复选框，即可显示图例。在"图例"子列表中可以设置图例的位置。

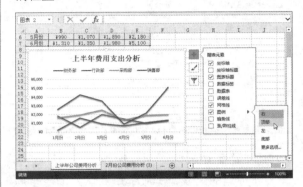

步骤03 然后在"图例"子列表中选择"更多选项"选项。

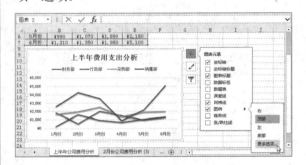

步骤04 在打开"设置图例格式"导航窗格中，除了可以设置图例的位置，我们还可以为图例设置填充和效果。

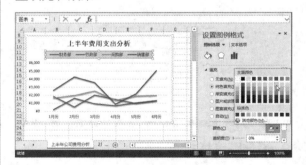

3. 设置图表区域格式

为了更进一步对图表进行美化，还可以为图表区域设置不同的效果，具体操作方法如下。

步骤01 选中图表并右击，在弹出的快捷菜单中选择"设置图表区域格式"命令。

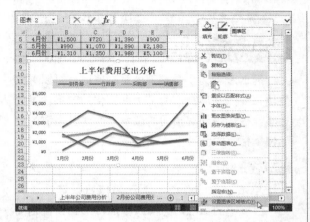

步骤 02 在打开的"设置图表区格式"导航窗格中，对图表区域的"填充线条"和"效果"等进行相应的设置。

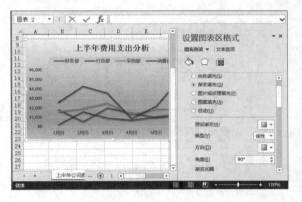

4. 添加数据标签

选中图表后，单击图表右侧的"图表元素"按钮，在列表框中勾选"数据标签"复选框即可显示图表的数据标签。在"数据标签"子列表中可以设置数据标签的显示方式。

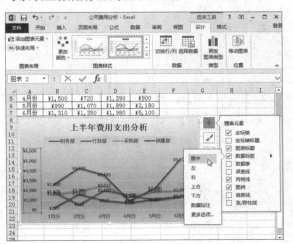

5. 设置坐标轴格式

在查看图表时，坐标轴具有非常重要的作用，我们可以设置坐标轴的单位、刻度等内容。

步骤 01 选中图表中的坐标轴并右击，在弹出的快捷菜单中选择"设置坐标轴格式"命令，打开"设置坐标轴格式"导航窗格。

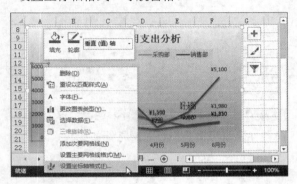

步骤 02 在该导航窗格中对坐标轴的填充、效果以及单位刻度等进行设置。

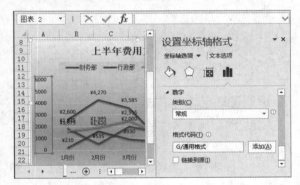

6. 设置网格线格式

如果觉得图表网格线颜色不突出，我们可以对网格线格式进行设置。

步骤 01 选中图表后，单击图表右侧的"图表元素"按钮，在列表框中取消勾选"网格线"复选框，即可隐藏网格线。

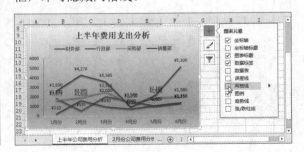

步骤02 单击图表右上角的"图表元素"按钮，在"网格线"复选框子菜单中选择需要的网格线选项，若需要设置更多的网格线格式，则选择"更多选项"选项。

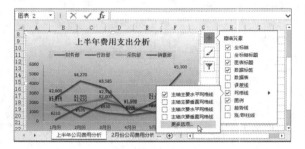

步骤03 打开"设置主要网格线格式"导航窗格，在该导航窗格中我们可对网格线的线头、效果等进行自定义设置。

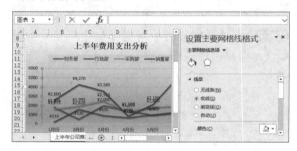

7. 设置图表艺术字样式

我们可以为图表中的文字设置合适的艺术字样式，使图表文字看上去更加美观。

选中图表后，切换至"图表工具-格式"选项卡，单击"艺术字样式"选项组中的"其他"下三角按钮，在下拉列表中选择合适的艺术字样式。

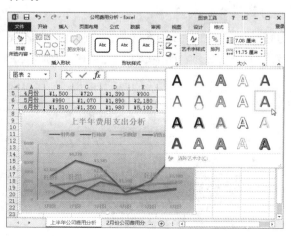

8.1.3 突出显示某一数据系列

有时我们为了强调某个系列值时，可以突出显示相应的柱形图。为了达到强化的效果，可以在其他柱形中使用相同的色系，而对要强调的柱形使用相反的色系。

步骤01 选中图表后，在"图表工具-设计"选项卡下单击"更改颜色"下三角按钮，选择"单色"区域中的颜色，将图表中的柱形图设置为同一色系的颜色。

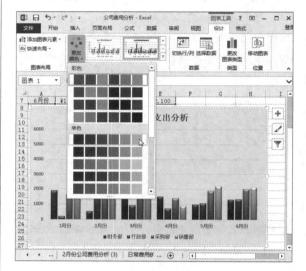

步骤02 双击需要突出显示的柱形图形状，然后切换至"图表工具-格式"选项卡，单击"形状样式"选项组中的"形状填充"下三角按钮，选择一种颜色即可突出显示该柱形图。

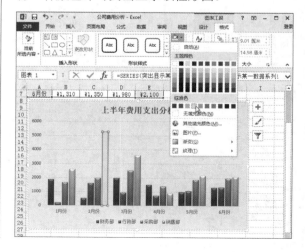

8.2 办公设备销售统计表

所谓迷你图，就是在单元格中直观显示一组数据变化趋势的微型图表，包括折线图、柱形图和盈亏迷你图3种类型。使用迷你图可以快速、有效地比较数据，帮助我们直观了解数据的变化趋势。

8.2.1 创建单个迷你图

在数据旁边创建迷你图，可以把一组数据以清晰简洁的图形表示形式显示在单元格中。

步骤01 选择需要显示迷你图的F3单元格，切换至"插入"选项卡，单击"迷你图"选项组中的"折线图"按钮。

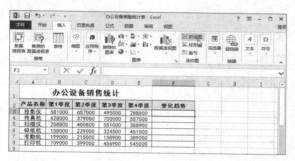

步骤02 打开"创建迷你图"对话框，单击"数据范围"右侧的折叠按钮，选择需要创建迷你图的B3:E3单元格区域。

步骤03 单击"确定"按钮，返回工作表中可以看到创建的迷你图。

8.2.2 填充迷你图

创建迷你图后，我们可以应用复制的方法快速创建多组迷你图。

步骤01 选中F3:F8单元格区域，单击"开始"选项卡下"编辑"选项组中的"填充"下三角按钮，选择"向下"命令。

步骤02 可以看到F3:F8单元格区域已经填充了相应的迷你图。

提示 双击填充迷你图

选中H3单元格，将光标放在单元格的右下角，待光标变成十字形状时双击即可。

8.2.3 创建一组迷你图

我们可以选择数据性质相同的单元格区域，一次创建所有的迷你图。

步骤 01 选择需要插入迷你图的F3:F8单元格区域，切换至"插入"选项卡，单击"迷你图"选项组中的"柱形图"按钮。

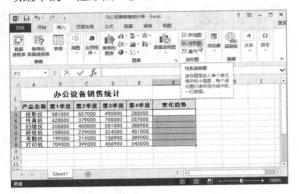

步骤 02 在"创建迷你图"对话框中单击"位置范围"后的折叠按钮，在工作表中选择B3:E8单元格区域，设置创建迷你图的数据范围。

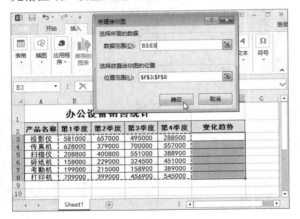

步骤 03 单击"确定"按钮返回工作表中，可以看到创建的柱形迷你图效果。

8.2.4 更改一组迷你图类型

创建迷你图后，如果对该组迷你图的样式不满意，我们可以更改迷你图的类型。

步骤 01 选择需要更改类型的一组迷你图，切换至"迷你图工具-设计"选项卡，在"类型"选项组中选择需要的迷你图类型。

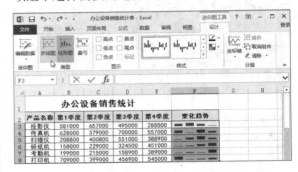

步骤 02 单击"折线图"按钮，即可将原来的柱形图全部更改为折线图。

8.2.5 更改单个迷你图类型

我们也可以只更改一组迷你图中某一个迷你图的类型。

步骤 01 单击需要更改迷你图类型的F4单元格，在"迷你图工具-设计"选项卡下，单击"分组"选项组中的"取消组合"按钮。

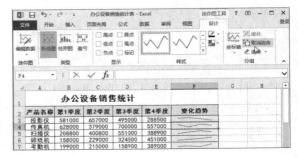

步骤02 单击"类型"选项组中的"柱形图"按钮，即可将F4单元格中的折线图更改为柱形图。

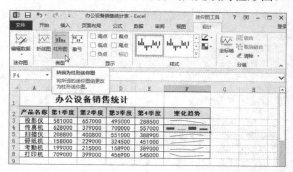

8.2.6　标记迷你图值点

创建迷你图后，我们可以为迷你图设置控制点，以便更清晰地反映数据。

在"迷你图工具-设计"选项卡下的"显示"选项组中可以为迷你图添加各种数据点标记。在迷你图中，只有折线图具有标记数据点功能。

● 勾选"高点"、"低点"、"负点"、"首点"和"尾点"复选框，Excel将自动为迷你图标记相应的数据点；

● 勾选"标记"复选框，Excel将为迷你图标记所有的数据点。

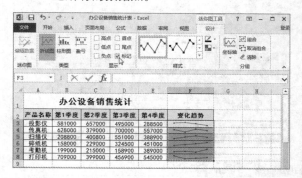

8.2.7　美化迷你图

创建迷你图后，我们还可以对迷你图进行相应的美化操作，包括更改迷你图样式、设计标记点颜色、设置线条颜色和宽度等。

1. 应用迷你图预设样式

在迷你图样式库中预设了多达36种样式，我们可以根据需要进行选择。

步骤01 选择要应用预设样式的迷你图，切换至"迷你图工具-设计"选项卡，单击"样式"选项组的"其他"下三角按钮，在下拉列表库中选择需要的预设样式。

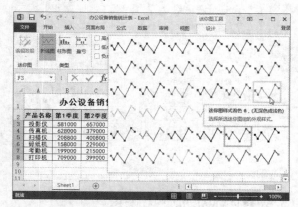

步骤02 可以看到所选的迷你图应用了预设的迷你图样式。

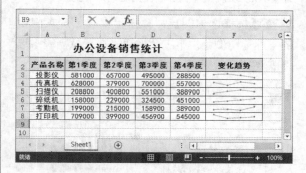

2. 设置迷你图的标记点

我们可以为迷你图的标记点设置不同的颜色，以便对不同的标记点进行区分。

步骤01 选择迷你图后，单击"样式"选项组中的"标记颜色"下三角按钮，选择"高点"选项，在子菜单中选择颜色为深蓝。

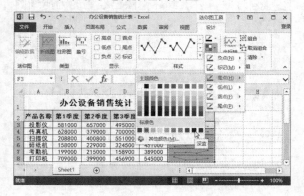

步骤 02 再次单击"标记颜色"下的三角按钮，选择"低点"选项，在子菜单中选择颜色为绿色。

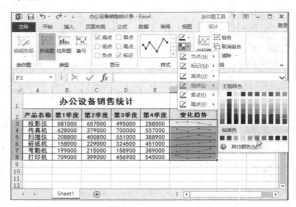

3. 设置迷你图的颜色和宽度

在对迷你图进行美化操作时，我们还可以为迷你图线条设置不同的颜色和线条宽度。

步骤 01 选择迷你图后，单击"样式"选项组中的"迷你图颜色"下三角按钮，在下拉列表中选择需要的颜色。

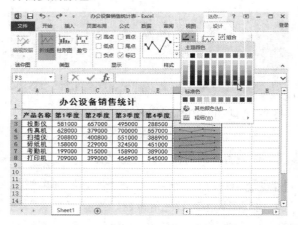

步骤 02 这时可以看到迷你图已经更改为所选的颜色了。

步骤 03 再次单击"样式"选项组中的"迷你图颜色"下三角按钮，在下拉列表中选择"粗细"选项，在子菜单中选择所需的线条样式。

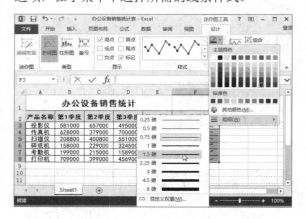

4. 清除迷你图

不需要迷你图时，我们可以将其清除，具体操作如下。

选择迷你图后，单击"分组"选项组中的"清除"下三角按钮，在下拉列表中选择要清除的范围。

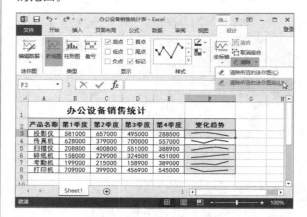

提示 **右键清除法**

右击选中的迷你图，在展开的菜单中选择"迷你图>清除所选迷你图"选项。

8.3 销售统计分析

Excel的图表功能非常强大，绝不逊于一些专业的图表软件，应用Excel的图表功能进行数据分析工作，来解决一些实际工作中的问题。应用图表功能我们不但可以制作Excel内置的标准图形，还可以生成更复杂的三维图形，来展示更复杂的数据。

8.3.1 图表分析

在Excel图表中，我们可以为特定图表添加误差线、涨/跌线、趋势线和折线等，为图表分析提供视觉化的展示效果，下面以创建趋势线为例进行介绍。

趋势线可以在图表中更直观地展示数据的变化趋势，或将趋势线延伸过实际数据，以帮助我们预测未来值。

步骤01 选中图表后，切换至"图表工具-设计"选项卡，单击"图表布局"选项组的"添加图表元素"下三角按钮，选中"趋势线"选项，在子列表中选择要添加的趋势线种类。

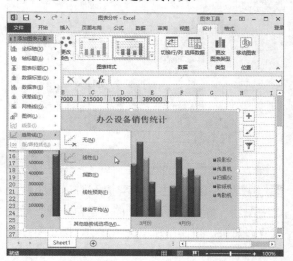

提示 趋势线的应用范围

趋势线一般应用于一些非堆积的二维图表，如面积图、条形图、柱形图、折线图、股价图、散点图或起泡图等。一般不能向堆积图或三维图表添加趋势线。饼图、曲面图、圆环图和雷达图等也不支持添加趋势线。

步骤02 在打开的"添加趋势线"对话框中，选择需要添加的趋势线系列，这里选择"考勤机"选项。

步骤03 单击"确定"按钮返回工作表中，可以看到为考勤机的销售情况添加了趋势图，从趋势图来看销售业绩是呈上升状态的。

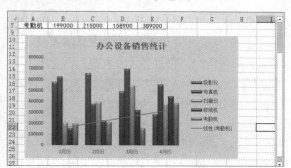

步骤04 我们还可以为图表应用"线性预测"趋势线，再次单击"图表布局"选项组的"添加图表元素"下三角按钮，选中"趋势线"选项，在子列表中选择"线性预测"选项。

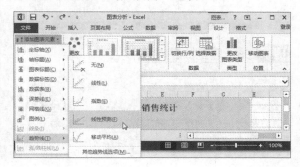

步骤 05 再次打开"添加趋势线"对话框,选择需添加的趋势线系列,选择"考勤机"选项。

步骤 06 单击"确定"按钮,返回工作表中查看添加的预测趋势线效果。

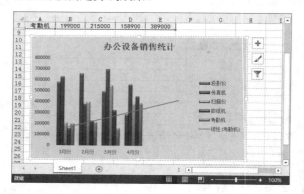

步骤 07 我们还可以更改趋势线的显示效果,双击添加的趋势线,将打开"设置趋势线格式"导航窗格,对趋势线的相关选项进行设置,这里我们为趋势线设置更显眼的浅绿色。

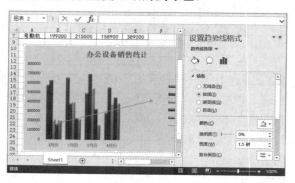

提示 关于趋势线的更多设置

在打开的"设置趋势线格式"导航窗格中,切换至"趋势线选项"选项卡,可以看到"趋势线选项"列表中罗列了更多的趋势线选项,我们可以在此对趋势线进行更多的设置操作。

8.3.2 制作图片图表

创建折线图表时,数据点是默认的带有颜色的色块。为了让图表看上去更直观个性,我们可以使用图片来代替这些色块,制作出更加醒目的图表。

步骤 01 切换至"插入"选项卡,单击"插图"选项组中的"图片"按钮。

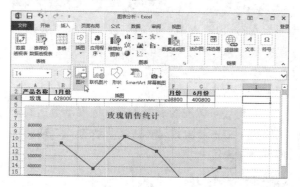

步骤 02 打开"插入图片"对话框,选择需要插入的图片,单击"插入"按钮。

步骤 03 返回工作表中可看到插入的玫瑰图片。选中图片,将光标移至图片的右下角,带光标变成双向箭头,按住鼠标左键并拖动,缩小图片至合适大小。

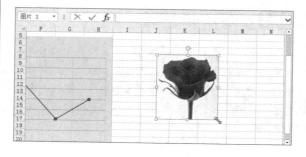

步骤04 选中该图片，按下快捷键Ctrl+C，复制图片。单击图表中的数据点，选中所有数据点，按下快捷键Ctrl+V，将所有的数据点替换为玫瑰图片。

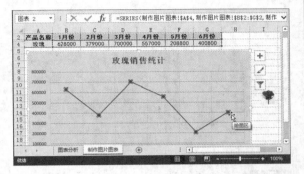

步骤05 可以看到原来的数据点都被所选的图片代替了。

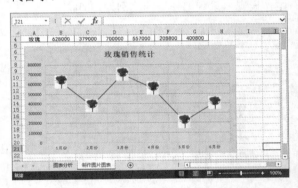

8.3.3　制作复合图表

通常创建的图表只有一种图表类型，当图表中有多种数据时，我们可以将不同的数据系列转换为不同的图表类型。

步骤01 选择插入图表的数据区域，切换至"插入"选项卡，单击"图表"选项组中的"推荐的图表"按钮。

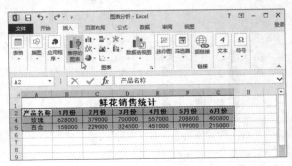

步骤02 打开"插入图表"对话框，选择合适的图表类型后，单击"确定"按钮。

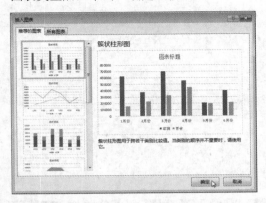

步骤03 返回工作表中，选择要更改图表类型的数据系列并右击，在弹出的快捷菜单中选择"更改系列图表类型"命令。

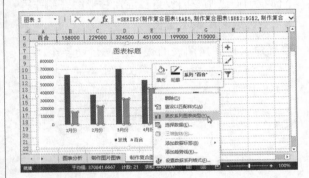

步骤04 打开"更改图表类型"对话框，在"为您的数据系列选择图表类型和轴"选项区域单击相应系列名称右侧的下三角按钮，选择需要的图表类型。设置完成后，单击"确定"按钮，返回工作表中。

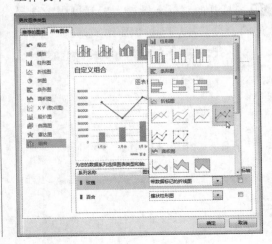

步骤05 对图表进行适当的美化后，效果如下图所示。

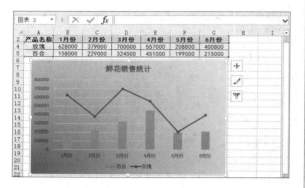

8.3.4 制作目标进度图表

柱形图可以很直观地比较数据之间的差异，下面我们通过相应的设置，应用柱形图来制作销售任务完成进度展示图表。

步骤01 选择创建图表的数据区域，切换至"插入"选项卡，单击"图表"选项组中的"推荐的图表"按钮。

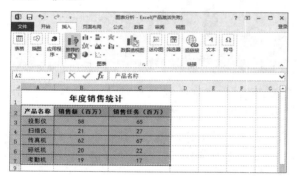

步骤02 在打开的"插入图表"对话框中，选择合适的图表类型后，单击"确定"按钮。

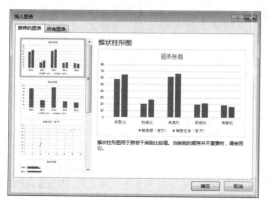

步骤03 返回对话框中可以看到插入的图表。选择"销售任务"数据系列并右击，在弹出的快捷菜单中选择"设置数据系列格式"命令。

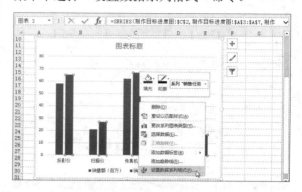

步骤04 打开"设置数据系列格式"导航窗格，在"填充线条"选项卡下的"系列选项"区域中，设置"系列重叠"的比例为100%。

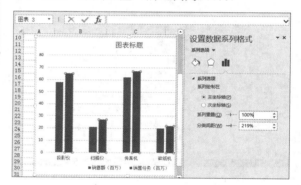

步骤05 继续保持选中"销售任务"数据系列，切换至"图表工具-格式"选项卡，单击"形状样式"选项组中的"形状填充"下三角按钮，在下拉列表中选择"无填充颜色"选项。

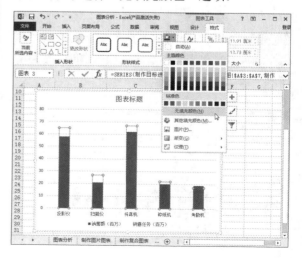

步骤06 单击"形状样式"选项组中的"形状轮廓"下三角按钮，设置轮廓颜色为黑色。

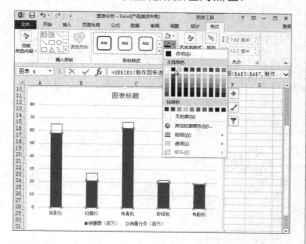

步骤07 继续保持选中"销售任务"数据系列，单击图表右上角的"图表元素"按钮，选择"数据标签"子列表中"数据标签外"选项。

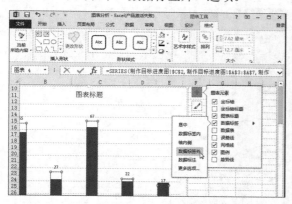

步骤08 选中图表中的"销售额"数据系列，单击图表右上角的"图表元素"按钮，选择"数据标签"子列表中"数据标签内"选项。

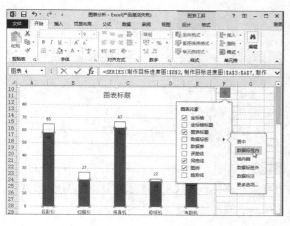

步骤09 再次单击图表右上角的"图表元素"按钮，勾选"网格线"子列表中"主轴次要水平网格线"复选框。

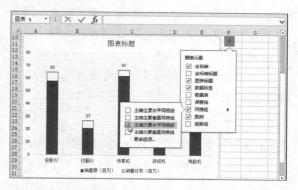

步骤10 选中图表中的次要水平网格线并双击，打开"设置次要网格线格式"导航窗格，单击"颜色"下三角按钮，设置网格线颜色。

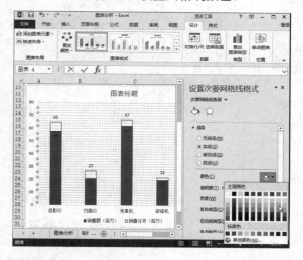

步骤11 然后对图表进行适当的美化设置，效果如下图所示。

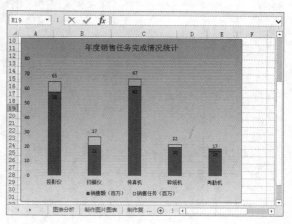

8.3.5 制作动态子母图

动态的子母图顾名思义首先是动态的，其次是子母两个图。此处以饼形图为例，创建让两个有联系的饼形图跟据所选择的元素不同而产生动态变化的效果。

本案例中，我们首先创建母图表和子图表，并跟据它们的数据制作子母饼图，然后通过添加控件使之变为动态子母图。

步骤01 打开原始文件"第一季度销售分析表"工作表，在D3:D6单元格区域中输入如下图所示的信息。

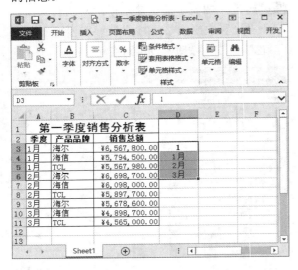

步骤02 选中E3单元格，然后输入计算公式"=CHOOSE(D3,D4,D5,D6)"，并按下Ctrl+Shift+Enter组合键。

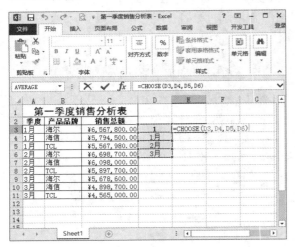

步骤03 选中E4单元格，然后输入公式"=INDEX($D$4:$D$6,MIN(IF(COUNTIF($E$3:E3,$D$4:$D$6)=0,ROW($A$1:$A$3),5)))"，并按下Ctrl+Shift+Enter组合键。

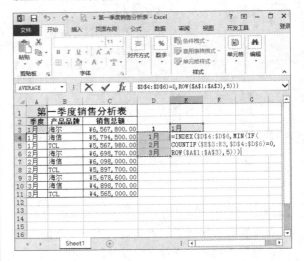

步骤04 在E4单元格显示2月，将光标移至E4单元格右下角，待光标变为黑色十字时，按住鼠标左键拖至E5单元格，释放鼠标即可填充公式。

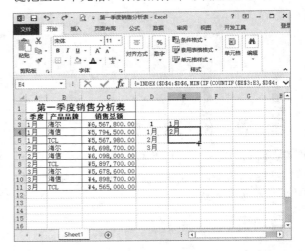

提示 Enter键和Ctrl+Shift+Enter组合键的区别

> Enter键针对普通函数公式；而组合键Ctrl+Shift+Enter用于数组公式的输入，按下后在公式两头将出现表示数组公式的大括号。

步骤05 选中F3单元格，然后输入"=SUM(OFFSET($C$2,MATCH(E3,$A$3:$A$11,0),,3))"公式，按Enter键执行计算。

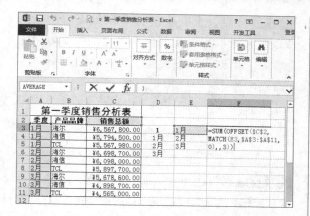

步骤06 根据步骤04中填充公式的方法,将F3单元格中的公式填充至F5单元格,分别计算出每个月销售总额。

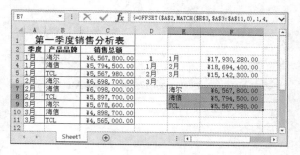

步骤07 选中E7:F9单元格区域,输入"=OFFSET($A$2,MATCH($E$3,$A$3:$A$11,0),1,4,2)"公式,按下Ctrl+Shift+Enter组合键。

步骤08 结果表示1月份海尔、海信和TCL的销售情况。

步骤09 选中F10单元格,输入公式"=SUM(F4:F5)",按Enter键执行计算,计算出2月和3月的销售总和。

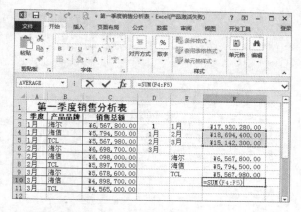

步骤10 合并E2:F2单元格区域和E6:E7单元格区域并分别输入表标题,设置标题字体为"加粗"并且为居中对齐。

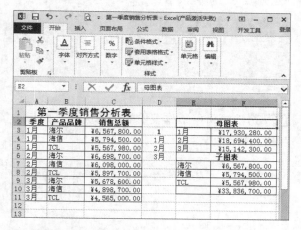

步骤11 选择空白单元格,切换至"插入"选项卡,在"图表"选项组中单击"饼图"下拉按钮,选择饼图样式。

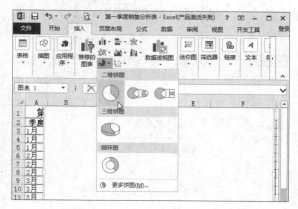

步骤12 选中图表，切换至"图表工具-设计"选项卡，然后单击"数据"选项组中"选择数据"按钮。

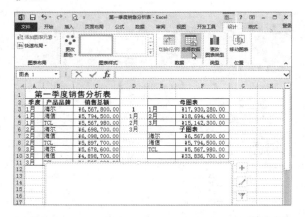

步骤13 弹出"选择数据源"对话框，单击"添加"按钮。弹出"编辑数据系列"对话框，单击"系列名称"折叠按钮。

步骤14 选择引用工作表中的E6单元格，然后再单击折叠按钮。

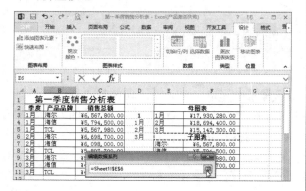

步骤15 按照相同的方法，单击"系列值"后面的折叠按钮，引用F7:F10单元格区域，单击"确定"按钮。

步骤16 按照以上四步的方法从母图表中引用"系列名称"和"系列值"对应的位置，单击"确定"按钮。

步骤17 返回"选择数据源"对话框，单击"确定"按钮，查看添加饼形图后的效果，目前只能看到子图表。

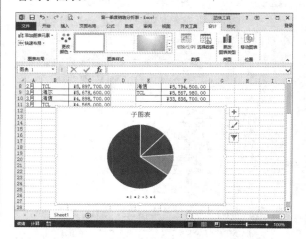

步骤18 双击子图表，打开"设置数据系列格式"窗格，选中"次坐标轴"单选按钮，设置"饼图分离程度"为40%。子图表组成几个部分成比例缩小并分离了。

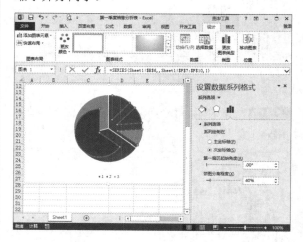

步骤 19 选中第四部份，打开"设置数据点格式"窗格，分别选择"无填充"和"无线条"单选按钮，将其余三块移至中心。

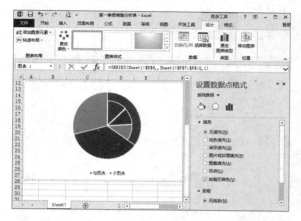

步骤 20 选中饼形图，切换至"图表工具-设计"选项卡，单击"数据"选项组中的"选择数据"按钮。

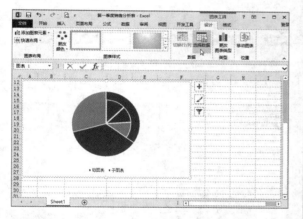

步骤 21 弹出"选择数据源"对话框，单击"水平（分类）轴标签"区域中的"编辑"按钮。

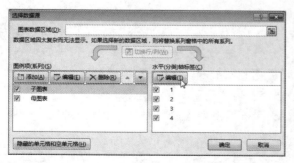

步骤 22 弹出"轴标签"对话框，通过单击折叠按钮，引用工作表中的E7:E9单元格区域，单击"确定"按钮。

步骤 23 返回"选择数据源"对话框，在"图例项（系列）"区域选择"母图表"，按同样的方法为母图表引用轴标签系列名称，依次单击"确定"按钮。

步骤 24 选中图表，切换至"图表工具-设计"选项卡，单击"图表布局"选项组中的"快速布局"下三角按钮，选择合适的样式，并删除第四部份比例。

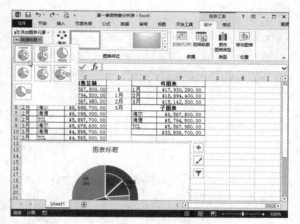

步骤 25 为图表添加标题，切换至"开发工具"选项卡，单击"控件"选项组中"插入"下三角按钮，选择合适的控件。

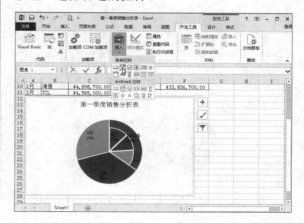

步骤26 在图表的右上角画组合框，然后右击，在快捷菜单中选择"设置控件格式"命令。

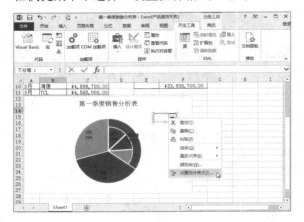

步骤27 弹出"设置对象格式"对话框，"数据源区域"引用工作表中D4:D6单元格区域，"单元格链接"引用工作表中D3单元格，然后单击"确定"按钮。

步骤28 返回工作表，通过组合框控件选择需要查看月份，并显示该月份三个品牌的销售比例。

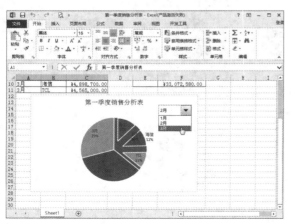

8.3.6 制作旋风图

在一些商业数据分析中，经常会应用旋风图来展示数据的对比关系，下面我们就来具体讲解创建这种图表的操作步骤。

步骤01 选中需要创建图表的单元格区域，切换至"插入"选项卡，单击"图表"选项组的对话框启动器按钮。

步骤02 打开"插入图表"对话框，选中"簇状条形图"图表样式后，单击"确定"按钮。

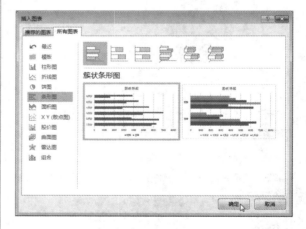

步骤03 返回工作表中，可以看到插入的图表。选择代表"百合"的蓝色条形图并右击，选择"设置数据系列格式"命令，并打开对应的导航窗格。

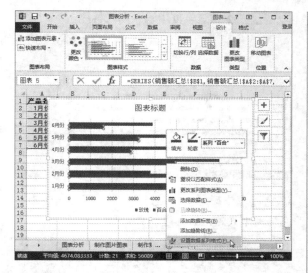

步骤04 在导航窗格中的"系列选项"区域中，选择"次坐标轴"单选按钮。

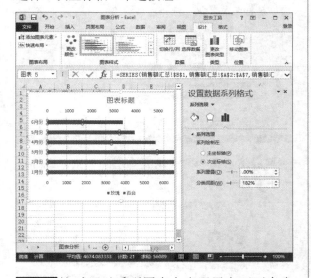

步骤05 这时可以看到图表上出现了上下两个坐标轴。

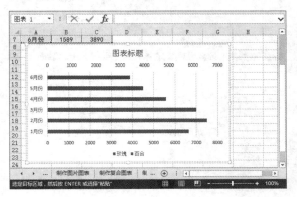

步骤06 先选中下面的坐标轴并右击，在弹出的快捷菜单中选择"设置坐标轴格式"命令，打开导航窗格，分别设置坐标轴的"最大值"和"最小值"为7000和−7000。

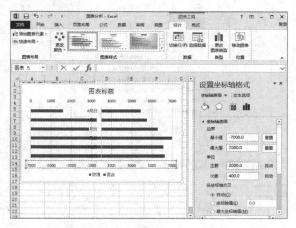

步骤07 然后选中上面的坐标轴，在"设置坐标轴格式"导航窗格中，分别设置坐标轴的"最大值"和"最小值"为7000和−7000。

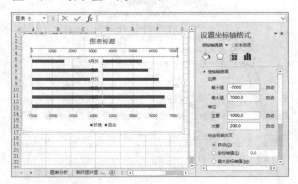

步骤08 然后在"设置坐标轴格式"导航窗格中，勾选"逆序刻度值"复选框。

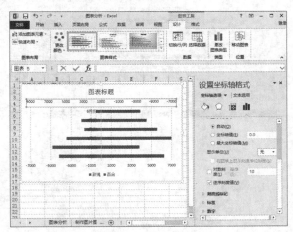

步骤 09 这时可以看到代表百合的蓝色条形图已经翻转到左边了。然后选择图表中间的"垂直坐标轴",按下键盘上的Delete键,将其删除。

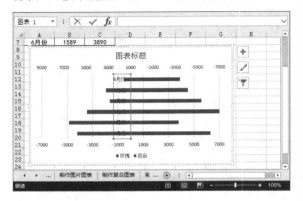

步骤 10 然后分别选中上下两个坐标轴,按下键盘上的Delete键,将其删除。

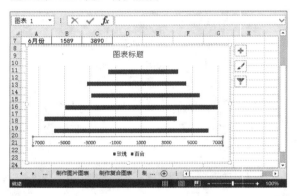

步骤 11 单击图表右上角的"图表元素"按钮,取消勾选列表中的"网格线"复选框。

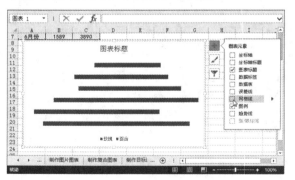

步骤 12 在标题文本框中输入图表标题。

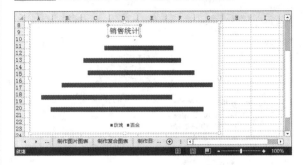

步骤 13 选中标题文本框,在"图表工具-格式"选项卡下设置图表标题样式。

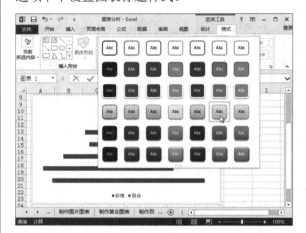

步骤 14 然后再为图表填充合适的背景,最终效果如下图所示。

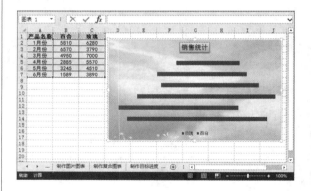

Chapter 09

数据透视表的应用

数据透视表是Excel非常强大的数据处理工具，能满足我们日常工作中大多数的数据分析。数据透视表集合了数据排序、筛选、分类汇总等数据分析的所有优点，更方便地调整分类汇总的方式，以多种不同的方式展示数据特征。

核心知识点

❶ 数据透视表的创建

❷ 应用数据透视表进行数据分析

❸ 应用切片器进行数据筛选

❹ 创建日程表筛选日期数据

❺ 应用数据透视图筛选数据

9.1 物料采购统计表

Excel办公篇

每月同一种物料会有多次采购，并且会在不同供应商处采购，在一份完整采购明细情况下，如果需要统计出每种物料不同供应商的采购数量，或者提取同一物料不同供应商采购明细进行分析时，使用数据透视表可以非常容易调出相关数据。

9.1.1 创建数据透视表

数据透视表是一种交互式、交叉制表的Excel表格，用于对数据的汇总和分析。

1. 根据表格创建数据透视表

下面介绍使用数据透视表汇总各采购人员的采购数量和采购金额，操作步骤如下。

步骤01 选中数据区域中任意单元格，单击"插入"选项卡下的"数据透视表"按钮。

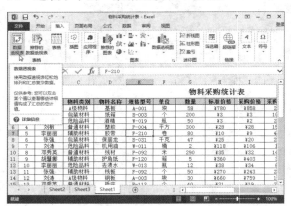

步骤02 打开"创建数据透视表"对话框，保持对话框中的各个默认选项不变，单击"确定"按钮。

步骤03 返回工作表中，可以看到创建的空白数据透视表显示在新工作表中，并且出现了"数据透视表字段"导航窗格。

步骤04 单击导航窗格中的"选择要添加到报表的字段"右侧的下三角按钮，将导航窗格分为左右两列显示。

提示 导航窗格的显示方式

创建数据透视表后，有时由于字段列表中的字段过多，不能全部显示。这时我们可以设置数据透视表任务窗格中字段列表的显示方式，使所有的字段都完整地显示。

步骤05 在"数据透视表字段"导航窗格中，勾选相应的复选框，可以看到数据数据透视表中相应的汇总结果。

提示 关于数据透视表字段

在"数据透视表字段"导航窗格中，分别勾选"采购员"、"物料名称"、"采购数量"和"采购金额"前面的复选框，可以看到"采购员"出现在"数据透视表字段"的"行"区域，"采购数量"和"采购金额"出现在"值"区域，相关地字段也会自动添加到数据透视表中。

2. 快速创建数据透视表

Excel 2013中新增了"推荐的数据透视表"功能，可以快速地创建数据透视表，以便汇总、分析和直观显示数据。

步骤01 选中数据区域中任意一个单元格，单击"插入"选项卡下"表格"选项组中的"推荐的数据透视表"按钮。

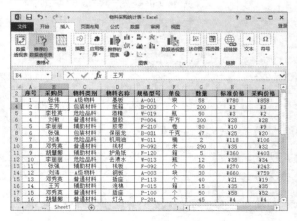

步骤02 打开"推荐的数据透视表"对话框，在对话框左侧的列表中展示各种数据透视表的布局，右侧为该布局的预览效果。选择合适的数据透视表布局样式，然后单击"确定"按钮，返回工作表中。

步骤03 这时我们可以看到，在新的工作表中创建了刚刚所选的数据透视表布局样式，数据透视表自动筛选了所有采购员的采购数量。我们可以根据需要，在"数据透视表字段"导航窗格中进行进一步的设置。

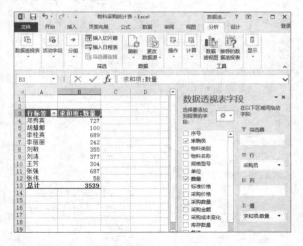

提示 数据透视表的结构

一张数据透视表的结构，主要包括行区域、列区域、数值区域和报表筛选区域4各部分。其中报表筛选区域显示"数据透视表字段"导航窗格的报表筛选选项；行区域显示导航窗格中的行字段；列区域显示导航窗格中的列字段；数值区域显示导航窗格中的值字段。

9.1.2 编辑数据透视表

创建数据透视表后，我们还可以为其进行编辑操作，具体操作步骤如下。

1. 显示和隐藏"数据透视表字段"导航窗格

创建数据透视表后，默认情况下会显示"数据透视表字段"导航窗格，我们可以根据需要关闭或显示该窗格。

步骤01 单击"数据透视表字段"导航窗格右上角的"关闭"按钮，即可关闭导航窗格。

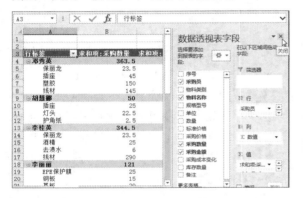

步骤02 若要显示导航窗格，则在数据透视表内的任一单元格中右击，在弹出的快捷菜单中选择"显示字段列表"命令，即可显示"数据透视表字段"导航窗格。

提示 "数据透视表字段"导航窗格

"数据透视表字段"导航窗格显示之后，单击数据透视表之外的单元格，即会隐藏导航窗格；再次单击数据透视表区域中任意单元格，即可重新显示导航窗格。

步骤03 我们还可以在功能区中设置导航窗格的显示和隐藏。选中数据透视表中的任意一个单元格，即可激活"数据透视表工具"选项卡，切换至"分析"子选项卡中，单击"显示"选项组中的"字段列表"按钮，即可将"数据透视表字段"导航窗格在显示和隐藏之间进行切换。

2. 显示或隐藏明细数据

通过单击"展开整个字段"按钮和"折叠整个字段"按钮，我们可以非常便捷地显示或隐藏数据透视表中的明细数据。

⊙ **使用快捷键设置**

选中某个字段并右击，在弹出的快捷菜单中选择"展开/折叠"子菜单中的相应命令，即可显示或隐藏相应的明细数据。

- 选择"展开"/"折叠"命令，即展开或折叠所选字段的明细数据；
- 选择"展开整个字段"/"折叠整个字段"命令，即展开或折叠所有字段的明细。

在功能区中设置

步骤 01 选中数据透视表中的某个字段后，切换至"数据透视表工具-分析"选项卡，单击"活动字段"选项组中的"折叠字段"按钮，即可折叠所有字段的明细数据。

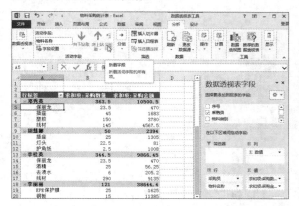

步骤 02 若要显示明细数据，则单击"活动字段"选项组中的"展开字段"按钮，即可展开所有字段的明细数据。

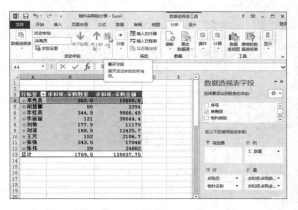

快捷设置

步骤 01 双击要显示或隐藏明细数据的字段单元格，即可显示或隐藏明细数据。

步骤 02 也可以单击字段名前面的折叠按钮，显示或隐藏明细数据。

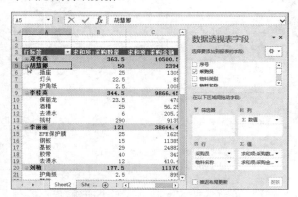

3. 更改数据透视表显示内容

创建完数据透视表后，我们还可以根据实际的习惯和需要更改数据透视表的显示内容，以满足不同角度的数据分析要求。

步骤 01 在"数据透视表字段"导航窗格中，在"值"区域中"求和项：采购金额"后面的下三角按钮，选择"下移"命令。

步骤 02 可以看到数据透视表中"求和项：采购金额"和"求和项：采购数量"已经进行相应调整。选中"选择要添加到报表的字段"列表中的"物料类别"选项，拖动到"列"区域。

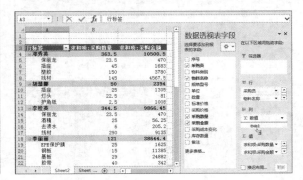

步骤03 单击"值"区域中"求和项：采购数量"下三角按钮，选择"删除字段"命令。

步骤04 对数据透视表进行适当的调整后，查看更改数据透视表显示内容的效果。

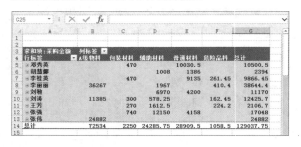

4. 更改数据透视表布局形式

在"数据透视表工具-设计"选项卡的"布局"选项组中，提供了"以压缩形式显示"、"以大纲形式显示"和"以表格形式显示"3种报表布局的显示形式。切换至"数据透视表工具-设计"选项卡，在"布局"选项组中可以看到这3种布局形式。

步骤01 新建的数据透视表默认的显示方式是"以压缩形式显示"，这种显示方式的数据透视表所有的行字段都堆积在一列。

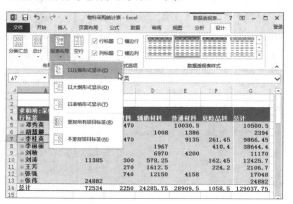

步骤02 单击"布局"选项组中的"报表布局"下三角按钮，选择"以大纲形式显示"选项，即可切换至该布局方式，如下图所示。

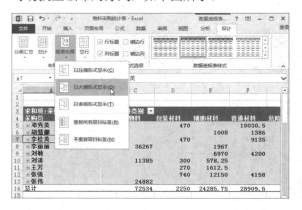

步骤03 单击"布局"选项组中的"报表布局"下三角按钮，选择"以表格形式显示"选项，即可切换至该布局方式，如下图所示。

步骤04 单击"布局"选项组中的"报表布局"下三角按钮，选择"重复所有项目标签"选项，即可切换至该布局方式。利用该视图方式可以快速查看重复项目标签，而不需要借助辅助公式，效果如下图所示。

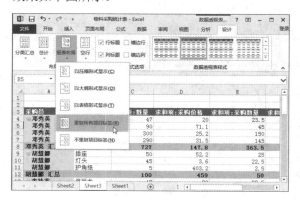

步骤 05 如果选择"不重复项目标签"选项，则可以撤销数据透视表中所有重复项目的标签，效果如下图所示。

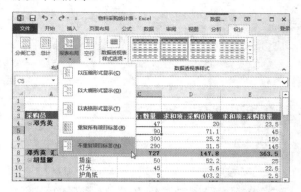

5. 刷新数据

当数据透视表的源数据发生变化时，我们需要刷新数据透视表，更新数据。下面介绍刷新数据透视表的操作方法。

◎ **在功能区中刷新**

步骤 01 打开数据源工作表，在"采购员"列前面插入一列日期数据。

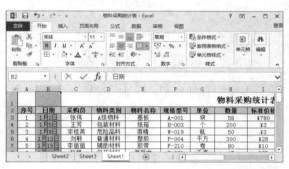

步骤 02 切换至数据透视表所在的工作表，选中数据透视表中的任一单元格，然后切换至"数据透视表工具-分析"选项卡，单击"数据"选项组的"刷新"按钮。

步骤 03 此时，在"数据透视表字段"导航窗格中显示了"日期"字段，勾选该字段前面的复选框，即可显示该字段。

步骤 04 若一个工作表中包含多个数据透视表，要一次刷新所有的数据透视表，则单击"数据"选项组的"刷新"下三角按钮，选择"全部刷新"选项。

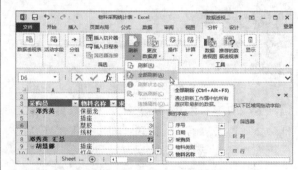

◎ **使用快捷菜单刷新**

源数据更新后，若想更新数据透视表数据，则切换至数据透视表所在的工作表，选中数据透视表中的任一单元格并右击，在弹出的快捷菜单中选择"刷新"命令，即可刷新数据透视表中的数据。

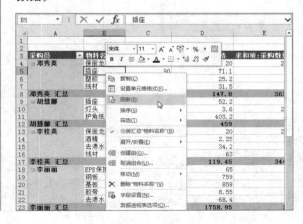

◎ 设置自动刷新

我们可以设置在打开数据透视表时，自动刷新数据。

步骤01 选中数据透视表中的任一单元格后，切换至"数据透视表工具-分析"选项卡，单击"数据透视表"选项组中的"选项"按钮。

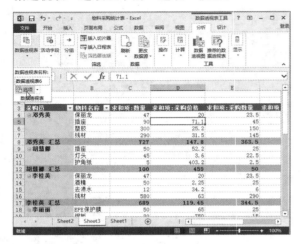

步骤02 在打开的"数据透视表选项"对话框中，切换至"数据"选项卡，在"数据透视表数据"选项区域中，勾选"打开文件是刷新数据"复选框，然后单击"确定"按钮，即可在下次打开数据透视表时，自动刷新数据。

6. 移动和删除数据透视表

创建数据透视表之后，用户也可根据实际需要将其移动或删除，下面介绍具体操作步骤。

步骤01 打开包含数据透视表的工作表，切换至"数据透视表工具-分析"选项卡，在"操作"选项组中单击"移动数据透视表"按钮。

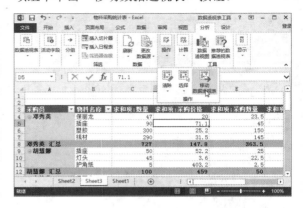

步骤02 打开"移动数据透视表"对话框，选中"现有工作表"单选按钮。单击"位置"折叠按钮，切换至现有工作表Sheet4中，选中单元格A1后再次单击折叠按钮返回对话框，单击"确定"按钮。

步骤03 可以看到数据透视表已经移动至Sheet4工作表中，原工作表Sheet3中的数据透视表已经消失了。

提示 移至新工作表中

如果想将数据透视表移至新建的工作表中，则在步骤02中选择"新工作表"单选按钮即可。

步骤04 选中要删除的数据透视表的任一单元格，切换到"数据透视表工具-分析"选项卡下，在"操作"选项组中单击"选择"下三角按钮，选择"整个数据透视表"选项，然后按下Delete键即可。

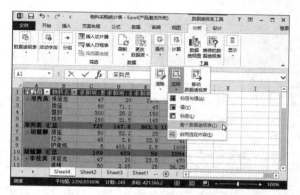

9.1.3 编辑数据透视表字段

上一小节介绍了数据透视表的编辑操作，其实我们还可以对数据透视表字段进行编辑，下面介绍具体方法。

1. 自定义字段名称

添加到数值区域的字段会被Excel重命名，一般是在字段前加"求和项"或"计数项"等，我们可以根据需要自定义字段名称。

步骤01 选中数据透视表中需要自定义字段名称的单元格，切换至"数据透视表工具-分析"选项卡，单击"活动字段"选项组的"字段设置"按钮。

步骤02 打开"值字段设置"对话框，在"自定义名称"文本框中输入新的字段名。

步骤03 单击"确定"按钮，返回工作表中可以看到，选中的字段名已经更改为我们刚刚设置的字段名了。

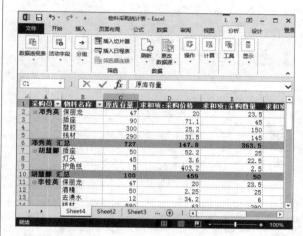

提示 字段名称设置

自定义字段名称的时候，要注意，数据透视表中每一个字段名称都必须是唯一的，否则Excel将弹出提示对话框，提示字段名称重复。

2. 隐藏字段标题

若不需要显示字段标题，我们可以将其隐藏起来。

选中数据透视表中任一单元格，切换至"数据透视表工具-分析"选项卡，单击"显示"选项组中的"字段标题"按钮，即可快速隐藏或显示字段标题。

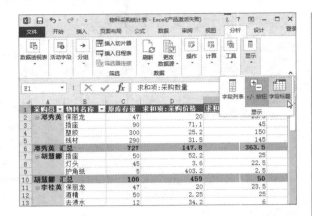

3.删除字段

在进行数据分析时，对于数据透视表中不再需要分析显示的字段，我们可以将其删除，具体操作步骤如下。

步骤 01 选中需要删除字段列中的任一单元格并右击，在弹出的快捷菜单中选择"删除'字段名'"命令。

步骤 02 可以看到数据透视表中的"原库存量"字段列已经被删除。

提示 在导航窗格中进行删除

在"数据透视表字段"导航窗格中，单击需要删除的字段，在弹出的快捷菜单中选择"删除字段"命令即可。

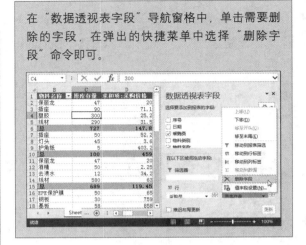

9.1.4 美化数据透视表

创建数据透视表后，我们可以根据需要进行适当的美化工作。

1.设置数据透视表单元格格式

在数据透视表中，我们可以像在普通工作表中一样，设置数据透视表的单元格样式。

步骤 01 选中数据透视表中需要设置单元格格式的区域，在"开始"选项卡下的"样式"选项组中，单击"单元格样式"下拉按钮，选择需要的单元格样式。

步骤02 单击该样式，即可将数据透视表中选中的单元格设置为所选的样式。

提示 设置单元格格式

我们也可以在"开始"选项卡下的"字体"选项组，设置单元格格式。也可以单击"字体"选项组的对话框启动器按钮，在打开的"设置单元格格式"对话框中，设置数据透视表的单元格格式。

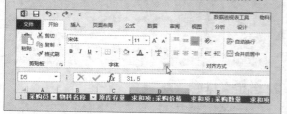

2. 应用快速样式

要想快速对数据透视表进行美化设置，可在数据透视表样式库中选择合适的美化样式。

步骤01 切换到"数据透视表工具-设计"选项卡，单击"数据透视表样式"选项组的"其他"下三角按钮，在下拉列表库中选择合适的样式。

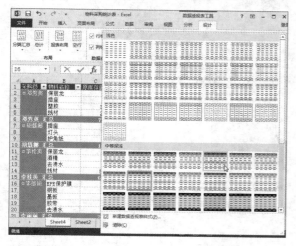

步骤02 可以看到工作表标签已经设置为所需的颜色。

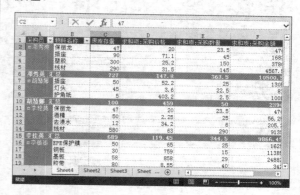

提示 新建数据透视表样式

我们可以单击"数据透视表样式"选项组的"其他"下三角按钮，在下拉列表库中选择"新建数据透视表样式"选项，在打开的对话框中进行自定义设置，新建的样式会保存到数据透视表样式库中。

9.2 销售明细表

当需要对数据量特别大的销售明细表进行数据分析时，使用数据透视表进行数据分析，将使数据分析操作更简单方便。

9.2.1 对数据进行排序

在数据透视表中，我们可以根据需要对数据进行排序。可以按字母顺序从高到低或从低到高，对数据透视表进行排序。

1. 快速排序

快速排序的操作方法非常简单，下面介绍如何对销售日期进行降序排列。

步骤01 单击"行标签"下三角按钮，在打开的下拉列表的"选择字段"中选择"销售日期"，然后选择"降序"选项。

步骤02 这时可以看到，销售日期已经按降序排序了。

步骤03 也可以直接选择要排序字段中的单元格并右击，在弹出的快捷菜单中选择"排序"命令，在子列表中选择排序方式。

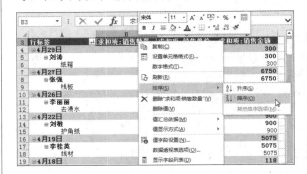

2. 自定义排序

如果要对特定的项目进行排序或更改排序顺序，我们可以进行自定义排序设置，具体操作步骤如下。

步骤01 单击要排序的"行标签"/"列标签"右侧的下三角按钮，单击"行标签"下三角按钮，在下拉列表中选择"其他排序选项"选项。

步骤02 在打开的"排序（字段名）"对话框中，选择所需的排序类别。

- 单击"手动"单选按钮，可以通过拖动来重新排列项目；
- 单击"升序排序（A到Z）依据"或"降序排序（Z到A）依据"单选按钮，然后选择要排序的字段；
- 单击"其他选项"按钮，将打开"其他选项（字段名）"对话框。

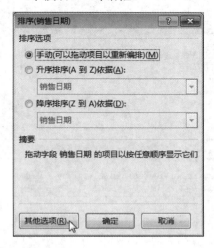

步骤03 在打开的对话框中，对排序的相关选项进行更进一步设置。若勾选"每次更新报表时自动排序"复选框，则允许数据透视表更新时自动进行排序。

9.2.2 数据的分组操作

对数据透视表中的数据进行分组，可以显示要分析数据的子集，更方便我们对数据分析操作。

1. 分组

在Excel中可以很方便地对数据透视表进行项目的分组，下面具体介绍对销售的产品进行分组的操作方法。

步骤01 先选中A11单元格，然后按住Ctrl键不放，继续选中A14和A16单元格，同时选中这三个单元格并右击，在弹出的快捷菜单中选择"创建组"命令。

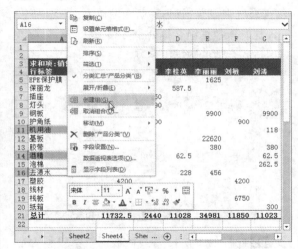

步骤02 可以看到已经创建的"数据组1"。我们还可以同时选中A13和A21单元格，切换至"数据透视表工具-分析"选项卡，单击"分组"选项组中的"组选择"按钮。

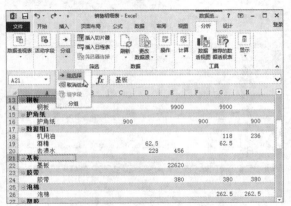

步骤03 即可创建"数据组2"。应用步骤01和步骤02的操作方法，分别创建"数据组3"和"数据组4"，如下图所示。

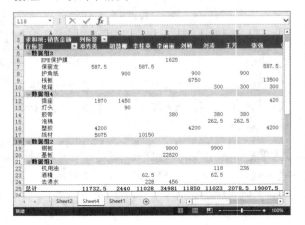

步骤04 选中"数据组3"所在的单元格，按下F2键，这时该数据组名称处于可编辑状态，为该数据组输入合适的数据组名称。

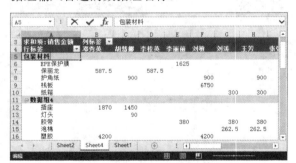

步骤05 同样的方法，为其他数据组都设置合适的数据组名称，效果如下图所示。

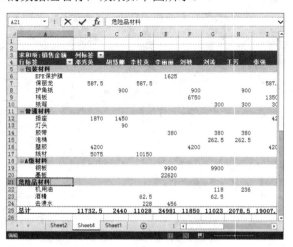

2. 取消分组

如果不想对数据进行分组操作，则可以对已分组的数据进行取消分组，下面介绍具体操作方法。

步骤01 右击分组数据名称单元格，在弹出的快捷菜单中选择"取消组合"命令，即可取消选择的数据组的分组。

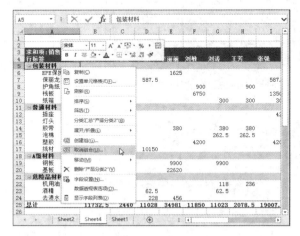

步骤02 单击分组数据名称单元格，切换至"数据透视表工具-分析"选项卡，单击"分组"选项组中的"取消组合"按钮，取消选择的数据组的分组。

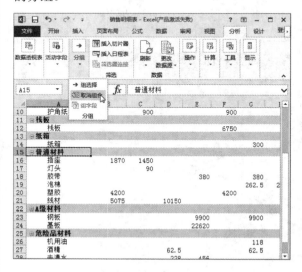

3. 对日期进行分组

对于日期型数据，Excel数据透视表可以按秒、分、小时、日、月、季度和年等多种时间单位进行分组，下面介绍具体操作方法。

步骤01 选中日期字段中的任一单元格，然后切换至"数据透视表工具-分析"选项卡，单击"分组"选项卡下的"组选择"按钮。

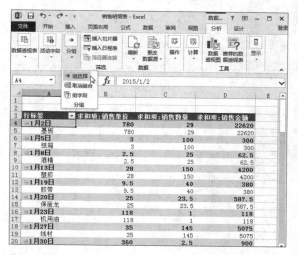

步骤02 在打开的"组合"对话框中，先设置日期的起始日期，然后再"步长"列表框中选择日期单位，这里默认是选择"月"，单击"确定"按钮。

步骤03 返回工作表中，可以看到数据透视表中的数据已经按月进行了相应的分级显示，每月的销售明细看上去更直观了。

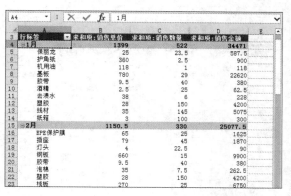

9.2.3 创建切片器

切片器是以一种直观交互式方式，实现数据透视表中数据的快速筛选。在工作表中插入切片器，可使用按钮对数据进行快速分段和筛选。

1. 插入切片器

下面介绍在数据透视表中插入切片器的具体操作方法。

步骤01 选中数据透视表中任一单元格，即可在功能区中显示"数据透视表工具"选项卡，单击"分析"子选项卡下"筛选"选项组中的"插入切片器"按钮。

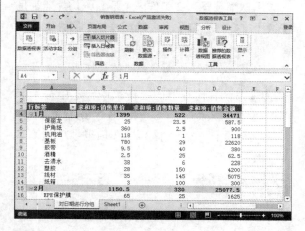

步骤02 打开"插入切片器"对话框，选择要插入的切片器字段，这里勾选"销售日期"、"业务员"和"产品分类"复选框，单击"确定"按钮。

步骤03 返回工作表中，可看到已插入了"销售日期"、"业务员"和"产品分类"3个切片器。

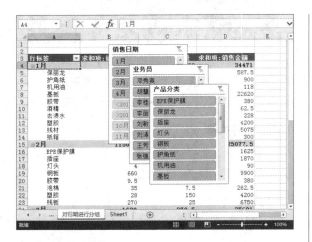

2. 排序切片器

默认情况下，在工作表中插入的切片器都是按次序堆叠的，位于下层的切片器会因为上层的覆盖而导致某些内容无法显示，这时可以调整切片器的上下次序，下面介绍具体操作方法。

步骤01 在含有切片器的工作表中，选中最上面的切片器"产品分类"，切换至"切片器工具-选项"选项卡，在"排列"选项组中单击"下移一层"按钮。

步骤02 这时可以看到，所选中的"产品分类"切片器已经移到了"业务员"切片器的下层，"业务员"切片器位于最顶层了。

步骤03 如果需要把"销售日期"切片器置于最顶层，则单击"上一层"下三角按钮，选择"置于顶层"选项。

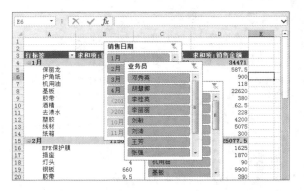

3. 字段筛选

使用切片器可以通过简单的单击，对不同字段进行筛选，使得筛选数据更加快捷直观。

步骤01 在"销售日期"切片器中，选择"1月"选项，数据透视表会相应的只显示1月份的销售明细情况。

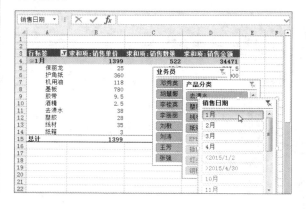

步骤 02 然后在"产品分类"切片器中，选择"去渍水"选项，数据透视表则会显示1月份去渍水的销售明细。

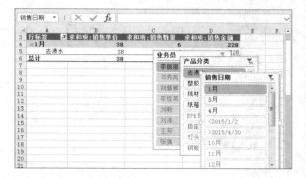

提示 设置切片器的大小

切片器的大小可以通过单击"切片器工具>选项"选项卡。在"大小"组中直接设置切片器的"高度"和"宽度"来调整。另外，在"按钮"组中还可以设置字段按钮的大小。

4. 清除筛选条件

筛选完成后，若不在需要筛选结果，我们可以清除不需要的筛选条件。

筛选数据后，切片器右上角的"清除筛选器"按钮会被激活，直接单击该按钮即可清除筛选条件。

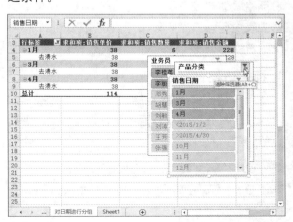

5. 删除切片器

筛选完成后，若不再需要进行数据筛选操作，我们可以将筛选器删除，操作如下。

选中需删除的切片器并右击，在弹出的快捷菜单中选择"删除'（切片器名称）'"命令，将切片器删除。

提示 快速删除切片器

选中需删除的切片器，直接按下键盘上的Delete键，即可删除选中的切片器。

6. 调整切片器的显示效果

切片器中包含了多个筛选选项，我们可以自由设置这些按钮的排列方式、大小，具体的操作步骤如下。

步骤 01 选中切片器后，切换至"切片器工具-选项"选项卡，在"按钮"选项组中单击"列"微调按钮，设置切片器的列数，这里设置列数为3。

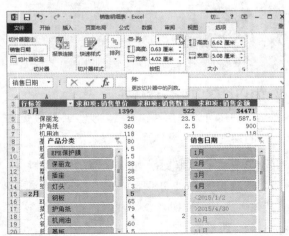

步骤 02 可以看到切片器变成了3列，其中有些选项不能正常显示，这时我们可以将切片器稍微拉宽一些。

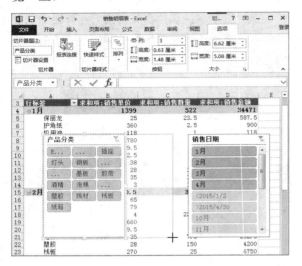

步骤 03 在"按钮"选项组中分别设置"高度"与"宽度"数值，可以直接在数值框中输入数值，也可以单击微调按钮进行调整，设置后的效果如下图所示。

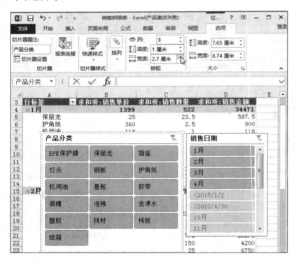

7. 为切片器应用快速样式

我们还可以应用快速样式，为切片器设置不一样的外观效果，具体操作步骤如下。

步骤 01 选中切片器后，切换到"切片器工具-选项"选项卡，在"切片器样式"选项组中单击"其他"下三角按钮，在切片器样式库中，根据需要选择所需要的切片器样式。

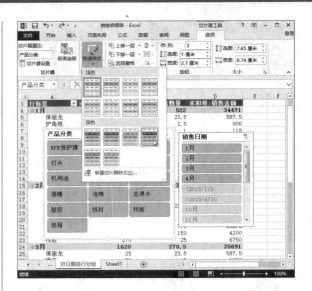

步骤 02 这时可以看到，所选的切片器已经应用了选择的样式效果。

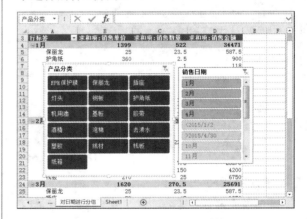

9.2.4 创建日程表

虽然使用切片器筛选数据非常方便，但对于日期格式的字段还是有一定的局限性。如果数据透视表中包含日期字段，可以使用Excel 2013新增的日程表功能，按时间进行数据筛选。

1. 插入日程表

很多的数据透视表都会显示日期字段，插入日程表后，分析日期数据将会更方便快捷，下面介绍如何插入日程表。

步骤 01 切换至"数据透视表工具-分析"选项卡下，单击"筛选"选项组中的"插入日程表"按钮。

步骤02 这时将弹出"插入日程表"对话框,在该对话框中勾选"销售日期"复选框,然后单击"确定"按钮。

步骤03 可以看到,数据透视表中已经插入了日程表。插入的日程表默认的日期范围为"所有期间",使用日程表,可以按时间段对年、季度、月或日4个时间级别进行筛选。

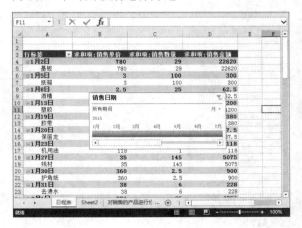

步骤04 在"所有期间"右侧的下拉列表中选择日程表显示的时间级别,默认选择的是"月"。

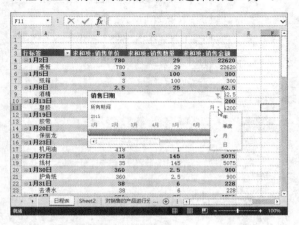

2. 使用日程表进行筛选

使用日程表对数据透视表中的日期数据进行筛选,非常地方便,具体操作步骤如下。

若需要查看2月份的数据情况,则拖动日程表上的滚动条至2月份区域,数据透视表相应地只显示2月份时间段的销售明细。

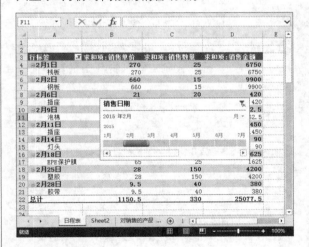

提示 改变日期范围

若需要改变筛选的日期范围,可以单击其他时间段、拖动所选时间段两侧的控制点或按住Shift键选择其他的日期。

3. 清除筛选日期

筛选完成后，若需要清除日程表的筛选信息，我们可以清除筛选的日期。

筛选日期后，单击日程表右上角的"清除筛选器"按钮或按下快捷键Alt+C即可。

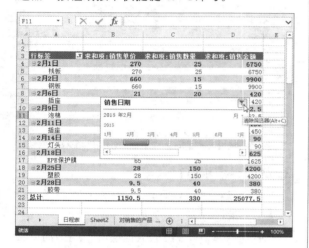

4. 更改日程表样式

我们可以根据个人习惯和喜好，对日程表的样式进行设置，具体操作步骤如下。

步骤 01 选中日程表后，可以看到日程表显示8个尺寸控制点，拖动控制点即可将其调整为所需的大小。

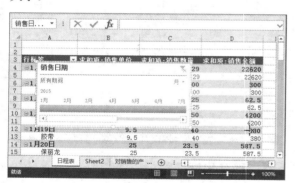

步骤 02 切换至"日程表工具-选项"选项卡，单击"日程表样式"选项组的"其他"下三角按钮，在下拉列表中选择需要的样式，这时可以看到应用快速样式后日程表的显示效果。

5. 删除日程表

若不需要再进行日期筛选，我们可以将日程表删除，具体操作如下。

选中日程表并右击，在弹出的快捷菜单中选择"删除日程表"命令，即可删除所选的日程表。也可以直接按下键盘上的Delete键。

Excel办公篇

9.3 药店库存药品盘存表

不管是药店、诊所还是医院，每月都会对药品进行库存盘点，将所有的药品库存制作成表格形式。我们可以应用数据透视表对库存情况进行分析，要想让数据更加直观显示，我们还可以将数据透视表内容图形化显示。

9.3.1 创建数据透视图

数据透视图是数据透视表数据的图形化形式，也是交互式的。下面介绍两种创建数据透视图的方法。

1. 通过数据区域创建

我们可以直接根据Excel工作表中的数据创建数据透视图，具体操作如下。

步骤 01 在Excel工作表中选中数据区域的任一单元格，然后切换至"插入"选项卡，单击"图表"选项组中的"数据透视图"按钮，打开"创建数据透视图"对话框。

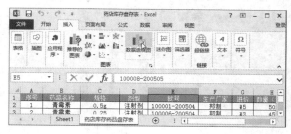

步骤 02 在打开的对话框中，保持选中的数据区域和默认的图表位置不变。

步骤 03 单击"确定"按钮返回工作表中，可以看到在新工作表中创建了空白的数据透视表和数据透视图。

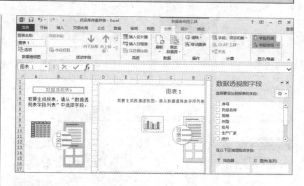

步骤 04 在"数据透视图字段"导航窗格中分别勾选要添加的字段，即可在工作区创建相应的数据透视表和数据透视图。

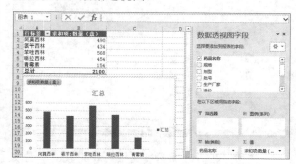

2. 通过数据透视表创建

我们还可以先创建数据透视表，然后根据数据透视表来创建数据透视图，具体操作如下。

步骤 01 单击已创建的数据透视表的任一单元格，切换至"数据透视表工具-分析"选项卡，单击"工具"选项组中的"数据透视图"按钮。

步骤02 在打开的"插入图表"对话框中，选择合适的图表类型，这里选择"簇状柱形图"，单击"确定"按钮。

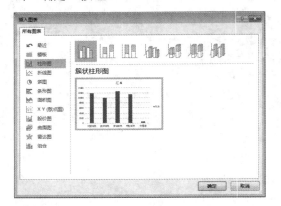

步骤03 返回工作表中可以看到，在数据透视表所在的工作表中已经插入了所选类型的图表。

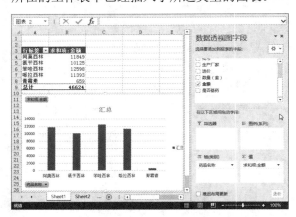

注意，数据透视图及其相关联的数据透视表必须始终位于同一个工作簿中。

9.3.2 编辑数据透视图

创建数据透视图后，我们可以对其进行编辑操作，包括设置数据透视图布局、透视图样式和筛选数据等。

1. 调整数据透视图布局

创建数据透视图后，我们可以对其布局进行适当的调整，主要包括添加图表标题、移动图例、调整坐标轴等，具体操作步骤如下。

步骤01 选中数据透视图，在图表上方的图表标题文本框中输入合适的标题。

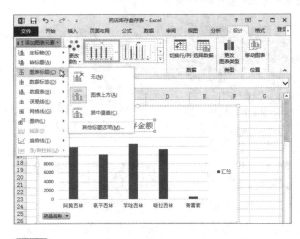

提示 设置图表标题位置

选中图表后，切换至"数据透视图工具-设计"选项卡，单击"添加图表元素"按钮，在"图表标题"子菜单选择标题位置。

步骤02 选中数据透视图，按住鼠标左键不放拖到合适位置，释放鼠标即可移动数据透视图。

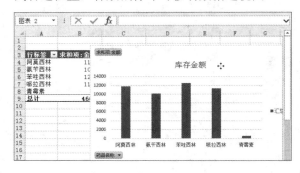

步骤03 在"图表布局"选项组中，单击"添加图表元素"按钮，在"图例"下拉列表中选择图例的位置。

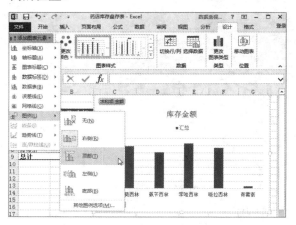

提示 设置其他布局元素

除了图表标题、图例之外，还有坐标轴、坐标轴标题、网格线、模拟运算表等其他布局元素。我们可以切换至"设计"选项卡，然后对这些布局元素进行设置。

2. 更改数据透视图类型

Excel提供了多种预设的数据透视图类型，我们可以根据需要更换图表类型，使图表类型能够更准确地反映出数据特征，具体操作如下。

步骤01 选中数据透视图后，切换至"数据透视图工具-设计"选项卡，单击"类型"选项组中的"更改图表类型"按钮。

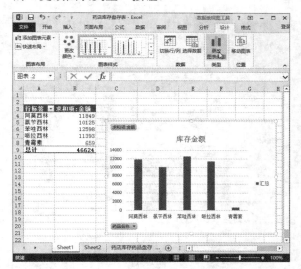

步骤02 在打开的"更改图表类型"对话框中，选择合适的图表类型，这里选择"饼图"选项，然后单击"确定"按钮。

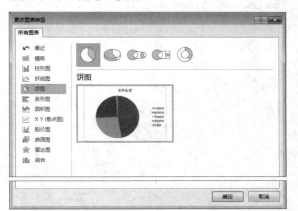

步骤03 返回工作表中，可以看到更改数据透视图类型后的饼图效果。

3. 为数据透视图添加艺术效果

创建数据透视图后，我们可以为数据透视图添加各种艺术效果，包括设置背景、应用图表快速样式等，以达到美化数据透视图的目的。

步骤01 选中数据透视图后，切换至"数据透视图工具-设计"选项卡，单击"图表样式"选项组的"其他"下三角按钮，选择合适图表样式。

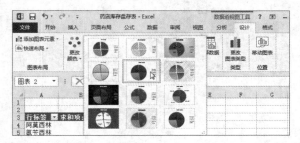

步骤02 即可为数据透视图应用该样式，效果如下图所示。

提示 **快速设置数据透视图样式**

选中数据透视图后，单击数据透视图右上角的"图表样式"按钮，在下拉列表中选择合适的数据透视图样式。

步骤03 选择数据透视图并右击，在弹出的快捷菜单中选择"设置图表区域格式"命令。

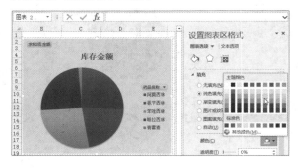

步骤04 这时将打开"设置图表区格式"导航窗格，在"填充线条"选项卡下设置图表区域的填充颜色，效果如下图所示。

步骤05 我们还可以设置图表区域的填充背景为计算机中的图片。选择"图片或纹理填充"单选按钮，单击"插入图片来自"选项区域中的"文件"按钮，打开"插入图片"对话框。

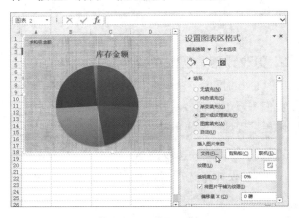

步骤06 在打开的对话框中，选择需要设置为背景的图片，单击"插入"按钮。

步骤07 返回工作表中，即可查看设置后的数据透视图效果。

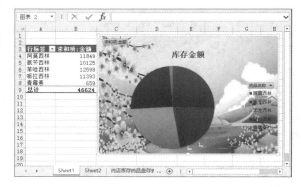

4. 在数据透视图中筛选数据

创建数据透视图后，我们可以直接地在数据透视图中筛选数据，使数据分析更加直观，方便分析查看当前数据信息。

步骤01 选中图表后，单击"药品名称"下三角按钮，勾选需要筛选的药品名称。

步骤02 单击"确定"按钮，可以查看显示的筛选结果，数据透视表和数据透视图都只显示所选药品的数据信息。

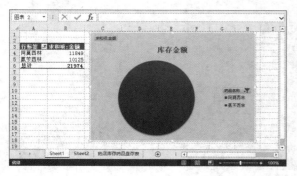

5. 删除数据透视图

若不再需要使用数据透视图进行展示数据时，我们可以将其删除，选中数据透视图后，按下键盘上的Delete键即可。

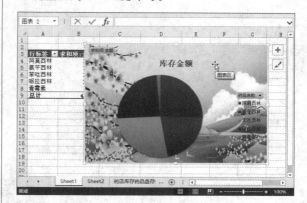

提示 **关于删除数据透视图**

数据透视表和数据透视图是关联在一起的，删除数据透视图不会影响数据透视表，但如果删除与数据透视图相关联的数据透视表，则会将该数据透视图变为标准图表，无法再进行透视图的操作或更新该图表。

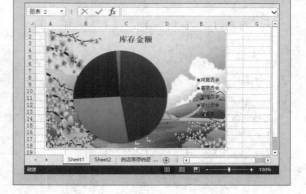

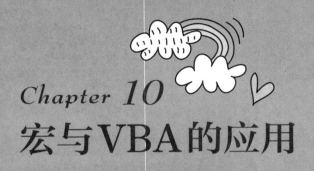

Chapter 10
宏与VBA的应用

为了扩展Excel的功能空间，Office提供的宏和VBA功能，使我们可以创建出更加符合工作要求的功能命令。所谓宏，即VBA语言编出的程序，是一系列命令的集合；而所谓VBA，即Visual Basic for Applications，是微软开发的执行通用的自动化任务编程的语言，通过该语言我们可以创建功能强大的宏。

核心知识点

❶ 创建宏

❷ 执行宏

❸ 管理宏

❹ 宏安全性设置

❺ 宏与VBA应用

10.1 薪酬管理

Excel办公篇

企业财务工作既繁琐又重要，而薪酬管理是财务工作中很重要的一部分。恰当地应用Excel可以大大地提高财务工作的效率，本节将介绍宏在薪酬管理方面的应用。

10.1.1 创建宏

所谓"宏"，就是将一系列指令组合起来，形成一个命令，以实现任务执行的自动化。下面我们介绍创建宏的操作方法。

1. 显示"开发工具"选项卡

在Excel"开发工具"选项卡中，我们可以进行录制宏、打开VBA编辑器、运行宏命令、插入控件等操作。下面介绍如何在功能区中显示"开发工具"选项卡。

步骤01 选择"文件>选项"选项，打开"Excel选项"对话框。

步骤02 切换至"自定义功能区"选项面板，在"主选项卡"列表框中勾选"开发工具"复选框后，单击"确定"按钮。

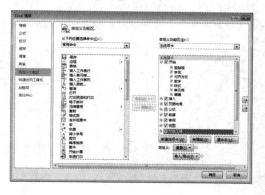

步骤03 返回工作表中，可以看到在功能区中已经显示了"开发工具"选项卡，我们现在可以进行创建宏的操作了。

2. 录制宏

应用宏功能将工作中一些常用的重复动作录制为宏，可以极大地提高工作效率，下面介绍录制宏的操作方法。

步骤01 打开工作表后，选中A1单元格，切换至"开发工具"选项卡，单击"代码"选项组中的"录制宏"按钮。

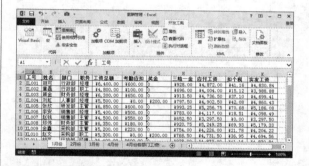

步骤02 打开"录制宏"对话框，设置宏名称、相应的快捷键和宏说明后，单击"确定"按钮，如下图所示。

步骤03 返回工作表中，单击"代码"选项组中的"使用相对引用"按钮。

提示 关于"使用相对引用"按钮

在录制宏时，选择使用相对引用时，在执行宏的过程中，将以选中的A1单元格为活动单元格，宏在相对于活动单元格的特定单元格中执行录制的操作，录制的宏可以在任意区域中使用。

步骤04 选中A1:K1单元格区域并右击，在弹出的快捷菜单中选择"复制"命令，复制表头区域。

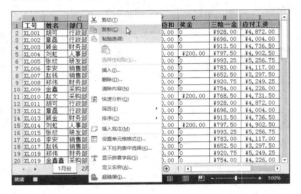

步骤05 选中报表第3行并右击，在弹出的快捷菜单中选择"插入复制的单元格"命令。

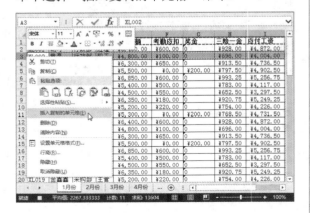

步骤06 打开"插入粘贴"对话框，选择"活动单元格下移"单选按钮，单击"确定"按钮。

步骤07 然后插入一个下图所示的空白行，并选中A4单元格，单击"代码"选项组中的"停止录制"按钮，完成宏录制。

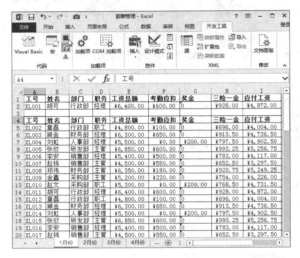

10.1.2 执行宏

录制宏后，我们将在工作表中执行录制的宏，下面介绍几种执行宏的操作方法。

1. 应用快捷键执行宏

在录制宏时，我们通常会在"录制宏"对话框中设置新录制宏的快捷键，应用该快捷键即可快速执行宏。

步骤01 选择要执行宏的起始单元格A4单元格，按下录制宏时设定的快捷键Ctrl+G，执行宏。

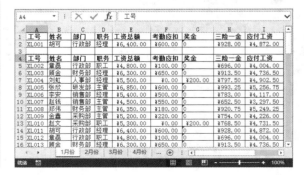

步骤02 这时即可查看执行宏后的效果，如下图所示。

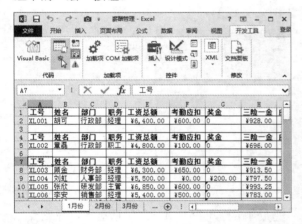

2. 应用对话框执行宏

录制宏后，若觉得快捷键难以记忆，我们可以应用"宏"对话框执行宏。

步骤01 选择要执行宏的起始单元格A4单元格，切换至"开发工具"选项卡，单击"代码"选项组中的"宏"按钮。

步骤02 在打开的"宏"对话框中，可以看到我们创建的宏，单击"执行"按钮。

步骤03 返回工作表中，即可查看执行宏后的效果，如下图所示。

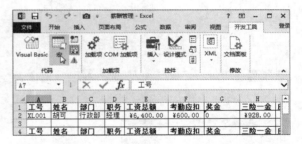

10.1.3　管理宏

为让创建的宏更加符合我们的工作要求，还可以对宏进行相应的管理，具体内容如下。

1. 编辑宏

创建宏后，若想对宏功能进行相应的调整，我们可以对宏进行编辑。

步骤01 切换至"开发工具"选项卡，单击"代码"选项组中的"宏"按钮。

步骤02 打开"宏"对话框，选择要编辑的宏，单击"编辑"按钮。

步骤03 这时将打开Visual Basic编辑窗口，光标已经自动定位到要编辑宏的代码中了，按照需要编辑代码后，保存并退出编辑窗口即可。

2. 删除宏

若觉得创建的宏不适合工作要求，我们不仅可以编辑宏，还可以将现有的宏删除，具体操作步骤如下。

步骤01 切换至"开发工具"选项卡，单击"代码"选项组中的"宏"按钮。

步骤02 打开"宏"对话框，选择要删除的宏，单击"删除"按钮，即可删除该宏。

3. 加载宏

创建宏后，若想将该宏功能应用到所有的Excel工作簿中，可应用加载宏功能，将创建的宏加载到Excel功能命令中，具体操作步骤如下。

步骤01 切换至"开发工具"选项卡，单击"加载项"选项组中的"加载项"按钮。

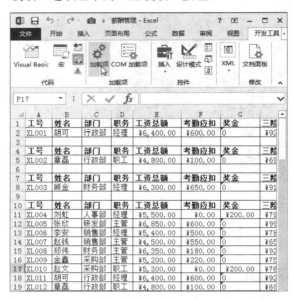

步骤02 在打开的"加载宏"对话框中，单击"浏览"按钮。

步骤03 在打开的"浏览"对话框中，找到要加载的文件夹，选择要加载的宏文件，单击"确定"按钮。

步骤04 返回"加载宏"对话框中，可以看到加载的宏。

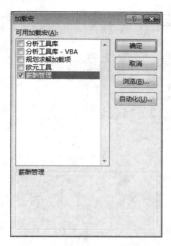

10.1.4 宏安全性

为了更好地应用创建的宏，我们需要对宏的相关安全性进行设置。

1. 设置宏的安全性

宏在给我们的工作该来便利的同时，也隐藏了一些不安全因素。为了防止代码的恶意操作，我们需要对相关宏安全性进行设置，从而提高使用宏的安全性。

步骤01 切换至"开发工具"选项卡，单击"代码"选项组中的"宏安全性"按钮。

步骤02 在打开的"信任中心"对话框中，切换至"宏设置"选项面板，在右侧"宏设置"区域中选择相应的单选按钮，对安全性进行相应的设置后，单击"确定"按钮。

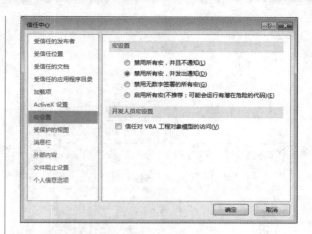

2. 启用工作簿中的宏

我们在宏安全性设置中选择"禁用所有宏，并发出通知"单选按钮后，当再打开含有宏的工作簿时，将弹出"安全警告"消息栏，若信任该文档来源，则可以启用该宏。

打开含宏的工作表，单击消息栏中的"启用内容"按钮，消息栏将自动关闭，工作簿中的宏会自动启用。

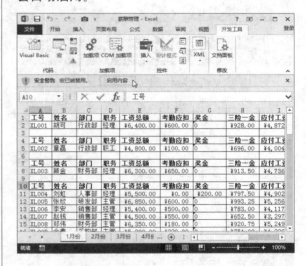

上述操作会让该工作簿成为受信任文档，再次打开该工作簿将不再显示"安全警告"消息栏，当工作簿中含有恶意代码的宏程序时也会启用。为了进一步提高宏安全性，我们还需进一步设置。

步骤01 切换至"开发工具"选项卡，单击"代码"选项组中的"宏安全性"按钮，打开"信任中心"对话框。

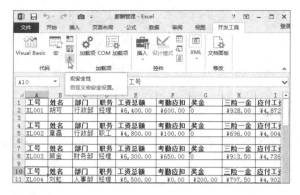

步骤 02 切换至"受信任的文档"选项面板，勾选面板右侧的"禁用受信任的文档"复选框，单击"确定"按钮。这样每次打开该工作簿时，都

会出现"安全警告"消息栏，目的是提醒我们是否启用宏。

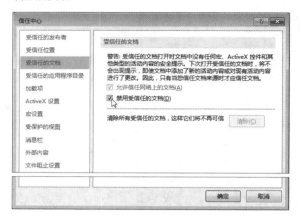

10.2 创建仓储管理系统

Excel办公篇

仓储在企业的整个供应链中起着至关重要的作用，创建仓储管理系统不仅可以减轻工作量，使工作变得更有条理，还可以提高企业的管理水平，控制成本，规范管理流程。下面介绍应用VBA的相关知识，创建仓储管理系统。

10.2.1 启用宏工作簿

要应用宏和VBA代码，需先将工作簿保存为启用宏的工作簿，否则无法运行宏和VBA代码程序，下面介绍将普通工作簿保存为启用宏的工作簿的操作方法。

步骤 01 打开原始文件"仓储管理系统"工作簿，选择"文件>另存为"选项，在右侧"另存为"列表中选择"计算机"选项，单击"浏览"按钮。

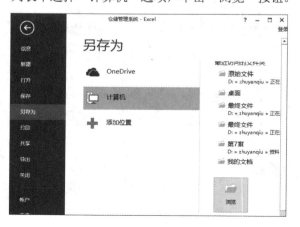

步骤 02 在打开的"另存为"对话框中，选择保存启用宏工作簿的位置，单击"保存类型"下三角按钮，选择"Excel启用宏的工作簿"选项，单击"保存"按钮。

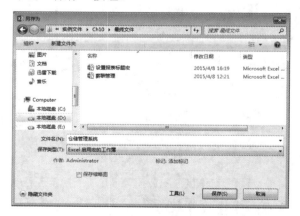

10.2.2 设置系统界面

打开启用宏的工作簿后，下一步我们来对仓储管理系统的主界面进行设置，具体操作步骤如下。

步骤01 打开保存为启用宏的工作簿，切换至"系统主界面"工作表，然后切换至"页面布局"选项卡，单击"页面设置"选项组中的"背景"按钮。

步骤02 在打开的"插入图片"选项面板中，单击"来自文件"后面的"浏览"按钮，打开"工作表背景"对话框。

步骤03 选择合适的背景图片后，单击"插入"按钮。

步骤04 返回工作表中查看插入背景效果。为更好地显示背景效果，切换至"视图"选项卡，取消勾选"显示"选项组中的"网格线"复选框。

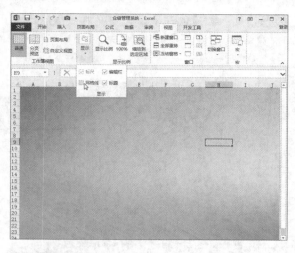

步骤05 切换至"插入"选项卡，单击"文本"选项组的"文本框"下三角按钮，选择"横排文本框"选项。

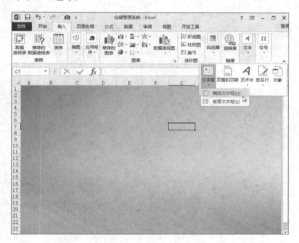

步骤06 然后在工作表中绘制一个大小合适的文本框。

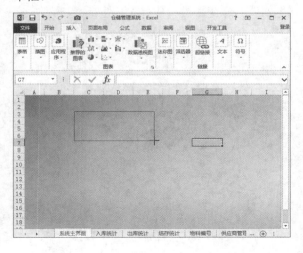

步骤07 输入相应的文本，设置文本效果后，将其移至合适的位置，如下图所示。

10.2.3 插入控件按钮

设置完系统的界面后，下面为系统主界面添加控件按钮，以实现工作表之间的切换。

步骤01 切换至"开发工具"选项卡，单击"控件"选项组并"插入"按钮，在下拉列表中选择"命令按钮（ActiveX控件）"选项。

步骤02 此时光标将变成十字形状，按住鼠标左键并拖动，在工作表中绘制一个控件按钮。单击"控件"选项组中的"属性"按钮。

步骤03 打开"属性"对话框，切换至"按字母序"选项卡，单击BackColor后面的下三角按钮，在打开的下拉面板中，切换至"调色板"选项卡，选择需要的颜色。

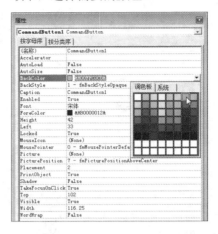

步骤04 在Caption后面的文本框中输入"入库查询"文本，然后单击Font选项右侧的按钮，将打开"字体"对话框。

步骤05 在打开的"字体"对话框中，设置下图的字体样式后，单击"确定"按钮，返回"属性"对话框，单击"关闭"按钮。

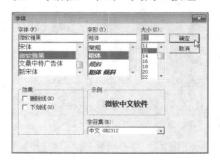

步骤 06 返回工作表中，查看设置的效果。然后选中该控件按钮，按下快捷键Ctrl+C，复制该控件按钮。

步骤 07 按下11次Ctrl+V快捷键，粘贴出12个命令按钮，并移至合适的位置。

步骤 08 选择需要更改文本的控件按钮，再次单击"控件"选项组中的"属性"按钮，打开"属性"对话框，在Caption后面的文本框中输入需要的文本。

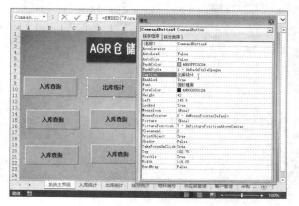

步骤 09 设置完成后，关闭"属性"对话框，效果如下图所示。

步骤 10 选中其中一个控件按钮，单击"控件"选项组中的"查看代码"按钮。

步骤 11 在打开的Visual Basic编辑器窗口中，输入以下代码：

```
Private Sub CommandButton1_Click()
Sheets("入库统计").Select
End Sub
Private Sub CommandButton2_Click()
Sheets("出库统计").Select
End Sub
Private Sub CommandButton3_Click()
Sheets("结存统计").Select
End Sub
Private Sub CommandButton4_Click()
Sheets("物料编号").Select
End Sub
Private Sub CommandButton5_Click()
Sheets("供应商管理").Select
End Sub
Private Sub CommandButton6_Click()
Sheets("客户管理").Select
End Sub
Private Sub CommandButton7_Click()
Sheets("采购单查询").Select
End Sub
Private Sub CommandButton8_Click()
Sheets("物料单查询").Select
End Sub
Private Sub CommandButton9_Click()
```

```
Sheets(" 销售订单查询 ").Select
End Sub
Private Sub CommandButton10_Click()
Sheets(" 成品库存查询 ").Select
End Sub
Private Sub CommandButton11_Click()
Sheets(" 半成品库存查询 ").Select
End Sub
Private Sub CommandButton12_Click()
Sheets(" 产品编码查询 ").Select
End Sub
```

步骤 12 单击"保存"按钮后，单击"关闭"按钮，返回工作表中。

步骤 13 切换至"入库统计"工作表，单击"控件"选项组"插入"按钮，选择"命令按钮（ActiveX控件）"选项，在工作表中绘制一个控件按钮，单击"属性"按钮。

步骤 14 在打开的"属性"对话框中进行下图所示的设置，然后关闭该对话框。

步骤 15 返回工作表后，为其他11个工作表也插入相同的控件按钮。然后选择其中一个控件按钮，单击"控件"选项组中"查看代码"按钮。

步骤 16 在打开的Visual Basic编辑器窗口中，输入下图的代码。同样的方法为其他11个控件按钮也设置相同的代码。

步骤17 然后单击"控件"选项组中的"设计模式"按钮，退出设计模式。

步骤18 切换至"系统主界面"工作表中，单击相应的控件按钮，即可切换至对应的工作表；单击相应工作表中的"返回主界面"控件按钮，即可回到"系统主界面"工作表中。

10.2.4 设置登录安全性

不管是工作表还是系统，安全性都是非常重要的，为了有效地保护我们的信息，下面将设置仓储系统的登录安全性，具体操作如下。

步骤01 在"系统主界面"工作表中，单击"开发工具"选项卡下"代码"选项组中的Visual Basic按钮。

步骤02 在打开的Visual Basic编辑器窗口中，输入下图的代码后，单击"保存"按钮，保存输入的代码后，单击"关闭"按钮，返回工作表中。

步骤03 关闭工作簿后，再次打开该工作簿，可以看到出现的提示输入用户名的对话框。

步骤04 输入正确的用户名后，将弹出输入密码的提示对话框，输入正确的密码，即可登录仓储管理系统。

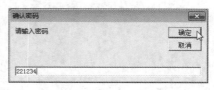

Chapter *11*
报表的输出与共享

制作完Excel报表后，一般都需要给领导审阅或与同事交流。与别人交流报表信息的方法有多种，我们既可以打印出来，也可以将报表设置为共享工作表，有时还可以将Excel中的内容输出到Word、PowerPoint等其他Office组件中。Excel的这些功能极大地方便了我们的日常办公。

核心知识点

❶ 根据不同需求进行工作表打印

❷ 打印时添加表格元素

❸ 共享工作簿

❹ 将Excel表格输出到其他Office组件中

11.1 打印薪酬表

当报表编辑完成之后，有时需要将数据上传到内部网络供同事和领导查看，有时需要打印出来存档。Excel提供很多打印功能，可满足不同的打印需要，如在同一个工作表打印指定区域、不连续区域等，还可打印日期、表头或同时打印多个工作表等。

11.1.1 打印的基本操作

1. 打印预览

打印预览是打印之前在电脑中预览打印在纸张上的效果，如果符合要求下一步就是打印工作表。

步骤01 打开原始文件"薪酬表"工作表，单击"文件"标签。

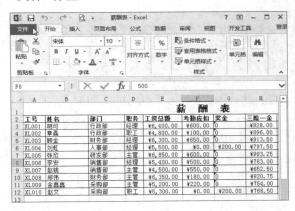

步骤02 在打开的Backstage视图中，选择"打印"选项。

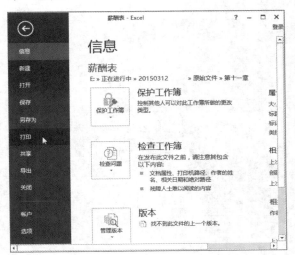

步骤03 操作完成后，在右侧显示打印预览效果。

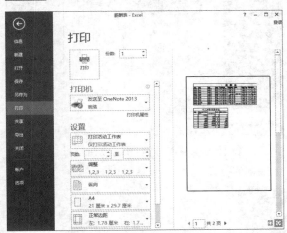

2. 打印指定区域

在打印工作表时，默认情况下是打印整个工作表所有的内容，但有时需要打印工作表中某一部分内容，该如何操作呢？

本案例，只需要打印个人所得税税率表部分内容，具体操作步骤如下。

步骤01 打开原始文件"薪酬表"工作表，选中需要打印的区域，然后单击"文件"标签。

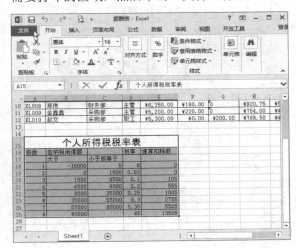

步骤 02 选择"打印"选项，设置打印区域为"打印选定区域"选项。

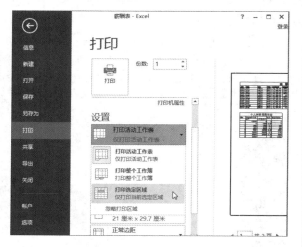

步骤 03 此时，在右侧打印预览区域，可见选中的工作表区域，单击"打印"按钮，即可完成指定区域的打印。

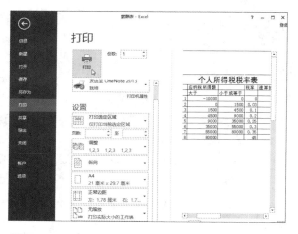

提示 在功能区设置打印区域

选择需要打印的单元格区域，切换至"页面布局"选项卡，单击"页面设置"选项组中的"打印区域"下三角按钮，在下拉列表中选择"设置打印区域"选项，也可以完成指定区域打印。若要取消打印区域的设置，只要在"打印区域"下拉列表中选择"取消打印区域"选项即可。

3. 打印同一页的不连续区域

在同一个工作表中，需要打印不连续区域的时候，如果直接选择不连续的区域，然后设置打印区域，Excel会将各个表格区域打印在不同的纸张上。我们可以将不需要打印的列隐藏，然后打印剩下部分。

本案例中，将行政部、销售部和采购部的员工信息打印出来。

步骤 01 选中表格第5、6和7行并右击，在快捷菜单中选择"隐藏"命令。按相同的方法将不需要打印的行全部隐藏。

步骤 02 选择需打印的区域，切换至"页面布局"选项卡，单击"页面设置"选项组中的"打印区域"下三角按钮，在下拉列表中选择"设置打印区域"选项。

步骤 03 单击"文件"标签，选择"打印"选项，可见右侧打印预览区域显示需要打印的不连续的区域。

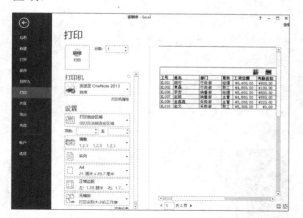

提示 显示隐藏的行

选中隐藏行的上下两个行号中间并右击，在快捷菜单中选择"取消隐藏"命令。

4. 使用照相机工具打印不连续区域

打印不连续区域，除了上面的隐藏行的方法之外，我们还可以使用照相机工具来实现，具体操作步骤如下。

步骤 01 打开"薪酬表"工作表，单击"文件"标签，选择"选项"选项。

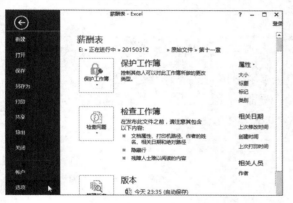

步骤 02 打开"Excel选项"对话框，切换至"快速访问工具栏"选项面板，将照相机添加至快速访问工具栏，单击"确定"按钮。

步骤 03 选中需要打印的单元格区域，然后单击"照相机"按钮。

步骤 04 打开新工作表，然后选择合适的位置单击鼠标左键，将刚拍的照片放在此处。

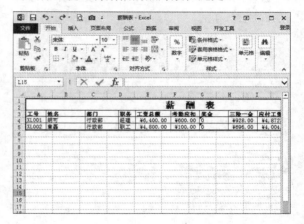

步骤05 按照同样的方法,将其余需要打印的数据拍照,然后将拍照结果放置在同一个工作表中,最后将拍照的图片整齐地排列在一起。

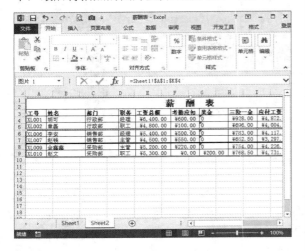

步骤06 单击"文件"标签,选择"打印"选项,在"打印"面板中设置打印方向为"横向"。

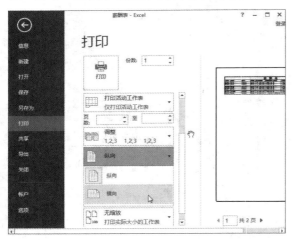

步骤07 在右侧打印预览区域中可见打印的数据是按要求打印的,单击"打印"按钮即可。

提示 "照相机"的拍照结果

使用"照相机"工具拍照的结果是图片,该图片中的数据和单元格的格式都随着源表格中的数据变化而变化。

5. 横向打印列数太多的表格

当需要打印的表格列数过多,打印时会把多余出来的列打印到下一页,打印出来的表格很混乱,因为Excel默认情况下是纵向打印,需要打印完整的表格时必须设置为横向打印,具体的操作方法如下。

步骤01 打开"薪酬表"工作表,单击"文件"标签,选择"打印"选项,可见在预览区域表格分两页打印。

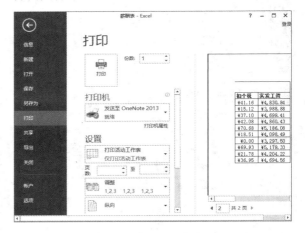

步骤02 切换至"页面布局"选项卡,单击"页面设置"选项组中"纸张方向"下三角按钮,在下拉列表中选择"横向"选项。

步骤03 设置完成后,查看打印预览效果,可见工作表打印在一张纸上。

提示 **横向打印的第二种方法**

打开需要打印的文件，单击"文件"标签，选择"打印"选项，在"设置"区域选择打印方向为"横向"。

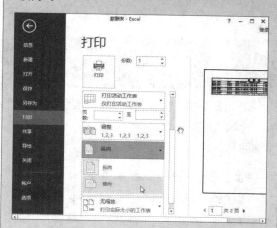

6. 进行缩打

当打印的工作表列数比较多时，除了设置横向打印之外，还可以将工作表缩放来实现打印在同一页。

本案例中，将"薪酬表"所有内容打印在同一页，具体操作步骤如下。

步骤01 打开原始文件"薪酬表"工作表，单击"文件"标签，选择"打印"选项，可见"薪酬表"的最后两列打印在第2页了。

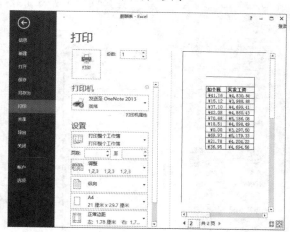

步骤02 单击"设置"区域的"自定义缩放"下三角按钮，然后选择"将所有列调整为一页"选项。

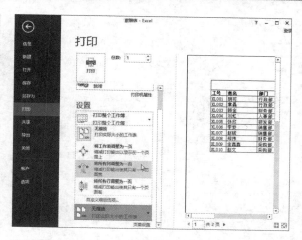

步骤03 此时在打印预览区域，可以看见表格的所有列显示在一页。

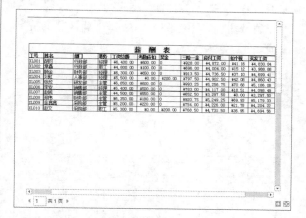

提示 **自定义缩放选项**

"无缩放"选项，表示按照实际大小进行打印；"将工作表调整为一页"选项，表示缩减行和列将内容打印在一页上；"将所有列调整为一页"选项，表示只缩减列并将所有列的内容打印在一页上；"将所有行调整为一页"选项，表示只缩减行使其只有一个页面的高度。

7. 为待打印报表分页

在Excel中，默认是将表格内容打印在同一页，若此页容纳的内容已满，则自动打印到下一页。有时我们根据需要把同一页的内容打印在不同页内，那我们只能手动解决此问题了。

在本案例中，需要将参考数据的"个人所得税税率表"和"薪酬表"分别打印在不同的页面中，具体操作步骤如下。

步骤01 打开原始文件"薪酬表"工作表，单击"文件"标签，选择"打印"选项，可见"薪酬表"和"个人所得税税率表"打印在同一页上。

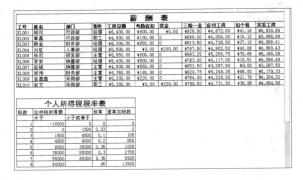

步骤02 选中L13单元格，切换至"页面布局"选项卡，单击"页面设置"选项组中"分隔符"下三角按钮，在下拉列表中选择"插入分页符"选项。

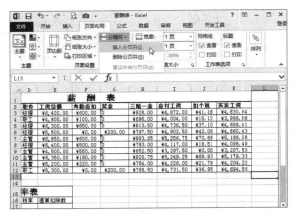

步骤03 操作完成后，单击"文件"标签，选择"打印"选项，在打印预览区域可见两个表格分别打印在两页中了。

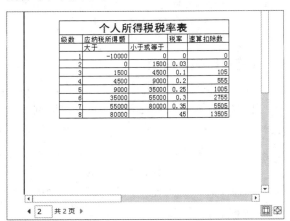

2 共2页

提示 分页符的位置说明

使用分页符手动将打印的工作表分页，首先在工作表中选择一个需要分页的位置，然后以选中该单元格的左上角为界，将工作表分为4个部分。

11.1.2 打印时添加表格元素

表格制作完成后，我们还需要添加很多元素，比如页码、公司Logo以及日期等，下面介绍添加并打印这些表格元素的方法。

1. 将多页报表的每页都添加表头

当表格的行数比较多时，打印时不只一页，但只有第一页有表头，这使得查看第二页时很不方便。我们现在需要将每页都带表头打印出来。

步骤01 打开"薪酬表2"工作表，切换至"页面布局"选项卡，单击"页面设置"选项组的对话框启动器按钮。

步骤02 弹出"页面设置"对话框，切换至"工作表"选项，然后单击"顶端标题行"右侧折叠按钮。

步骤 03 选择第二行，然后单击右侧折叠按钮，返回"页面设置"对话框。

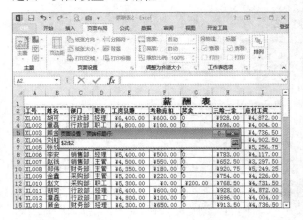

步骤 04 单击"打印预览"按钮，查看预览后的效果，可见第二页显示表头。

2. 为报表添加公司名称和页码

当打印大型的工作报表时，因页数很多，为了能突显出专业性，我们可以在每页都设置公司的名称和页码，方便我们查看。

本实例中要求在页眉添加公司名称，在页脚添加页码，具体操作步骤如下。

步骤 01 打开"薪酬表2"工作表，切换至"页面布局"选项卡，单击"页面设置"选项组的对话框启动器按钮。

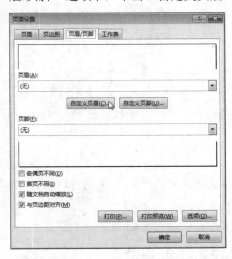

步骤 02 弹出"页面设置"对话框，切换至"页眉/页脚"选项卡，单击"自定义页眉"按钮。

步骤 03 弹出"页眉"对话框，在"中"文本框中输入公司名称，然后单击"确定"按钮。

步骤 04 返回"页面设置"对话框，单击"页脚"下三角按钮，选择需要的页脚样式，然后单击"确定"按钮。

步骤05 返回工作表中，切换至"视图"选项卡，单击"工作簿视图"选项组中的"页面布局"按钮，查看添加公司名称和页码后的效果。

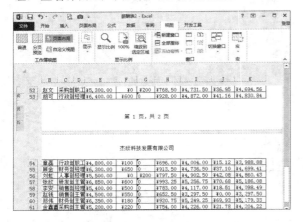

3. 为报表添加公司Logo

报表制作完成后，我们可以添加公司Logo来提高公司的形象，下面介绍如何为报表添加公司Logo。

步骤01 打开"薪酬表2"工作表，切换至"页面布局"选项卡，单击"页面设置"选项组的对话框启动器按钮。

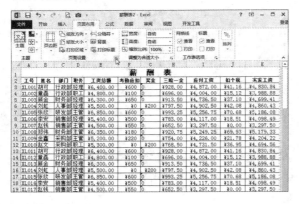

步骤02 弹出"页面设置"对话框，切换至"页眉/页脚"选项卡，单击"自定义页眉"按钮。

步骤03 弹出"页眉"对话框，将光标定位在"左"文本框中，单击"插入图片"按钮。

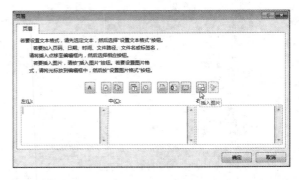

步骤04 打开"插入图片"面板，单击"来自文件"右侧的"浏览"按钮，弹出"插入图片"对话框，选择公司Logo图片后，单击"插入"按钮。

步骤05 返回"页眉"对话框，单击"设置图片格式"按钮。

步骤06 弹出"设置图片格式"对话框，设置插入公司Logo图片的大小等元素，然后单击"确定"按钮。

步骤 07 返回"页面设置"对话框，单击"确定"按钮，切换至"视图"选项卡，单击"工作簿视图"选项组中的"页面布局"按钮，查看添加公司Logo后的效果。

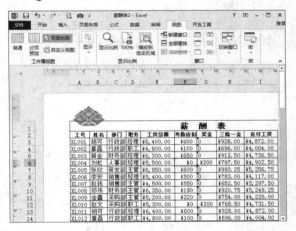

4. 添加打印日期

有的报表打印时需要把打印的日期也打印出来，下面介绍添加打印日期的方法。

步骤 01 打开"薪酬表2"工作表，切换至"页面布局"选项卡，单击"页面设置"选项组的对话框启动器按钮。

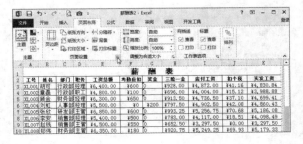

步骤 02 弹出"页面设置"对话框，切换至"页眉/页脚"选项卡，单击"自定义页脚"按钮。

步骤 03 弹出"页脚"对话框，将光标定位在"右"文本框中，单击"插入日期"按钮。

步骤 04 依次单击"确定"按钮后，返回工作表中单击"文件"标签，选择"打印"选项，查看打印预览效果。

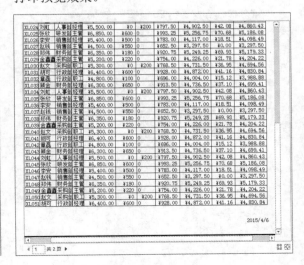

5. 打印行号和列标

有时根据需要，我们可以将行号和列标也要打印在纸上，下面介绍如何快速打印出行号和列标。

步骤01 打开"薪酬表2"工作表，切换至"页面布局"选项卡，单击"页面设置"选项组的对话框启动器按钮。

步骤02 弹出"页面设置"对话框，切换至"工作表"选项卡，勾选"行号列标"复选框，然后单击"确定"按钮。

步骤03 返回工作表，单击"文件"标签，选择"打印"选项，查看打印预览的效果。

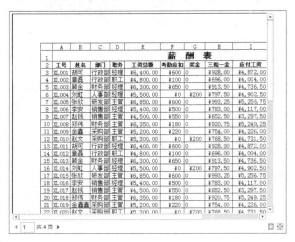

6. 禁止打印单元格的颜色和底纹

有的报表中添加了底纹，但是打印的时候不需要将这些底纹打印出来。下面介绍如何不打印单元格中的颜色和底纹。

步骤01 打开"薪酬表2"工作表，为"行政部"和"销售部"分别填充不同的颜色，然后查看打印预览的效果。

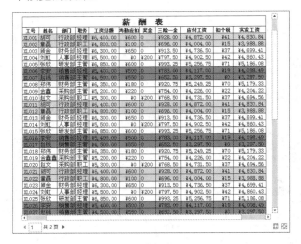

步骤02 返回工作表，切换至"页面布局"选项卡，单击"页面设置"选项组的对话框启动器按钮。

步骤03 弹出"页面设置"对话框，切换至"工作表"选项卡，勾选"单色打印"复选框，然后单击"确定"按钮。

步骤04 返回工作表，单击"文件"标签，选择"打印"选项，查看打印预览的效果。

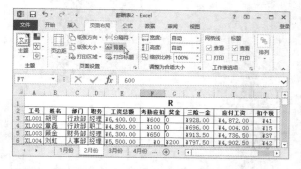

7. 打印表格背景

为了报表美观，我们会添加图片作为报表的背景，如何把背景也打印出来呢？下面介绍打印背景的操作方法。

● 先添加背景

步骤01 打开"薪酬表2"工作表，单击"页面布局"选项卡中的"背景"按钮。

步骤02 打开"插入图片"面板，单击"来自文件"右侧的"浏览"按钮。

步骤03 弹出"工作表背景"对话框，选择需要的图片作为背景，单击"插入"按钮。

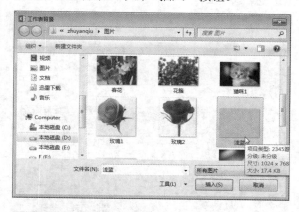

步骤04 返回工作表中，查看插入图片效果，然后单击"文件"标签，选择"选项"选项。

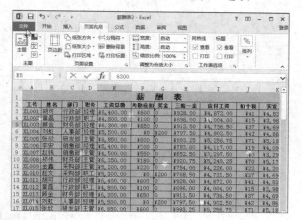

步骤05 在"Excel选项"对话框中添加照相机功能，并对打印区域进行拍照，然后放置好照片。然后单击"页面设置"选项组的对话框启动器按钮，在打开的"页面设置"对话框中单击"打印预览"按钮，查看预览效果。

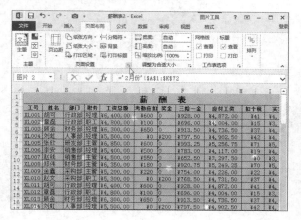

● **后添加背景**

步骤01 选中工作表中需要打印的内容，然后单击"照相机"按钮。

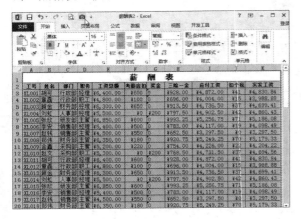

步骤02 打开新的工作表，选择合适的位置将照片放好，然后右击图片，在快捷菜单中选择"设置图片格式"命令。

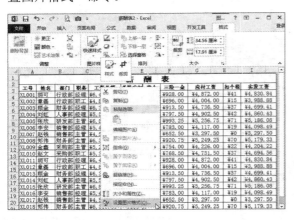

步骤03 弹出"设置图片格式"导航窗格，在"填充"区域中选择"图片或纹理填充"单选按钮，单击"文件"按钮。

步骤04 弹出"插入图片"对话框，选择需要的图片作为背景，单击"插入"按钮。

步骤05 返回工作表，单击"文件"标签，选择"打印"选项，在打印预览区域查看打印背景的效果。

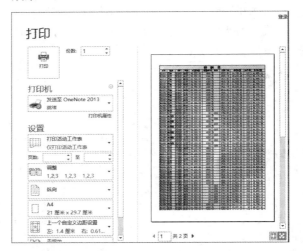

提示 **删除背景**

若需要删除背景图片，可切换至"页面布局"选项卡，单击"页面设置"选项组中的"删除背景"按钮。

8. 不打印图表

当打印的工作表中包含图表时，默认情况下图表也会一起被打印出来，如果不需要打印图表，那该如何操作呢？

本案例中，只需要打印表格内的数据，柱形图不需要打印出来，下面介绍具体操作方法。

步骤 01 打开"薪酬表2"工作簿,切换至"4月份各部门工资统计表"工作表,查看打印预览的效果,可见表格和图表都被打印出来。

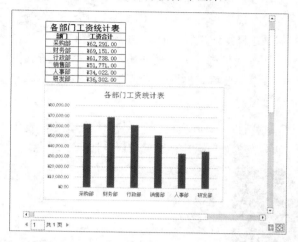

步骤 02 选中图表,切换至"图表工具-格式"选项卡,单击"大小"选项组的对话框启动器按钮。

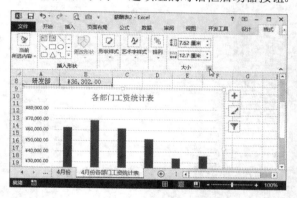

步骤 03 弹出"设置图表区格式"导航窗格,在"属性"选项卡下取消勾选"打印对象"复选框。

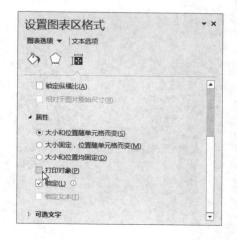

步骤 04 返回工作表,查看设置后打印预览的效果。

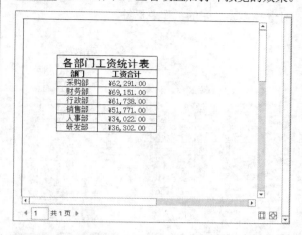

提示 **只打印图表**

如果只需要打印图表部份,首先选中图表,然后单击"文件"标签,选择"打印"选项,单击"设置"下三角按钮,在下拉列表中选择"打印选定图表"选项,即可完成只打印图表的操作。

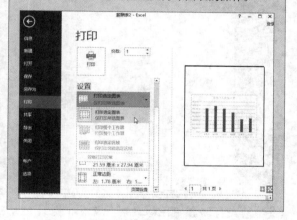

11.1.3 快速打印

当需要打印多个工作表或者多个工作簿时,例如打印多个工作表,打印整个工作簿或是打印多个工作簿,该如何快速操作完成一次打印呢?下面我们将逐一进行介绍。

1. 一次打印多个工作表

一个工作簿中包含多个工作表,只需要打印其中部份工作表,那么该如何快速操作呢?

本案例中,需要打印"薪酬表2"工作簿中前3个月的工作表内容,具体操作步骤如下。

步骤01 打开"薪酬表2"工作表，按住Ctrl键同时选择需要打印的工作表标签。

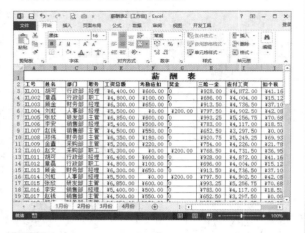

步骤02 单击"文件"标签，选择"打印"选项，单击"设置"下三角按钮，选择"打印活动工作表"选项。

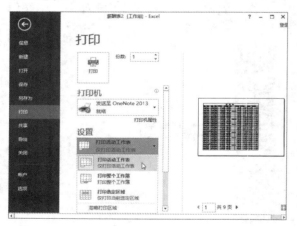

步骤03 在打印预览区域，可见选中的工作表均在预览区域。

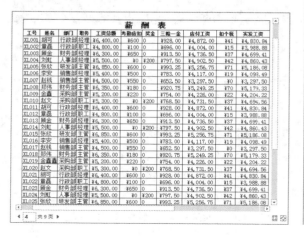

2. 一次打印整个工作簿

当工作簿中包含很多个工作表，而且所有的工作表都需要打印出来时，如果逐一选中工作表标签，然后再打印也可以实现打印整个工作簿，但是这样操作不仅繁琐，还降低工作效率。

本案例中需将"薪酬表2"工作簿中所有工作表全部要打印出来，下面介绍如何快速打印整个工作簿。

步骤01 打开原始文件"薪酬表2"工作簿，首先单击"文件"标签，然后选择"打印"选项。

步骤02 单击"设置"下三角按钮，在下拉列表中选择"打印整个工作簿"选项，即可实现打印工作簿中所有工作表。

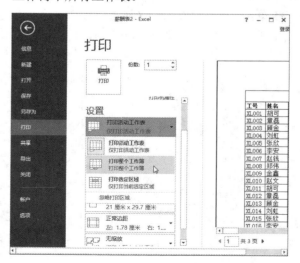

11.2 费用年度支出表

Excel提供了工作簿的共享功能，使得多个用户可以同时查看和编辑同一个工作簿，给我们办公带来了便利。Office办公软件包括Word、Excel和PowerPoint等程序组件，而Excel可以很方便地与其他程序进行共享。

11.2.1 共享工作簿

在工作中，应用Excel的共享功能，可以让多个人同时打开并编辑同一个工作簿，提高工作效率，也使多人在工作中的沟通更加便捷。

1. 创建共享工作簿

我们以"费用年度支出表"为例，介绍创建共享工作簿的操作方法。

步骤 01 打开需设置共享的工作簿，切换至"审阅"选项卡，单击"更改"选项组中的"共享工作簿"按钮。

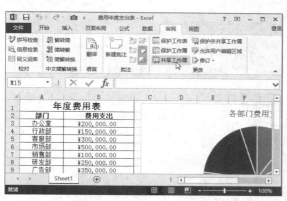

步骤 02 打开"共享工作簿"对话框，在"编辑"选项卡下勾选"允许多用户同时编辑，同时允许工作簿合并"复选框。

步骤 03 切换至"高级"选项卡，对"自动更新间隔"等选项进行设置。

步骤 04 单击"确定"按钮，会出现Microsoft Excel对话框，提示该操作会保存文档，使文档共享，单击"确定"按钮。

步骤 05 这时工作簿名后面将出现"[共享]"字样，表明该工作簿现在已处于共享状态。

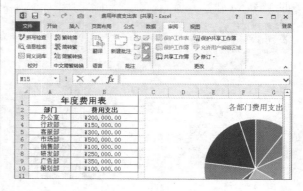

2. 编辑共享工作簿

创建共享工作簿后，我们可以对其进行编辑操作，具体操作步骤如下。

步骤01 选择"文件>选项"选项，打开"Excel选项"对话框。

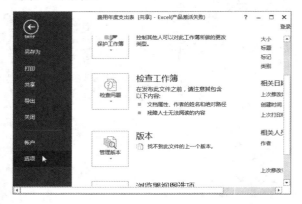

步骤02 在"常规"选项面板中，设置共享工作簿的用户名后，单击"确定"按钮。

步骤03 返回工作表中，单击"审阅"选项卡下的"共享工作簿"按钮。

步骤04 在打开的"共享工作簿"对话框中，可以看到"正在使用本工作簿的用户"列表中显示了新设置的用户名。

提示 重启Excel

在"Excel选项"对话框中设置新的用户名后，需要重新启动Excel，在"共享工作簿"对话框中才会显示更新的用户名。

3. 取消共享工作簿

在取消共享工作簿前，要确保其他用户都已经完成了他们的工作，避免数据丢失。

步骤01 若取消工作簿共享，则切换至"审阅"选项卡，单击"更改"选项组中的"共享工作簿"按钮。

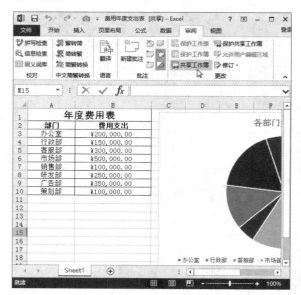

步骤02 在打开的"共享工作簿"对话框中，取消勾选"允许多用户同时编辑，同时允许工作簿合并"复选框，单击"确定"按钮。

步骤03 在打开的提示对话框中单击"确定"按钮，即可取消工作簿的共享。

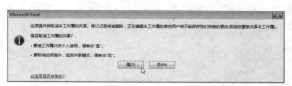

步骤04 这时可以看到，Excel标题栏中将不再出现"[共享]"字样。

提示 共享工作簿的前提

- 确认工作簿存放网络位置是可以被访问的，一般在公司的局域网中；
- 确认无线网络和有线网络是否联通，若有线与无线之间不能互访"网上邻居"时，需要进行相应的设置。

11.2.2 Office组件协同办公

在应用Office组件协同办公时，我们可以非常方便地将Excel内容输出到其他Office应用程序中。

1. 将Excel表格输出至Word中

我们可将Excel中的表格数据导入Word中，具体操作步骤如下。

步骤01 打开"费用年度支出表"工作表，选中工作中表格区域内的数据并右击，在快捷菜单中选择"复制"命令。

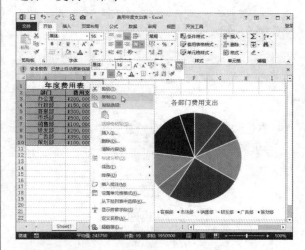

步骤02 打开Word文档，选择需要粘贴的位置，在"开始"选项卡中，单击"剪贴板"选项组中的"粘贴"下三角按钮，从下拉列表中选择"选择性粘贴"选项。

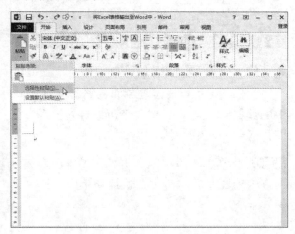

步骤 03 弹出"选择性粘贴"对话框，选中"粘贴"单选按钮，在"形式"列表框中选择"HTML格式"选项，然后单击"确定"按钮。

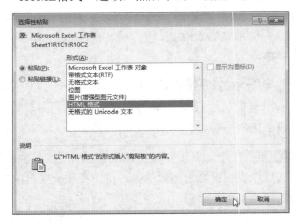

提示 粘贴链接

如果打算让粘贴后的数据随着数据源的变化而不断更新的话，可以选中"粘贴链接"单选按钮。

步骤 04 返回Word文档中，查看粘贴后的效果。

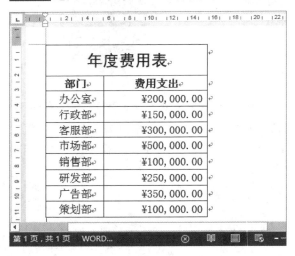

2. 将Excel图表输出至Word中

我们不但可以通过复制和粘贴功能将Excel中的数据导入至Word中，还可以导入图表，下面介绍导入图表的具体步骤。

步骤 01 打开"费用年度支出表"工作表，选中工作中的图表并右击，在快捷菜单中选择"复制"命令。

步骤 02 打开Word文档，选择需要粘贴的位置，在"开始"选项卡中，单击"剪贴板"选项组中的"粘贴"下三角按钮，从下拉列表中选择"选择性粘贴"选项。

步骤 03 弹出"选择性粘贴"对话框，选中"粘贴"单选按钮，在"形式"列表框中选择"Microsoft Office图形对象"选项，然后单击"确定"按钮。

步骤04 返回Word文档中，查看粘贴图表后效果。

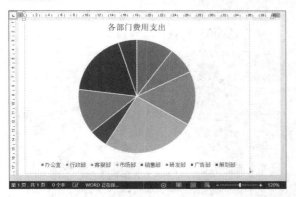

3. 将Excel表格输出至PowerPoint中

在制作演示文稿时，当需要引用Excel中的数据，我们可以快速地将Excel中的表格内数据直接导入PowerPoint中，具体操作步骤如下。

步骤01 打开"费用年度支出表"工作表，选中工作表中表格区域并右击，在快捷菜单中选择"复制"命令。

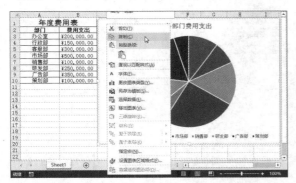

步骤02 打开PowerPoint演示文稿并定位在需要粘贴的位置，在"开始"选项卡中，单击"剪贴板"选项组中的"粘贴"下三角按钮，从下拉列表中选择"选择性粘贴"选项。

步骤03 弹出"选择性粘贴"对话框，选中"粘贴链接"单选按钮，在"作为"列表框中选择"Microsoft Excel工作表对象"选项，然后单击"确定"按钮。

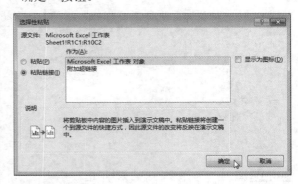

步骤04 返回演示文稿中，适当调整表格的大小和位置，查看效果。

4. 将Excel图表输出至PowerPoint中

在制作图文并茂的演示文稿时，我们有时还需将Excel图表导入到PowerPoint中，下面介绍具体步骤。

步骤01 打开"费用年度支出表"工作表，选中工作表中的图表然后右击，在快捷菜单中选择"复制"命令。

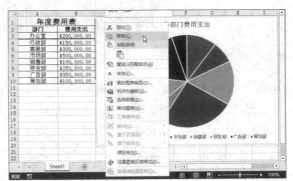

步骤02 打开Powerpoint并定位在需要粘贴图表的位置，在"开始"选项卡中，单击"剪贴板"选项组中的"粘贴"下三角按钮，从下拉列表中选择"选择性粘贴"选项。

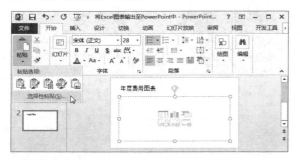

步骤03 弹出"选择性粘贴"对话框，选中"粘贴链接"单选按钮，在"作为"列表框中选择"Microsoft Excel图表对象"选项。

步骤04 单击"确定"按钮，返回演示文稿中，适当调整图表大小和位置，查看效果。

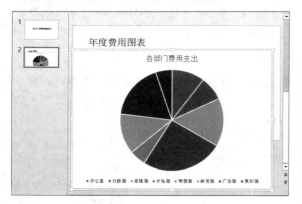

5. 在Excel中应用其他Office应用程序数据

之前介绍的是如何将Excel中的数据导入其他Office应用程序中，现在我们来介绍如何将其他Office应用程序中的数据导入到Excel中来，具体操作步骤如下。

步骤01 打开"费用年度支出表"工作表，定位插入文档的位置，切换至"插入"选项卡，单击"文本"选项组中"对象"按钮。

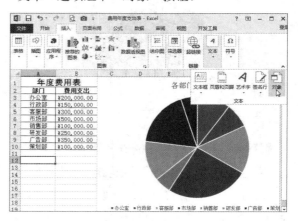

步骤02 弹出"对象"对话框，在"对象类型"列表框中选择"Microsoft Word文档"选项，然后单击"确定"按钮。

步骤03 返回工作中，适当调整大小和位置，可见Excel功能区变为Word功能区了。

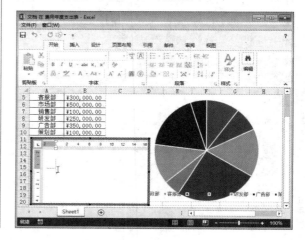

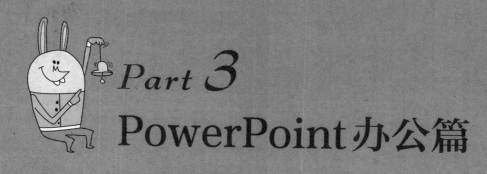

Part 3
PowerPoint办公篇

PowerPoint 2013是Office 2013的重要办公组件之一，使用它可以制作出精美的工作总结、营销推广以及公司宣传片等，在日常办公中有着重要的作用。

Chapter 12
幻灯片的创建与编辑

随着无纸化办公的推行，幻灯片的应用也越来越频繁，不仅可以用于教育教学、职工培训方面，还可以用于产品宣传、竞职演讲等方面。本章将介绍如何使用PowerPoint 2013来创建演示文稿，以及幻灯片的基本编辑操作。掌握这部分内容后，可以为深入地学习幻灯片的制作奠定良好的基础。

核心知识点

❶ 创建与保存演示文稿
❷ 插入、复制和隐藏幻灯片
❸ 设计幻灯片母版
❹ 设计幻灯片版式

12.1 年度工作报告方案

每到年终，很多人都会被年会的PPT报告所困扰，如果只是Word文档，很多人都能独立完成，但是要将总结制作成PPT，这时就要抓耳挠腮，寻求小伙伴的帮助了，那么如何利用幻灯片制作出一份优秀的工作总结和工作计划呢。

12.1.1 演示文稿入门知识

要想制作出优秀的演示文稿，首先学会如何创建和保存演示文稿，这些属于演示文稿的基本操作。

1. 演示文稿的创建

在PowerPoint 2013中创建演示文稿非常简单，系统根据用户不同的需要，提供了多种新文稿的创建方法。

◉ 创建空白演示文稿

在新版本的PowerPoint中创建空白演示文稿的操作方法如下：

步骤 01 打开PowerPoint 2013，在页面的右侧单击"空白演示文稿"选项。

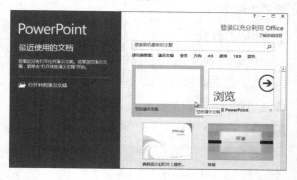

步骤 02 此时创建一个空白的演示文稿。

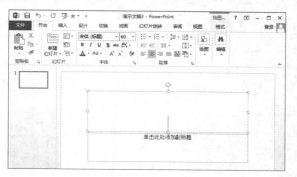

◉ 创建基于模板的文稿

为了提高用户的工作效率，系统提供了多种演示文稿模板，用户可以有选择地利用模板来完成自己的创作。

步骤 01 打开PowerPoint 2013，在页面的右侧单击"商务设计幻灯片"选项。

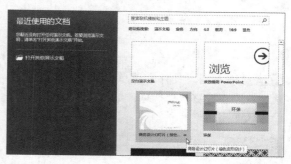

步骤 02 弹出一个创建窗口，在该窗口中单击"创建"按钮。

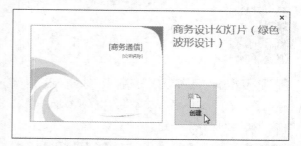

步骤 03 随后，即可创建一个指定类型的模板文档。在此基础上用户可以快速完成PPT的创建。

2. 演示文稿的保存

为了避免因断电或外部突发情况导致数据丢失，建议用户及时保存演示文稿。对于新创建的演示文稿在第一次保存时，应指定其名称和保存路径。

步骤 01 单击演示文稿右上角快速访问工具栏中的"保存"按钮。

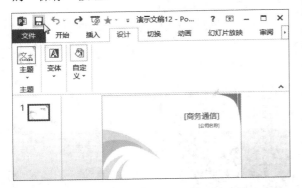

步骤 02 进入到"文件"菜单中的"另存为"面板，选中"计算机"选项，单击"计算机"选项右侧的"浏览"按钮。

步骤 03 弹出"另存为"对话框，选择合适的保存位置，在"文件名"文本框中输入演示文稿名称，单击"保存"按钮。

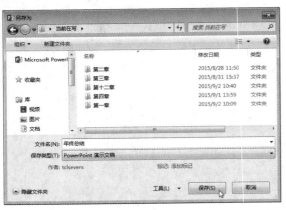

步骤 04 返回演示文稿中，此时标题栏中的名称已经变为另存为的名称，在以后的操作中如果需保存演示文稿，直接单击"保存"按钮即可。

提示 保存演示文稿

用户也可以对已有文件执行"文件>另存为"命令，得到已有文件的副本。

12.1.2 幻灯片的操作

一个演示文稿是由多张幻灯片组成的，因此，对幻灯片的操作是重点中的重点，用户可以对幻灯片执行插入、删除、编辑、移动、复制、隐藏等操作。

1. 插入幻灯片

PowerPoint 2013新建的演示文稿只包含一张幻灯片，用户可以根据需要插入新的幻灯片。

● 在"插入"选项卡插入

步骤 01 切换至"插入"选项卡，在"幻灯片"选项组中单击"新建幻灯片"下拉按钮。

步骤 02 在展开的下拉列表中选择"标题和内容"选项。

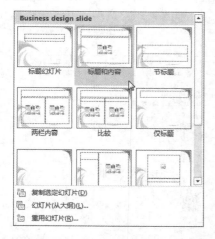

步骤 03 此时在演示文稿的"大纲窗格"中可以看到，新插入的幻灯片。

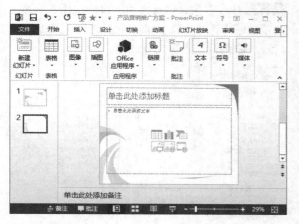

● 应用右键菜单插入

步骤 01 在大纲窗格中右击幻灯片缩略图，在展开的菜单中选择"新建幻灯片"命令。

步骤 02 在选中幻灯片下方，即可插入一张新幻灯片。

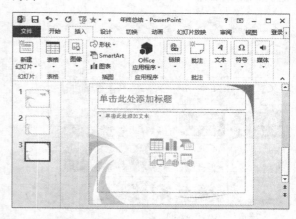

2. 编辑幻灯片

编辑幻灯片主要包括更改幻灯片的主题、在幻灯片内编辑文本，插入图片、插入图表、插入图形等。

● 更改幻灯片主题

步骤 01 切换至"设计"选项卡，在"主题"选项组中单击"其他"按钮。

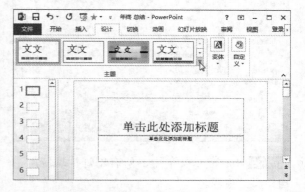

步骤 02 在展开的Office列表中选择一款合适的主题即可。

步骤 03 若要自定义主题，则在"主题"列表中选择"浏览主题"选项。

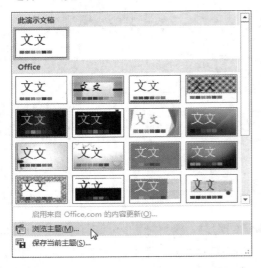

步骤 04 打开"选择主题或主题文档"对话框，选择合适的主题，单击"应用"按钮。

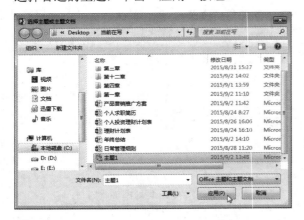

步骤 05 此时演示文稿中的所有幻灯片均应用了自定义的主题。

● 设置幻灯片背景

步骤 01 选择第1页幻灯片，切换至"设计"选项卡，在"自定义"选项组中，单击"设置背景格式"按钮。

步骤 02 打开"设置背景格式"窗格，在"填充"选项区域中选择"图片或文理填充"单选按钮，勾选"隐藏背景图形"复选框。

步骤 03 在"插入图片来自"选项区域中单击"文件"按钮。

步骤 04 弹出"插入图片"对话框，选择合适的图片，单击"插入"按钮。

步骤 05 此时演示文稿的主页，应用自定义背景。

● **在幻灯片中输入文本**

步骤 01 在第1页幻灯片中的占位符内，分别输入"年终总结"和"2014年度楼盘销售情况总结"。

步骤 02 在"开始"选项卡的"字体"选项组中设置"年终总结"为60号字，字体为"微软雅黑"。

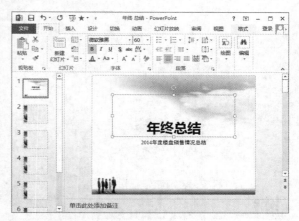

步骤 03 设置下方占位符中的文字，字体为"幼圆"，字号为40号。

步骤 04 打开"绘图工具-格式"选项卡，在"艺术字样式"选项组中单击"文本填充"下拉按钮，在颜色菜单中选择合适的字体颜色。

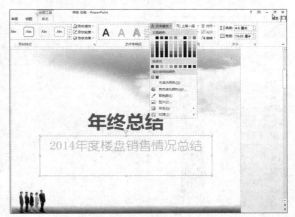

步骤 05 在"格式"选项卡的"艺术字样式"选项组中单击"文本效果"下拉按钮,在下拉列表中设置文字的艺术效果。

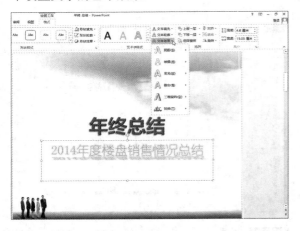

步骤 06 最后用鼠标拖动占位符,调整好文本之间的距离。

◎ 在幻灯片中插入图片

步骤 01 打开需要插入图片的幻灯片,切换到"插入"选项卡,在"图片"选项组中单击"图片"按钮。

步骤 02 弹出"插入图片"对话框,从中选择合适的图片,单击"插入"按钮。

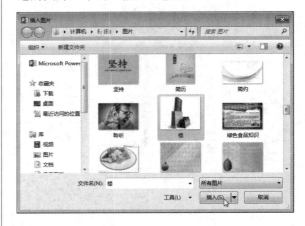

步骤 03 选中的图片随即被插入到了幻灯片中。

步骤 04 右击图片,在弹出的快捷菜单中选择"置于顶层"命令,在下拉列表中选择"置于顶层"选项。

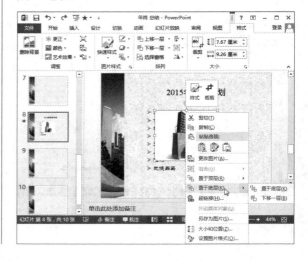

步骤05 调整好图片的大小，将图片拖动到合适的位置。

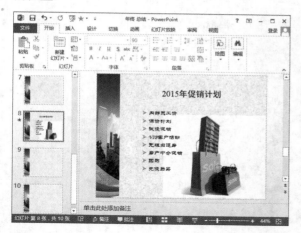

◎ 在幻灯片中插入表格

步骤01 打开需要插入表格的幻灯片，在标题占位符中输入标题。

步骤02 在文本占位符中单击"插入表格"按钮。

步骤03 弹出"插入表格"对话框，分别在"列数"数值框中输入5，"行数"数值框中输入20，单击"确定"按钮。

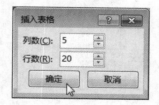

步骤04 文本占位符中随即被插入了一个5列20行的表格。

步骤05 打开"设计"选项卡，单击"表格样式"组中的"其他"下拉按钮，在展开的菜单中选择"无样式，网格型"样式。

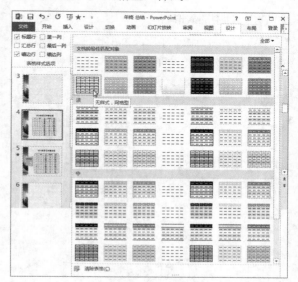

步骤06 切换到"开始"选项卡，在"字体"选项组中选择"字号"为9。

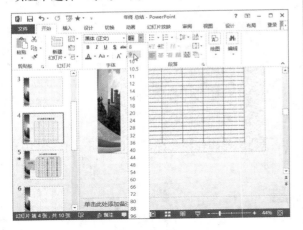

步骤07 在表格中输入相应的文本内容即可。

● 在幻灯片中插入形状

步骤01 打开第2张幻灯片，单击"插入"选项卡的"插图"选项组中的"形状"下拉按钮。

步骤02 在展开的下拉列表"基本形状"区域中选择"梯形"选项。

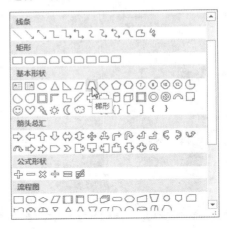

步骤03 当光标变为"+"形状时，按住鼠标左键，在合适的位置绘制一个梯形。

步骤04 将光标移动到图形的旋转符号"●"上方，按住鼠标左键旋转图形。

步骤05 右击图形，在展开的快捷菜单中单击"填充"下拉按钮，在展开的下拉列表中选择合适的颜色。

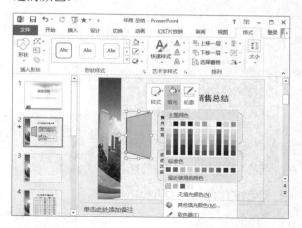

步骤06 再次右击图形，在弹出的快捷菜单中单击"轮廓"下拉按钮，在展开的列表中选择"无轮廓"选项。

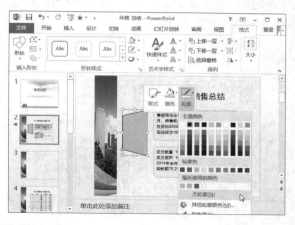

步骤07 切换至"插入"选项卡，在"文本"选项组中单击"文本框"下拉按钮，在下拉列表中选择"横排文本框"选项。

步骤08 在文本框中输入文本，将文本框拖动到图形上方调整好文本的字体、字号等。

3. 移动与复制幻灯片

在编辑演示文稿的过程中，通常会执行移动或复制幻灯片的操作，下面将对其具体的操作方法进行介绍。

步骤01 选中需要移动位置的幻灯片，按住鼠标左键，向上拖动。

步骤02 将幻灯片移动到合适位置时松开鼠标，至此已经完成了移动操作。

步骤03 右击需要复制的幻灯片，在弹出的快捷菜单中选择"复制幻灯片"命令。

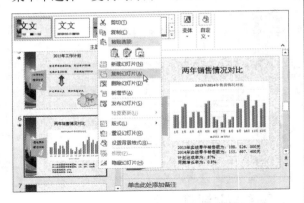

步骤04 在该幻灯片的下方，随即复制出了一张格式和内容完全相同的幻灯片。

4. 删除幻灯片

如果不再需要某些幻灯片，那么可以将其删除。首先选中该幻灯片，然后按Delete键或利用右键快捷菜单进行删除。

步骤01 在"大纲"窗格中右击需要删除的幻灯片，在展开的快捷菜单中选择"删除幻灯片"命令。

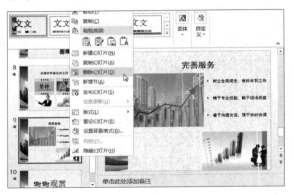

步骤02 删除幻灯片后，演示文稿中将不再显示被删除的幻灯片。

5. 隐藏幻灯片

在播放演示文稿的时候，用户若不希望播放某些幻灯片中的内容，又不想把该换幻灯片删除，则可以将幻灯片隐藏。

步骤01 右击需要隐藏的幻灯片，在弹出的快捷菜单中选择"隐藏幻灯片"命令。

步骤02 选中的幻灯片标号上随即出现一条斜线。此时在播放演示文稿的时候，被隐藏的幻灯片将不被播放。

12.2 新产品上市宣传方案

PowerPoint办公篇

为了将公司的新产品顺利地推向市场，新产品发布会的举办是必不可少的。通常，这也是促进销售的最有力手段。接下来，我们将系统地介绍一个新产品上市宣传方案的制作过程，以帮助读者能够更好地掌握PowerPoint 2013的使用方法与操作技巧。

12.2.1 幻灯片母版的设计

在观看幻灯片时，读者常会被那些华丽的背景所吸引，最独特的是每张幻灯片都拥有相同的背景，这是如何实现的呢？其实很简单，通过设计幻灯片母版即可顺利添加背景。

1. 设计主题母版

幻灯片母版主要用来实现演示文稿整体效果的统一，建立幻灯片母版的操作步骤如下。

步骤01 打开一个演示文稿并将其另存，同时修改演示文稿名称。

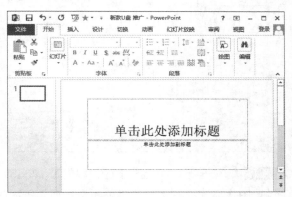

步骤02 切换至"视图"选项卡，单击"母版视图"选项组中的"幻灯片母版"按钮。

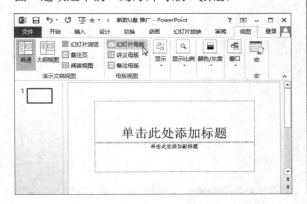

步骤03 此时在"大纲"窗格中新增了各种版式的幻灯片。

步骤04 在"大纲"窗格中选中"Office主题 幻灯片母版：由幻灯片1使用"选项。

步骤05 切换到"插入"选项卡，在"文本"选项组中单击"文本框"下拉按钮，在展开的列表中选择"横排文本框"选项。

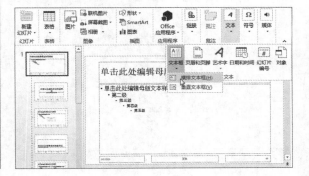

步骤06 按住鼠标左键，在幻灯片中合适的位置绘制一个文本框。

步骤07 切换至"格式"选项卡，单击"形状样式"选项组中的"对话框启动器"按钮。

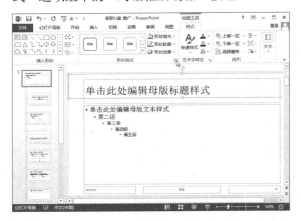

步骤08 弹出"设置图片格式"导航窗格，选中"图片或文理填充"单选按钮。

步骤09 在"插入图片来自"区域中单击"文件"按钮。

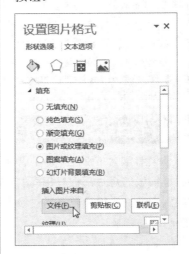

步骤10 弹出"插入图片"对话框，选中需要插入到文本框中的图片，单击"插入"按钮。

步骤11 文本框随即被选中的图片填充。单击"设置图片格式"右上角的"关闭"按钮。关闭该窗格。

步骤12 右击文本框，在弹出的快捷菜单中选择"置于底层"命令，在下级列表中选择"置于底层"选项。

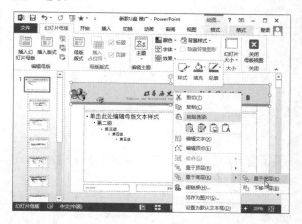

步骤13 调整好文本框的位置，切换到"幻灯片母版"选项卡，单击"关闭母版视图"按钮。

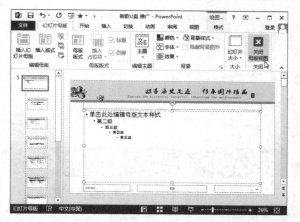

步骤14 关闭"母版视图"后，在导航栏中查看每一张幻灯片的效果，即可发现已经统一应用了母版样式。

2. 设计幻灯片版式

在设计幻灯片之前，用户可以先设置好标题幻灯片的版式，这样制作标题幻灯片的时候，输入的标题就会自动套用设计好的样式。

步骤01 切换到"视图"选项卡，在"母版视图"选项组中单击"幻灯片母版"按钮。

步骤02 在"大纲"窗格中选中"标题幻灯片 版式：由幻灯片1使用"选项。

步骤03 在幻灯片中选中标题占位符，切换到"开始"选项卡，在"字体"选项组中选择字体为"微软雅黑"。

步骤 04 在"字号"数值框中输入字号，为42号字。

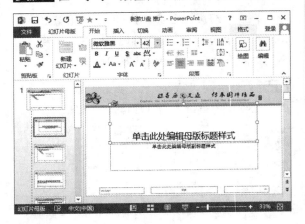

步骤 05 选中副标题占位符，在"字体"选项组中选择字体为"宋体"。

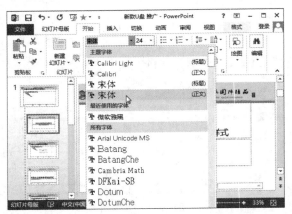

步骤 06 在"字号"数值框中输入字号，为17号字。

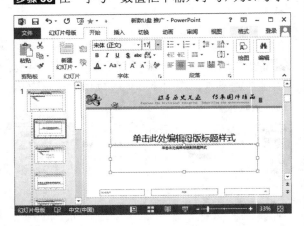

步骤 07 切换到"幻灯片母版"选项卡，单击"关闭母版视图"按钮。

步骤 08 此时，第一张幻灯片的标题和副标题均已被设置好版式。

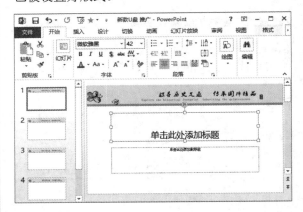

12.2.2 标题幻灯片的设计

标题幻灯片位于演示文稿的首页，往往是样式文稿的首页，所以将标题幻灯片制作得美观是非常有必要的。

步骤 01 打开第一张幻灯片，在空白处右击，在弹出的快捷菜单中选择"设置背景格式"命令。

步骤 02 打开"设置背景格式"导航窗格，打开"填充"选项卡，在"填充"区域中选中"图片或文理填充"单选按钮。

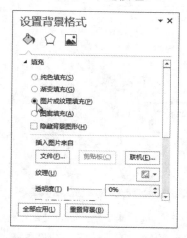

步骤 03 在"插入图片来自"区域中单击"文件"按钮。

步骤 04 弹出"插入图片"对话框，选中合适的图片，单击"插入"按钮。

步骤 05 返回"设置背景格式"窗格，在"填充"区域中勾选"隐藏背景图形"复选框。

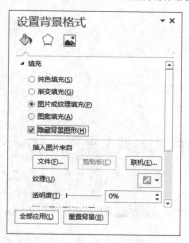

步骤 06 单击"关闭"按钮，关闭"设置背景格式"窗格。

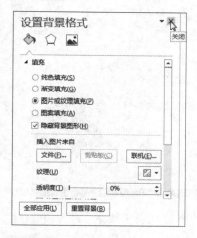

步骤 07 在标题占位符中输入文本"新款U盘发布会"即可。

步骤 08 在副标题占位符中输入文本Release conference。

步骤 09 切换到"插入"选项卡，在"插图"选项组中单击"形状"下拉按钮。

步骤 10 在展开的下拉列表"线条"区域中选择"直线"选项。

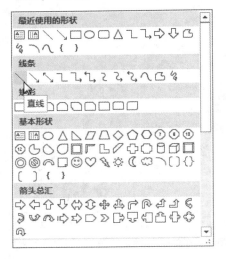

步骤 11 将光标移动至标题下方，按住鼠标左键，绘制一条直线。

步骤 12 切换至"格式"选项卡，在"形状样式"选项组中单击"形状轮廓"下拉按钮，在"主题颜色"列表中选择"黑色，文字1"选项。

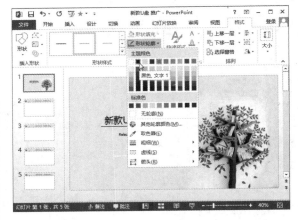

步骤 13 再次单击"形状轮廓"下拉按钮，选择"粗细"选项，在下级列表中选"3磅"选项。

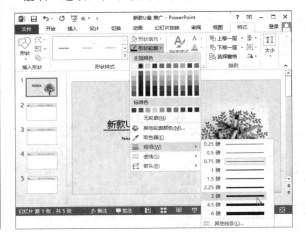

步骤 14 调整好直线的长度和位置，标题幻灯片就设计完成了。

12.2.3 内容幻灯片的设计

一份演示文稿通常包含多张幻灯片，幻灯片中所设计的内容是根据要描述对象而定的。所以每一份演示文稿的幻灯片设置都不相同。

1. 制作目录页幻灯片

目录页幻灯片在大多数演示文稿中都是存在的，它用于显示演示文稿的主要组成部分。通过在目录中插入超链接，演讲者便可以直接选择演讲内容。

◎ 编辑背景

步骤 01 打开第二张幻灯片，删除所有占位符。

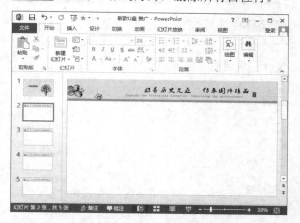

步骤 02 在幻灯片中右击，在展开的菜单中选择"设置背景格式"命令。

步骤 03 打开"设置背景格式"窗格，在"填充"区域中选中"渐变填充"单选按钮。

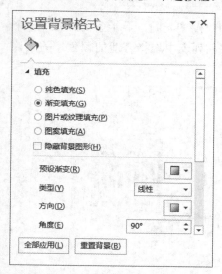

步骤 04 单击"方向"下拉按钮，在展开的列表中选择"线性向下"选项。

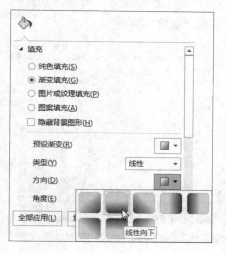

步骤05 在"渐变光圈"显示条上选中一个滑块，单击"颜色"下拉按钮，打开颜色列表，选择合适的颜色。

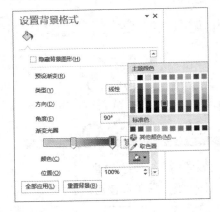

步骤06 选中"渐变光圈"显示条上的另外一个滑块，在颜色列表中选择合适的颜色，关闭该窗格。

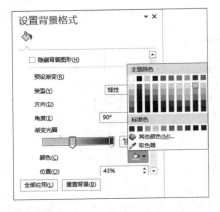

◉ 编辑目录样式

步骤01 切换至"插入"选项卡，单击"形状"下拉按钮，选择"弧形"选项。

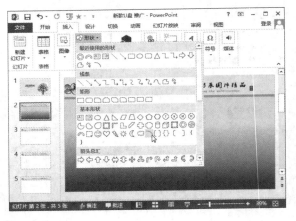

步骤02 当光标变为"+"形状时，按住鼠标左键在幻灯片中绘制一个弧形。

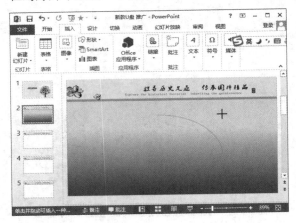

步骤03 切换至"格式"选项卡，在"形状样式"选项组中，单击"形状轮廓"下拉按钮，在展开的列表中选择"白色"选项。

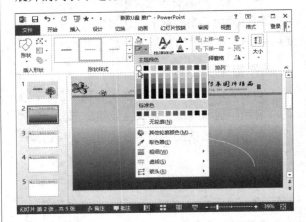

步骤04 将光标指向弧形的一端，当光标变为"▷"形状时按住鼠标左键拖动鼠标调整弧形的长度。最后将弧形移动到合适的位置。

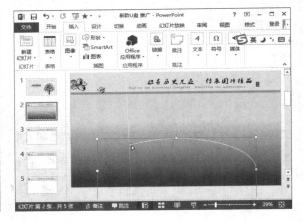

步骤 05 单击"形状"下拉按钮，在"基本形状"区域中选择"同心圆"选项。

步骤 06 按住鼠标左键并拖动，在幻灯片中绘制一个同心圆。

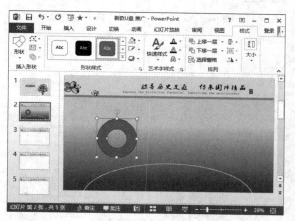

步骤 07 切换至"格式"选项卡，在"形状样式"组中单击"形状填充"下拉按钮，在"主题颜色"区域中选择"白色"选项。

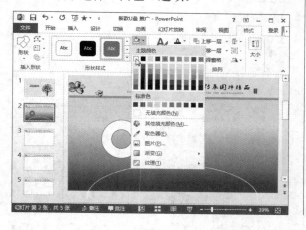

步骤 08 单击"形状轮廓"下拉按钮，选择"无轮廓"选项。

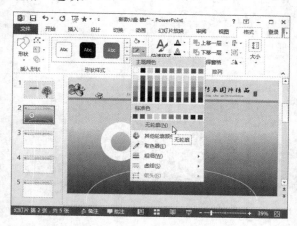

步骤 09 将光标指向同心圆内侧，黄色的小方框，当鼠标变为"↘"形状时按住鼠标左键拖动，调整同心圆的内径。

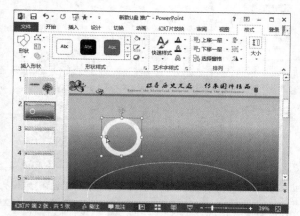

步骤 10 按住鼠标左键并拖动，将同心圆移动到合适的位置。

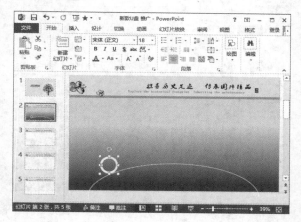

步骤11 分别按组合键Ctrl+C和Ctrl+V复出制多个同心圆，移动到幻灯片中合适的位置。

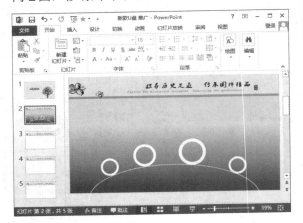

步骤12 单击"形状"下拉按钮，在"线条"区域中选择"直线"选择。

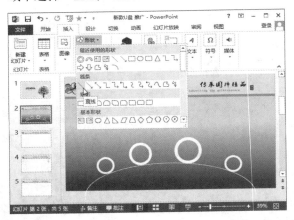

步骤13 当光标变为"+"形状时，按住鼠标左键并拖动，在幻灯片中合适的位置绘制一条直线。

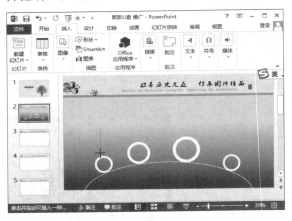

步骤14 切换到"格式"选项卡，单击"形状轮廓"下拉按钮，在展开的列表中，选择"白色"选项。

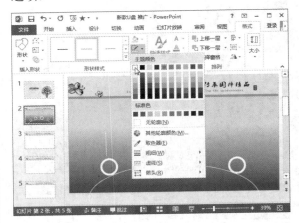

步骤15 再次单击"形状轮廓"下拉按钮，选择"虚线"选项，在下级列表中选择"短划线"选项。

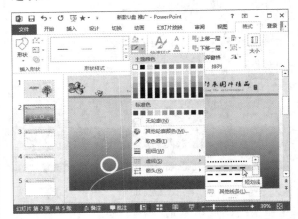

步骤16 复制多个该形状，并依次将其拖动到合适的位置。

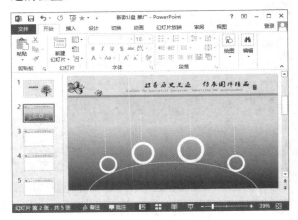

步骤17 切换至"插入"选项卡，在"文本"选项组中单击"文本框"下拉按钮，选择"横排文本框"选项。

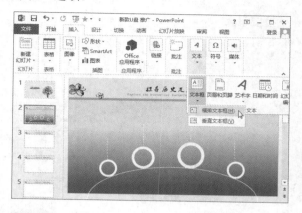

步骤18 当光标变为"+"形状时，按住鼠标左键并拖动，在幻灯片中绘制一个文本框。

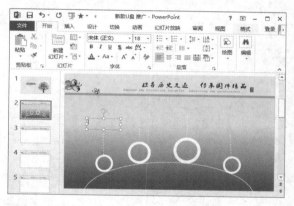

步骤19 在文本框中输入文本"陶瓷U盘"。

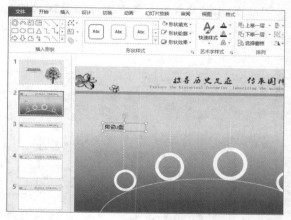

步骤20 在"开始"选项卡的"字体"选项组中，设置文本效果为"白色"、"加粗"、"文字阴影"，字体为"微软雅黑"，字号为18。

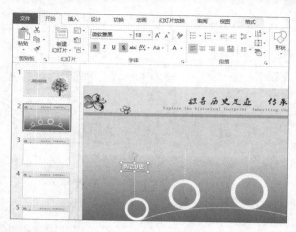

步骤21 参照以上步骤设置目录页中其他文字格式，完成效果如下图所示。

2. 制作正文页幻灯片

在演示文稿的正文中，可以展示图片、图形、图表、文字等元素，这些页面是演示文稿的主要内容。

● 在正文中编辑图片

步骤01 切换至"开始"选项卡，单击"新建幻灯片"下拉按钮，在展开的列表中选择"两栏内容"选项。

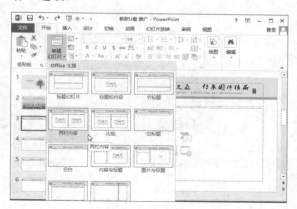

步骤 02 删除"标题"占位符，在左侧文本占位符中单击"图片"按钮。

步骤 03 弹出"插入图片"对话框，选中图片，单击"插入"按钮。

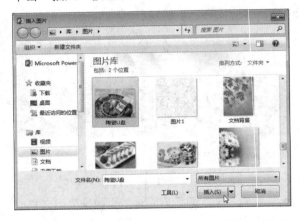

步骤 04 右击图片，在弹出的菜单中选择"置于底层"命令，在下级列表中选择"置于底层"选项。

◎ 在正文中编辑文本

步骤 01 将光标置于右侧文本占位符中，在"开始"选项卡"段落"选项组中单击"项目符合"下拉按钮。

步骤 02 在下拉列表中选择"带填充效果的圆形项目符号"选项。

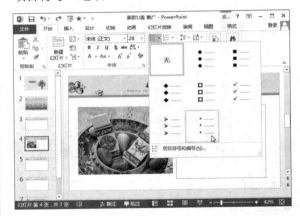

步骤 03 在占位符中输入文本，每一段文字之前都自动添加了项目符号。

步骤 04 在"开始"选项卡"字体"选项组中设置字体为DFKai-SB，字号为14。

步骤 05 调整好占位符的大小和位置。

步骤 06 向幻灯片中插入其他文本框并输入文字，设置好文字或文本框的填充效果。

⊙ **在正文中编辑竖排文本**

步骤 01 切换至"开始"选项卡，单击"新建幻灯片"下拉按钮，在展开的列表中选择"空白"选项。

步骤 02 演示文稿中随即被插入一张空白幻灯片。

步骤 03 切换到"插入"选项卡，单击"文本"垂直组中的"文本框"下拉按钮，选择"垂直文本框"选项。

步骤04 将光标移动至幻灯片编辑区，绘制一个文本框。

步骤05 在文本框中输入文字"青花瓷"。

步骤06 选中文本框，在"开始"选项卡的"字体"选项组中的"字体"文本框中，选择字体为"黑体"。

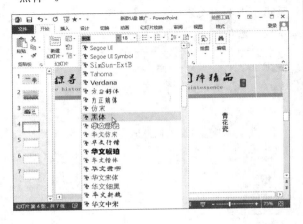

步骤07 再次单击"文本框"下拉按钮，选择"垂直文本框"选项。

步骤08 在幻灯片合适的位置绘制一个文本框。

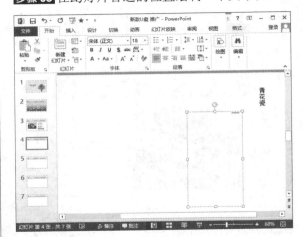

步骤09 在竖排文本框中输入相应的文本。

步骤10 选中文本并右击，在展开的菜单中选择"字体"命令。

步骤11 弹出"字体"对话框，设置"中文字体"为"黑体"，字体大小为16，单击"确定"按钮。

步骤12 返回演示文稿，单击"开始"选项卡的"段落"选项组中的"对话框启动器"按钮。

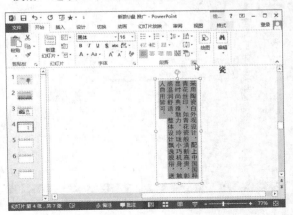

步骤13 打开"段落"对话框，在"缩进和间距"选项卡中设置"特殊格式"为"首行缩进"，度量值为"1.3厘米"，"行距"为"1.5倍行距"，单击"确定"按钮。

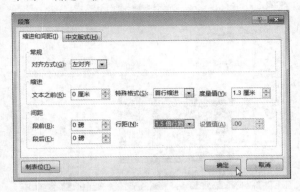

步骤14 调整好文本框的位置，单击"插入"选项卡中的"图片"按钮。

步骤15 在弹出的对话框中选择合适的图片，单击"插入"按钮。

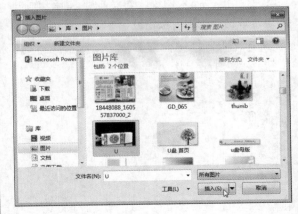

步骤 16 调整好图片的大小和位置，最后在右侧文本框旁边绘制一条直线，本张幻灯片就设计完成了。

◎ 在正文中编辑图表

步骤 01 如果需要在幻灯片中插入图表，则单击"文本占位符"中的"插入图表"按钮。

步骤 02 弹出"插入图表"对话框，选择合适的图表，单击"确定"按钮。

步骤 03 此时一张饼图被插入到了幻灯片中，用户可以根据需要修改饼图的样式。

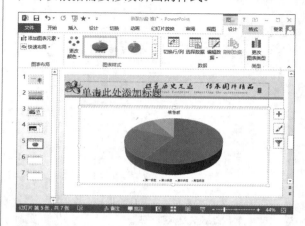

步骤 04 在插入图表的同时，也自动弹出了一个Excel表格，用户可以在该表格中输入需要的数据，最后将表格关闭即可。

3. 制作结尾页幻灯片

正文幻灯片编辑完之后，在整个演示文稿的最后还要编辑一张结尾幻灯片。

步骤 01 在演示文稿的最后新建一张空白幻灯片，切换到"插入"选项卡，单击"文本框"下拉按钮，选择"横排文本框"选项。

步骤02 在幻灯片中合适的位置绘制一个文本框。

步骤03 在文本框中输入文本，选中该文本并右击，在快捷菜单中选择"字体"命令。

步骤04 弹出"字体"对话框，在"字体"选项卡中设置"字体"、"字体样式"、"大小"和"字体颜色"。

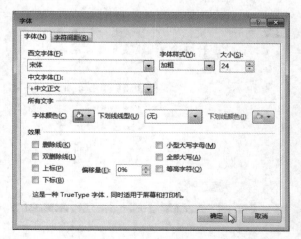

步骤05 单击"确定"按钮，返回演示文稿，在幻灯片中再次绘制一个横排文本框。

步骤06 在文本框中输入文本"欢迎您的惠顾"。

步骤07 在"开始"选项卡的"字体"选项组中设置文本的"字体"、"字号"、"加粗"、"文字阴影"、"下划线"和"字体颜色"。

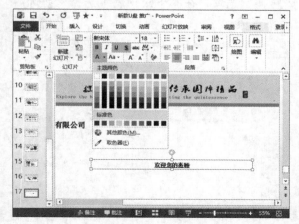

步骤08 切换至"格式"选项卡，单击"艺术字样式"选项组中的"文字效果"下拉按钮。

步骤09 在"文字效果"下拉列表中选择"阴影"选项，在下级列表中选择"右上对角透视"选项。

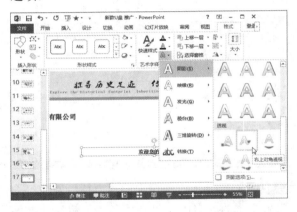

步骤10 再次单击"文字效果"下拉按钮，选择"转换"选项，在其下级列表中选择"前远后近"选项。

步骤11 切换到"插入"选项卡，单击"形状"下拉按钮，选择"矩形"选项。

步骤12 在幻灯片左下方绘制一个矩形。

步骤13 切换至"格式"选项卡，在"形状样式"选项组中单击"形状填充"下拉按钮，在颜色列表中选择合适的颜色。

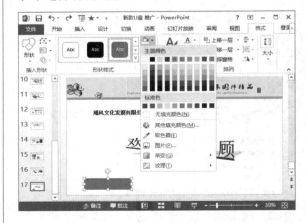

步骤14 在"形状样式"选项组中，单击"形状轮廓"下拉按钮，选择"无轮廓"选项。

步骤15 在"形状样式"选项组中，单击"形状效果"下拉按钮，选择"棱台"选项，在其下级列表中选择"棱文"选项。

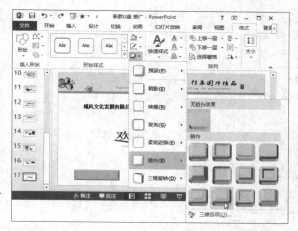

步骤16 选中矩形，直接在矩形中输入文本"返回目录"。

步骤17 右击矩形，在弹出的快捷菜单中选择"超链接"命令。

步骤18 弹出"插入超链接"对话框，在"链接到"列表中，选择"文本档中的位置"选项，在"请选择文本档中的位置"区域中选择"幻灯片2"选项。

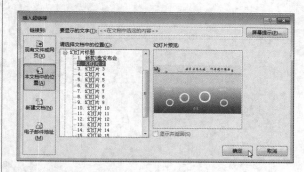

步骤19 单击"确定"按钮，返回演示文稿，调整好文本框和矩形的位置。结尾幻灯片的设置效果如下图所示。

Chapter *13*

动画效果的精心设计

动画是演示文稿的精华，设置一个动态的演示文稿会让整个幻灯片看上去更炫、更酷、更吸睛。这时有人会问，动画效果的设置是不是很难呢？其实不然，本章将对各种动画效果的设置操作进行逐一介绍，通过对本章内容的学习，读者不仅可以制作出更加完美的幻灯片的页面，还能创建各种各样让人意外的动画效果。

核心知识点

❶ 图片的美化

❷ 艺术字的添加

❸ 进入动画、强调动画和路径动画的设计

❹ 切换动画的制作

PowerPoint办公篇

13.1 美化产品宣传页

在为产品宣传页制作动画效果之前，可以先完善演示文稿，例如为幻灯片插入剪贴画、艺术字、调整图片效果等，最后再进行动画的设计。

13.1.1 图片和艺术字的应用

在幻灯片的设计过程中，图片与艺术字的应用是必不可少的，接下来将对图片与艺术字的深入应用进行详细介绍。

1. 插入图片

PowerPoint 2013可以根据需要联机搜索到海量的图片，插入联机图片的详细步骤如下。

步骤01 打开需要插入图片的幻灯片，在"插入"选项卡中单击"联机图片"按钮。

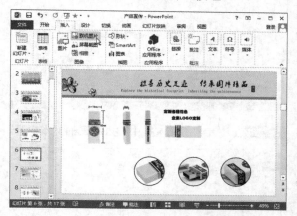

步骤02 弹出"插入图片"面板。

步骤03 在"文本框"中输入搜索内容"青花瓷U盘"，单击"搜索"按钮。

步骤04 若没有搜索结果，则单击"显示所有Web结果"按钮。

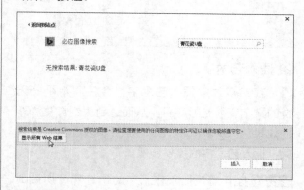

步骤05 在搜索结果中选中合适的图片，单击"插入"按钮。

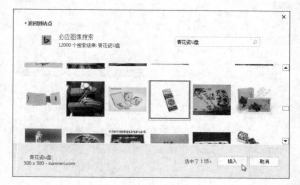

步骤06 选中的图片随即出现在幻灯片中。

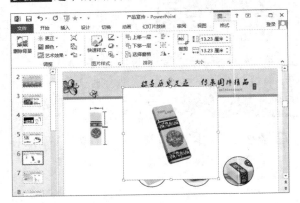

步骤07 调整好所插入图片的大小，将其拖动到合适位置。

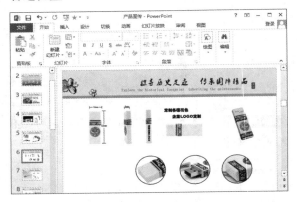

2. 插入艺术字

在幻灯片中插入艺术字，会使原本平淡无奇的文字变得光彩夺目，从而达到为幻灯片添彩的效果。PowerPoint 2013提供了多种艺术字效果，插入艺术字的操作步骤如下。

步骤01 打开需要插入艺术字的幻灯片。切换到"插入"选项卡，单击"艺术字"下拉按钮。

步骤02 在展开的下拉列表中选择合适的艺术字样式。

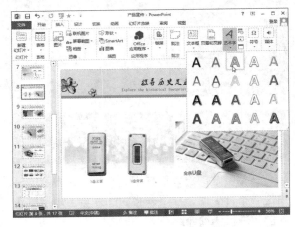

步骤03 幻灯片中随即被插入一个艺术字文本框。

步骤04 在该艺术字文本框中输入所需的文本内容。

步骤05 如果对艺术字的样式不满意，可以切换至"格式"选项卡，单击"艺术字样式"选项组中的"快速样式"下拉按钮，在展开的列表中重新选择样式。

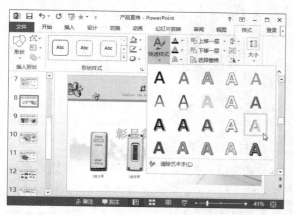

步骤06 在"艺术字样式"选项组中单击"文字效果"下拉按钮，选择"映像"选项，在下级列表中选择"半映像，接触"选项。

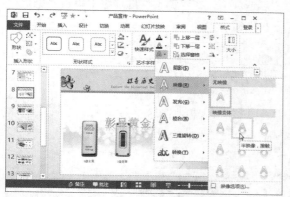

步骤07 单击"文字效果"下拉按钮，选择"转换"选项，在下级列表中选择"双波形2"选项。

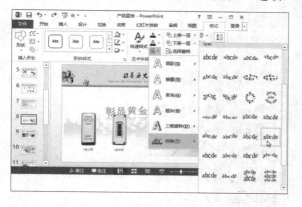

步骤08 选中艺术字，将艺术字拖动到合适位置。

13.1.2 图片效果设计

在演示文稿中插入图片后，用户可根据实际情况，对图片的大小、位置进行调整，也可对图片进行裁剪、调整对比度、添加边框等操作。

1. 图片样式的应用

PowerPoint 2013中内置了很多类型的图片样式，使用这些样式可以快速有效地对图片显示效果进行美化，具体操作步骤如下。

步骤01 在幻灯片中选中图片，切换到"格式"选项卡，在"图片样式"选项组中单击"快速样式"下拉按钮。

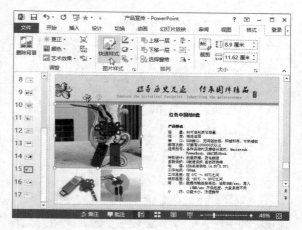

步骤 02 在展开的列表中选择"柔化边缘椭圆"选项。

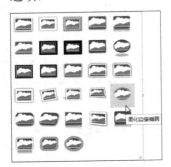

步骤 03 选中幻灯片中另外一张图片，再次单击"快速样式"下拉按钮。

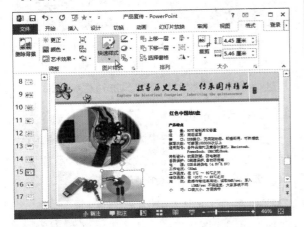

步骤 04 在展开的下拉列表中选择"映像四角矩形"选项。

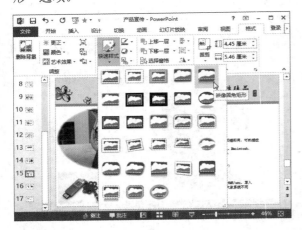

步骤 05 返回演示文稿，套用图片样式的效果如下图所示。

2. 图片效果的调整

直接插入到幻灯片中的图片，其效果也许并不能达到用户的要求，这时不仅可以对图片的亮度、颜色等进行调整，还可以为图片添加艺术效果。

步骤 01 选中需要调整效果的图片，切换至"格式"选项卡，在"调整"选项组中单击"更正"下拉按钮。

步骤 02 在展开的下拉列表中选择"亮度:+20% 对比度:-20%"选项。

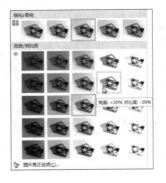

步骤 03 单击"颜色"下拉按钮，在"颜色饱和度"区域中选择"饱和度:200%"选项。

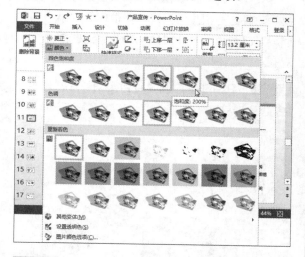

步骤 04 单击"艺术效果"下拉按钮，在展开的列表中选择"塑封"选项。

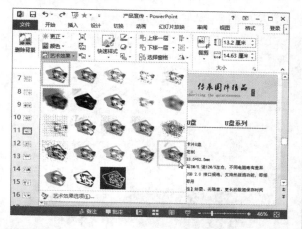

步骤 05 返回演示文稿，选中的图片设置效果如下图所示。

3. 按需裁剪图片

当插入到幻灯片中的图片过大时，用户需要应用"裁剪"功能将图片裁剪到合适的大小。为了图片的美观，用户还可以将图片裁剪成各种形状。

步骤 01 选中需要裁剪的图片，切换至"格式"选项卡，单击"裁剪"下拉按钮，在展开的列表中选择"裁剪"选项。

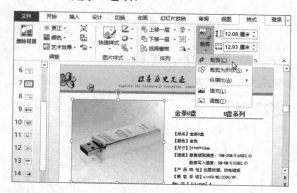

步骤 02 选中的图片四周随即出现八个裁剪符号。

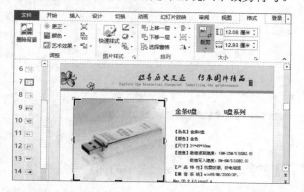

步骤 03 根据需要，将光标放置在裁剪符号上，当光标变为 ⊥ 形状时，按下鼠标左键，拖动鼠标裁剪图片。

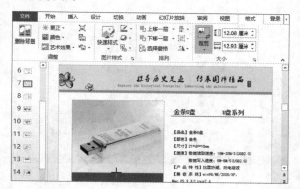

步骤 04 图片裁剪好之后，单击"裁剪"按钮，退出裁剪状态。

步骤 05 单击"格式"选项卡中的"裁剪"下拉按钮，在下拉列表中选择"裁剪为形状"选项，在下级列表中选择"缺角矩形"选项。

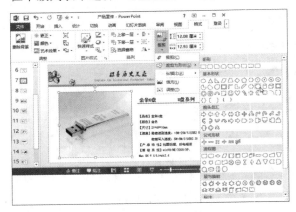

步骤 06 返回演示文稿，选中的图片已经被裁剪成了指定的形状。

4. 排列演示文稿中的图片

在一张幻灯片中插入了多张图片之后，如果要手动将这些图片对齐是一件很麻烦的事，这时候就可以利用"对齐对象"功能将这些图片统一对齐。

步骤 01 按住Shift键的同时将两张幻灯片都选中。

步骤 02 切换至"格式"选项卡，在"排列"选项组中单击"对齐对象"下拉按钮，在下拉列表中选择"上下居中"选项。

步骤 03 选中的图片随即按居中对齐的方式在幻灯片中排列。

步骤 04 按住Shift键后将两张图片都选中，右击图片，在弹出的快捷菜单中选择"组合"命令，在子菜单中选择"组合"选项。

步骤 05 两张图片随即被组合在一起，这时候如果要移动一张图片，另一张图片也会随着一起移动。

PowerPoint办公篇

13.2 产品宣传页的动画设计

为演示文稿中的某些对象，甚至是整个幻灯片设置动画效果，可以真正让演示文稿动起来。这样在播放演示文稿的时候，就会给观看者一个全新的感受。本节将对幻灯片动画效果的设计方法进行详细介绍。

13.2.1 动画效果的添加

所谓的动画即指给文本或对象添加特殊视觉或声音效果，用户可以使文本项目符号点逐字从左侧飞入，或在显示图片时播放掌声。动画效果的制作可使演示文稿更具动态效果，并有助于提高信息的生动性。PowerPoint 2013动画效果包括进入、强调、退出、动作路径几大类，用户可以根据实际需要设置合适的动画效果。

1. 进入动画

"进入"动画效果，使对象逐渐淡入焦点、可以从边缘飞入或者是跳入视图中，具体设置方法如下。

步骤 01 打开标题幻灯片，选中标题文本框，切换到"动画"选项卡，单击"添加动画"下拉按钮。

步骤02 在展开的下拉列表的"进入"区域中选择"浮入"选项。

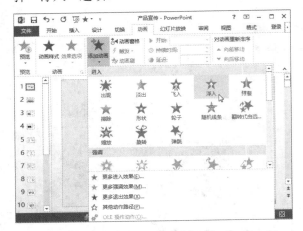

步骤03 选中副标题文本框，再次单击"高级动画"选项组中的"添加动画"下拉按钮。

步骤04 在展开的列表中选择"形状"选项。

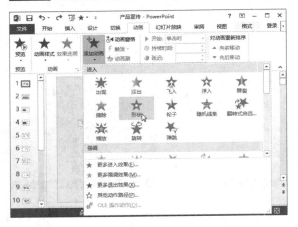

步骤05 选中幻灯片中的直线，在"添加动画"下拉列表中选择"淡出"选项。

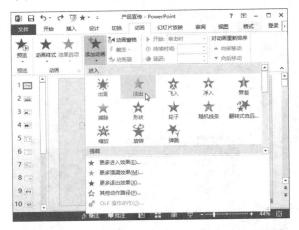

步骤06 在"动画"选项卡的"高级动画"选项组中单击"动画窗格"按钮。

步骤07 打开"动画窗格"窗格，选中"直线连接符5"选项，在"动画"选项卡中单击"向前移动"按钮，将该选项移动至最前位置。

步骤 08 在"动画窗格"窗格中单击"文本框1"选项右侧的下拉按钮。

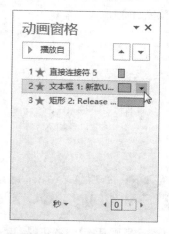

步骤 09 在展开的下拉列表中选择"计时"选项。

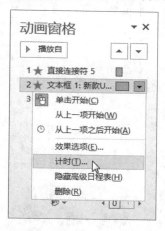

步骤 10 打开"上浮"对话框，在"计时"选项卡中选择"期间"为"中速（2秒）"，单击"确定"按钮，关闭该对话框。

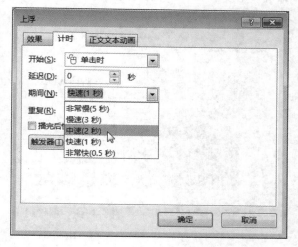

步骤 11 在"动画窗格"窗格中单击"播放自"按钮，预览动画效果。

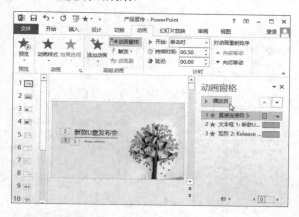

2. 强调动画

"强调"动画效果包括是对象缩小或放大、更改颜色或沿其中心旋转，具体设置方法如下。

步骤 01 打开第三张幻灯片，选中最上方文本框，单击"动画"选项卡中的"添加动画"下拉按钮。

步骤 02 在下拉列表"强调"区域中，选择"波浪形"选项。

步骤03 此时选中的文本框变成了两个，将光标置于上方文本框中的红色圆点上，光标变为"✛"形状。

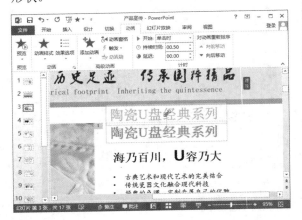

步骤04 按住鼠标左键拖动鼠标，调整波浪动画效果的幅度。

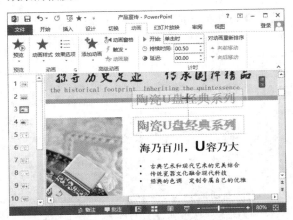

步骤05 选中其他文本框，单击"添加动画"下拉按钮，在"强调"区域中选择"陀螺旋"选项。

步骤06 保持该文本框的选中，在"高级动画"选项组中单击"添加动画"下拉按钮。在"强调"组中选择"对象颜色"选项。

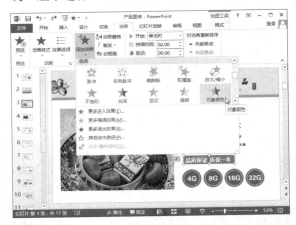

步骤07 可以观察到该文本框被添加了两个动画效果。

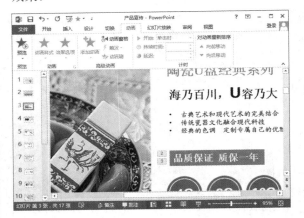

步骤08 在"动画"选项卡中单击"预览"按钮，即可预览该张幻灯片中设置的动画效果。

3. 路径动画

使用动作路径动画可以使对象上下移动、左右移动或者沿着星行或圆形图案路径移动。用户也可以绘制自己的动作路径，具体设置方法如下。

步骤01 选中需要设置路径动画的图片，单击"添加路径"下拉按钮。

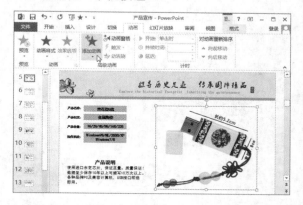

步骤02 在下拉列表的"动作路径"区域中，选择"形状"选项。

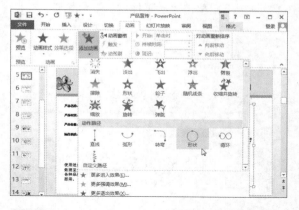

步骤03 图片上方随即出现播放动画时，图片的移动路径。

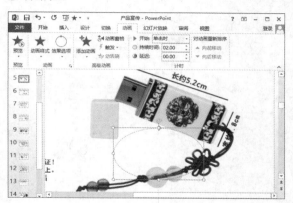

步骤04 选中圆形边框，按住鼠标左键，拖动鼠标，可以调整路径的范围。

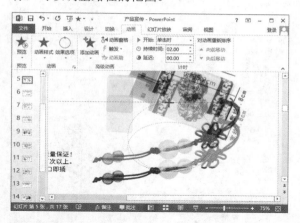

步骤05 在"动画"选项组中单击"效果选项"下拉按钮，然后在"形状"区域中选择"等边三角形"选项。

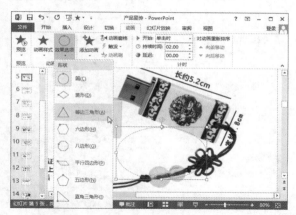

步骤06 这时可以看到，图片的动画路径随即变为等边三角形。

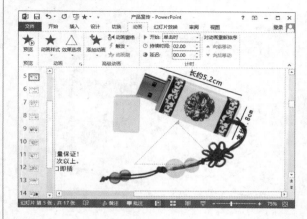

步骤 07 若要自定义路径，单击"动画样式"下拉按钮，在"动作路径"区域中选择"自定义路径"选项。

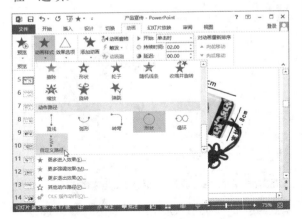

步骤 08 当光标变为+形状时按住鼠标左键，移动鼠标，绘制任意形状的路径。

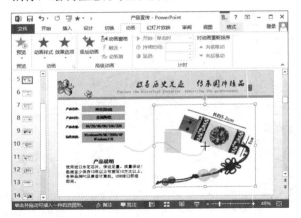

步骤 09 路径绘制完成之后，再次单击"动画样式"按钮，退出自定义路径模式。

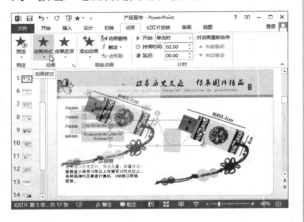

4. 退出动画

"退出"动画效果包括使对象飞出幻灯片、从视图中消失或者从幻灯片中旋出，具体设置方法如下。

步骤 01 按住Shift键同时，选中幻灯片中的两个文本框并右击，执行"组合"命令，在子菜单中选择"组合"选项。

步骤 02 选中的文本框被组合在了一起，在"动画"选项卡中单击"动画样式"下拉按钮。

步骤 03 在展开的列表中选择"更多退出效果"选项。

步骤 04 弹出"更改退出效果"对话框，在"华丽型"区域中选择"弹跳"选项，单击"确定"按钮。

步骤 05 在"动画"选项卡的"动画"选项组中单击"对话框启动器"按钮。

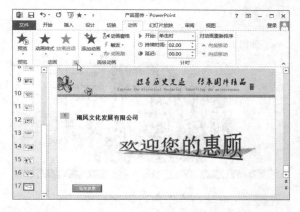

步骤 06 弹出"弹跳"对话框，切换至"效果"选项卡，在"声音"下拉列表中选择"鼓掌"选项。

步骤 07 单击"声音"下拉列表框右侧的"▣"按钮，用鼠标拖动滑块调节音量的大小。

步骤 08 切换到"计时"选项卡，在"延迟"微调框中设置数值为2，单击"确定"按钮。

步骤 09 返回演示文稿，单击"预览"按钮，预览退出动画效果。

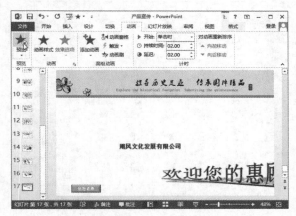

13.2.2 页面切换动画的制作

设置动画效果，不仅只针对幻灯片中的对象或文本，在整个幻灯片的页面中同样可以添加动画效果。

1. 切换动画的添加

为整个页面添加切换动画能够在放映幻灯片时增加动感。动画的切换样式分为"细微型"、"华丽型"、"动态内容"三大类，具体设置方法如下。

步骤 01 打开第12页幻灯片，切换到"切换"选项卡，单击"切换样式"下拉按钮。

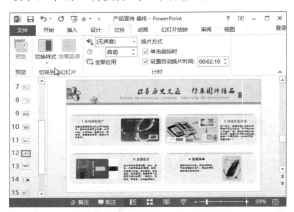

步骤 02 在展开的列表"细微型"区域中选择"形状"选项。

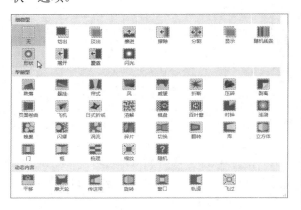

步骤 03 该幻灯片即应用了"形状"切换动画效果，页面切换效果如下。

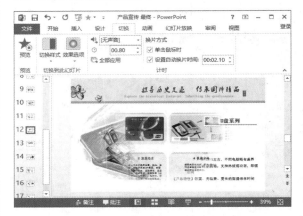

步骤 04 在"切换样式"下拉列表中还可以选择"华丽型"或"动态内容"的页面切换效果。下图为"华丽型"区域中"棋盘"的切换效果。

步骤 05 下图为"动态内容"区域中"窗口"的页面切换效果。

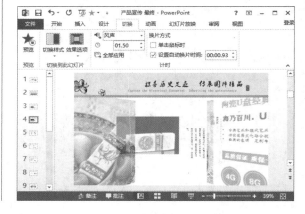

2. 切换动画的设置

为幻灯片添加了切换动画效果以后，还可以通过设置切换动画配音，以及控制动画的持续时间，让观看者体验更完美的动画效果。

步骤 01 在"切换"选项卡中，单击"切换样式"下拉按钮。

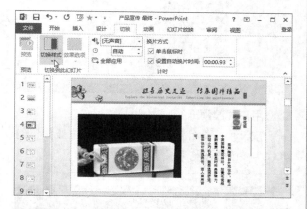

步骤 02 在展开的列表"华丽型"区域中选择"剥离"选项。

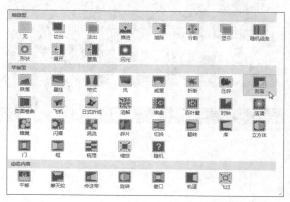

步骤 03 单击"效果选项"下拉按钮，在展开的列表中选择"向右"选项。

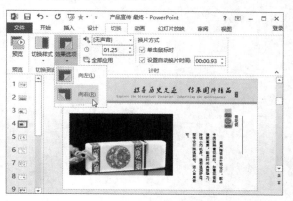

步骤 04 单击"计时"选项组中的"声音"下拉按钮，在下拉列表中选择"风声"选项。

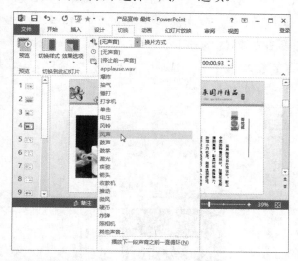

步骤 05 然后设置"持续时间"数值框的数值为03.00。

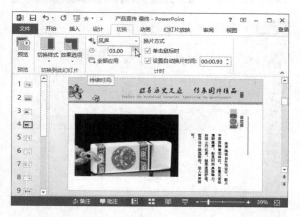

步骤 06 若希望演示文稿中所有幻灯片的切换方式都应用本页设置，则单击"应用全部"按钮。

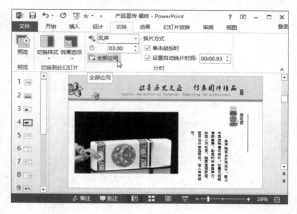

3. 切换动画的预览

在幻灯片放映前为了查看切换效果，确保设置准确无误，通常都会先对幻灯片进行预览。

● 在功能区中预览

步骤01 在"切换"选项卡的"预览"选项组中，单击"预览"按钮。

提示 切换效果的计时设置

为了使各幻灯片之间的且切换效果更具艺术性，我们可以为其指定持续时间。切换效果持续时间的设置很简单，在"计时"组的"持续时间"框中，键入或指定所需的时长即可。

步骤02 预览效果如下图所示。

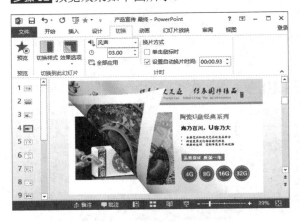

● 应用快捷键预览

按Shift+F5组合键，开始从当前位置预览幻灯片，按ESC键结束预览。

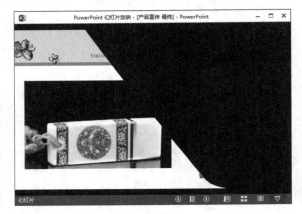

Chapter 14
幻灯片的放映与输出

当所有幻灯片制作完成以后，用户便可以通过放映功能来浏览其页面设计和动画效果。在播放时，幻灯片不仅可以自动播放，还可以通过相应的设置控制播放的时间、播放顺序等。本章将对幻灯片的放映及输出操作进行详细介绍，通过对本章内容的学习，读者可以掌握幻灯片的放映、打印、发布、导出等操作方法。

核心知识点

❶ 放映幻灯片

❷ 自定义放映幻灯片

❸ 发布幻灯片

❹ 打印幻灯片

❺ 导出幻灯片

PowerPoint办公篇

14.1 放映新产品宣传方案

精心制作每一张幻灯片并在幻灯片中设置各种动画效果，最终目的都是为了达到一个完美的放映效果。下面将对放映操作进行详细的介绍。

14.1.1 放映演示文稿

演示文稿是如何播放的呢？放映的时间又该如何控制？是否可以在幻灯片的放映期间插播音乐？上述这些疑问将在此一一解答。

1. 录制放映时间

播放每一张幻灯片的时间，都可通过"排练计时"功能来控制，具体操作步骤如下。

步骤 01 切换至"幻灯片放映"选项卡，在"设置"选项组中单击"设置幻灯片放映"按钮。

步骤 02 弹出"设置放映方式"对话框，分别在"放映类型"、"放映选项"、"放映幻灯片"、"换片方式"区域中选择合适的选项，单击"确定"按钮。

步骤 03 返回演示文稿，在"设置"选项组中，单击"排练计时"按钮。

步骤 04 演示文稿进入放映模式，在屏幕的左上方出现了"录制"工具栏，"幻灯片放映时间"文本框中显示放映时间。

步骤 05 单击"录制"工具栏中的"下一项"按钮，放映幻灯片中的下一个对象。

步骤 06 当所有幻灯片和对象都播放完后，自动弹出Microsoft PowerPoint对话框，显示录制幻灯片所用时长，单击"确定"按钮。

步骤 07 在"幻灯片放映"选项卡中，单击"从头开始"按钮，观看幻灯片放映效果。

2. 自定义放映

用户可根据实际需要自定义播放幻灯片，具体操作步骤如下。

步骤 01 若要指定播放某些幻灯片，或改变幻灯片的播放顺序，则在"幻灯片放映"选项卡中单击"自定义幻灯片放映"下拉按钮，选择"自定义放映"选项。

步骤 02 弹出"自定义放映"对话框，单击"新建"按钮。

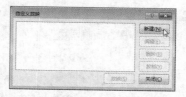

步骤 03 弹出"定义自定义放映"对话框，在"幻灯片放映名称"文本框中输入"产品宣传精简"。

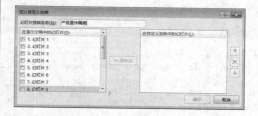

步骤 04 在"在演示文稿中的幻灯片"区域中勾选需要放映的幻灯片，单击"添加"按钮。

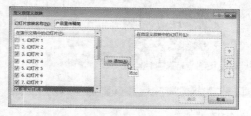

步骤 05 选中的幻灯片随即被添加到"在自定义放映中的幻灯片"区域中，选中任意选项单击"向上"按钮。

步骤 06 调整好幻灯片的放映顺序，单击"确定"按钮。

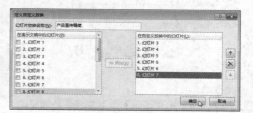

步骤 07 返回"自定义放映"对话框，单击"关闭"按钮。

步骤 08 在"幻灯片放映"选项卡中单击"自定义幻灯片放映"下拉按钮，在展开的列表中选择"产品宣传精简"选项，放映该自定义幻灯片。

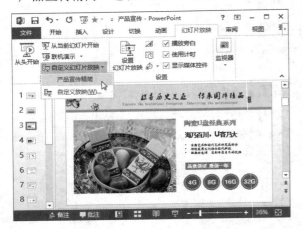

3. 播放背景音乐

为了给观众更立体更全方位的美感，我们可以为放映的幻灯片添加背景音乐。

步骤 01 切换到"插入"选项卡，在"媒体"选项组中单击"音频"下拉按钮，选择"PC上的音频"选项。

步骤 02 弹出"插入音频"对话框，选中需插入到幻灯片中的音乐文件，单击"插入"按钮。

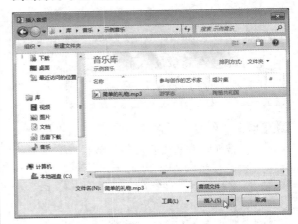

步骤 03 在"播放"选项卡的"预览"选项组中单击"播放"按钮，对音乐进行试听。

步骤 04 单击"编辑"选项组中"裁剪音频"按钮。

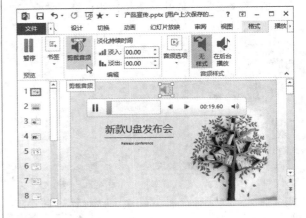

步骤 05 弹出"裁剪音频"对话框，拖动红色和绿色裁剪滑块，对音乐进行裁剪，单击"确定"按钮。

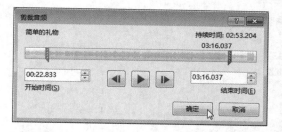

步骤06 在"音频样式"选项组中单击"在后台播放"按钮。

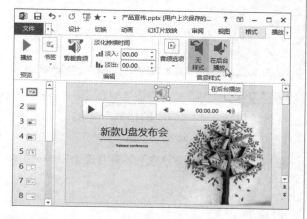

步骤07 选中" 🔊 "图标，按住鼠标左键，拖动鼠标，将其移动至合适的位置。

提示 隐藏小喇叭图标

为了保持页面的美观性、整洁性，我们通常需要将声音图标隐藏起来，该操作很简单，具体介绍如下：
方法1 通过功能区隐藏，选中"放映时隐藏"选项，即可实现隐藏操作。
方法2 将小喇叭图标拖至页面显示区域之外，如右图所示。

步骤08 单击音乐播放工具栏上的"播放/暂停"按钮，开始播放音乐。

步骤09 切换至"幻灯片放映"选项卡，单击"从头开始"按钮，此时放映的幻灯片就被添加了背景音乐。

4. 添加超链接

为了使幻灯片能够实现精准播放，用户可以为幻灯片添加超级链接，这样在播放时，只需一个单击动作即可跳转到指定页面。

步骤01 打开目录页，选中"陶瓷U盘"文本框。

步骤 02 右击该文本框，在展开的菜单中选择"超链接"命令。

步骤 03 弹出"插入超链接"对话框，在"链接到"区域中选中"本文档中的位置"选项。

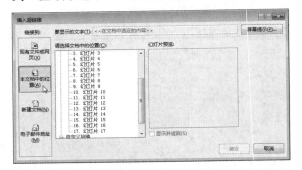

步骤 04 在"请选择文档中的位置"区域中选择"幻灯片3"选项。

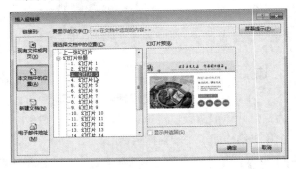

步骤 05 单击"确定"按钮，关闭该对话框，返回演示文稿。

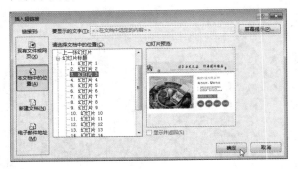

步骤 06 右击"金条U盘"文本框，在菜单中选择"超链接"命令。

步骤 07 打开"插入超链接"对话框。将选中文本框链接到"本文档中的位置"中的"幻灯片7"选项，单击"确定"按钮。

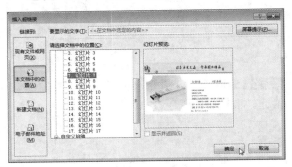

步骤 08 参照以上步骤将其他标题超链接到相应幻灯片上。若要取消超链接，则在右键快捷菜单中选择"取消超链接"命令。

5. 控制幻灯片放映

在幻灯片的放映过程中，通过使用右键菜单中的各种工具，可以控制幻灯片的放映，具体操作步骤如下。

步骤 01 进入幻灯片放映模式。在幻灯片放映窗口中右击，在展开菜单中选择"定位至幻灯片"命令，在列表中选择"幻灯片5"选项。

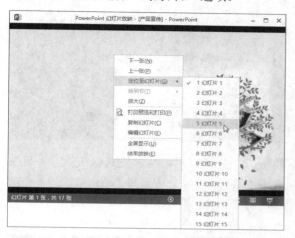

步骤 02 幻灯片放映窗口随即切换至第五页幻灯片，右击幻灯片，在展开的菜单中选择"放大"命令。

步骤 03 光标变为"⊕"形状，移动光标选择需要放大的部分。

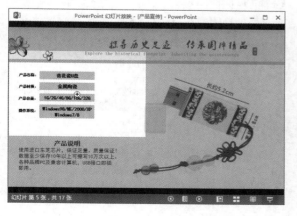

步骤 04 单击鼠标左键，选中的部分随即被放大至整个窗口显示。

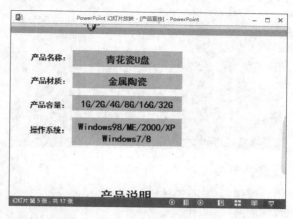

步骤 05 右击幻灯片，在右键菜单中选择"全屏显示"命令。

步骤 06 右击幻灯片，在右键菜单中选择"指针选项"命令，在列表中选择"荧光笔"选项。

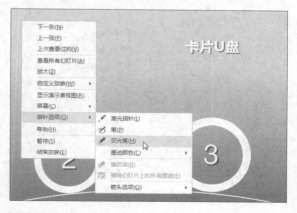

步骤 07 光标随即进入荧光笔模式，按住鼠标左键，拖动鼠标在幻灯片中合适位置绘制图形。

步骤 08 右击幻灯片，在菜单中选择"指针选项"命令，在列表中选择"墨迹颜色"选项，选择颜色为"红色"。

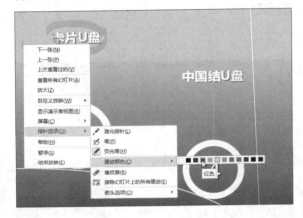

步骤 09 荧光笔颜色随即变为红色。在合适的位置绘制图形。

步骤 10 在右键菜单"指针选项"的列表中选择"擦除幻灯片上的所有墨迹"选项，即可将幻灯片上的所有墨迹擦除。

步骤 11 按ESC键退出全屏模式。在幻灯片放映窗口中右击，在菜单中选择"结束放映"命令，退出幻灯片放映模式。

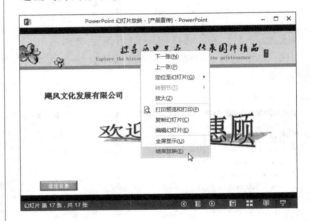

14.1.2　发布演示文稿

为了在以后的工作中更方便地使用演示文稿，用户可以执行发布幻灯片操作，具体方法如下：

步骤 01 打开"文件"菜单，然后选择"共享"选项。

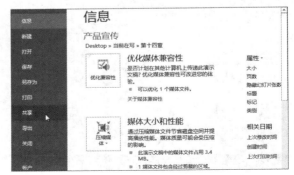

步骤 02 在"共享"面板中双击"发布幻灯片"选项。

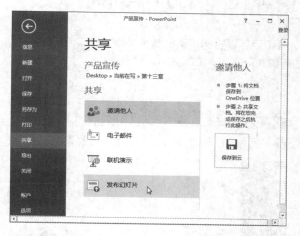

步骤 03 弹出"发布幻灯片"对话框，单击"全选"按钮。

步骤 04 "选择要发布的幻灯片"区域中的幻灯片全部被选中后，单击"浏览"按钮。

步骤 05 弹出"选择幻灯片库"对话框，选择合适的保存位置，单击"选择"按钮。

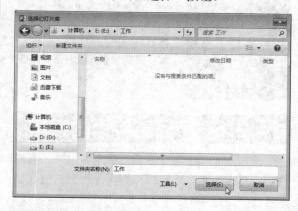

步骤 06 返回"发布幻灯片"对话框，单击"发布"按钮。

步骤 07 在计算机中刚才选择的保存位置，即可查看到幻灯片的发布详情。

14.2 打印与输出演示文稿

将幻灯片的所有内容设置完毕后，我们还可以打印和输出演示文稿。打印幻灯片有很多技巧，演示文稿也可以输出为不同的形式，本节将详细介绍。

14.2.1 产品宣传页的打印

在PowerPoint 2013中，用户可以将所有幻灯片都打印出来，也可以根据实际需要只打印指定页面的幻灯片。

1. 打印多张幻灯片

在打印幻灯片的过程中，为了节约纸张可以将多张幻灯片打印在一张纸上。

步骤01 打开"文件"菜单，然后选择"打印"选项。

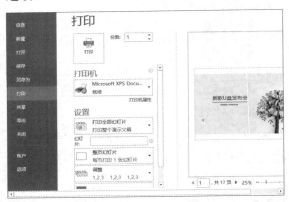

步骤02 在"打印"区域中单击"整页幻灯片"下拉按钮，在展开的列表中选择"2张幻灯片"选项。

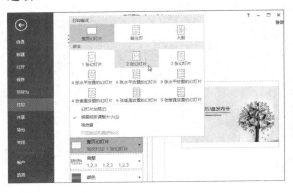

步骤03 在演示文稿右侧打印预览窗口中随即出现了两张幻灯片打印在一张纸上的效果。

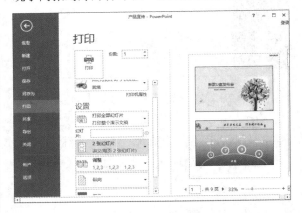

2. 自定义打印范围

如果用户并不需要打印整个演示文稿，只是需要打印其中的部分幻灯片，通过相应的设置完全可以实现，下面介绍具体操作步骤。

步骤01 如果只打印指定范围的幻灯片，则在"设置"选项区域单击"打印全部幻灯片"下拉按钮，选择"自定义范围"选项。

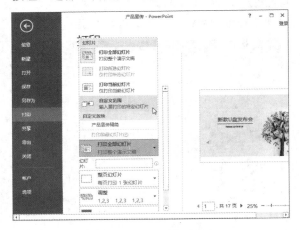

步骤02 在"设置"选项区域的"幻灯片"文本框中，输入想要打印的幻灯片页码范围即可。

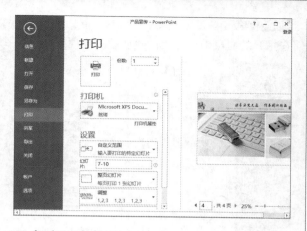

3. 打印黑白效果

在一台彩色打印机上也可以打印出黑白效果的幻灯片，这样就可以大大节约彩色油墨，实现低碳环保。

若要打印黑白效果的演示文稿，则可以在"设置"选项区域中单击"颜色"下拉按钮，在展开的列表中选择"纯黑白"选项。

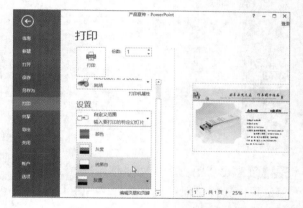

14.2.2 产品宣传页的输出

制作好演示文稿后，为了方便在不同环境中使用，可以设置不同的形式输出。

1. 创建PDF文档

将演示文稿发布为PDF文档，可以在不打开PowerPoint的情况下浏览幻灯片内容，减少了计算机空间的占用。这样做也同时禁止了其他人对幻灯片内容的修改。

步骤01 打开"文件"菜单，然后选择"导出"选项。

步骤02 在打开的"导出"面板中选择"创建PDF/XPS"文档选项，在右侧页面中单击"创建PDF/XPS"按钮。

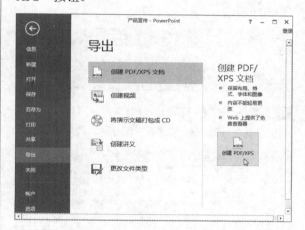

步骤03 弹出"发布为PDF或XPS"对话框，选择合适的保存位置，单击"保存类型"下拉按钮，选择保存类型为PDF。

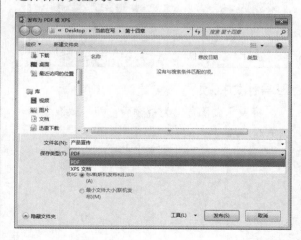

步骤 04 单击"发布"按钮，开始发布。

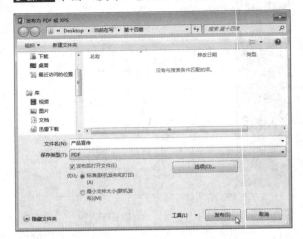

步骤 05 弹出"正在发布"对话框，进度条显示发布的进度。

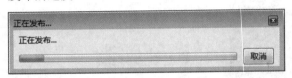

步骤 06 演示文稿被导出为PDF格式后，在福昕阅读器中打开的效果，如下图所示。

2. 导出为视频

将演示文稿导出为视频后，即可以视频形式浏览幻灯片内容，具体操作步骤如下。

步骤 01 单击"文件"菜单，选择"导出"选项，在打开的面板中选择"创建视频"选项。

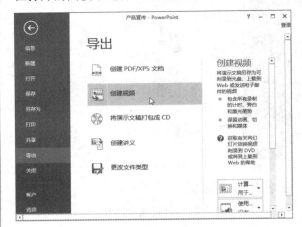

步骤 02 在右侧"创建视频"区域中单击"创建视频"按钮。

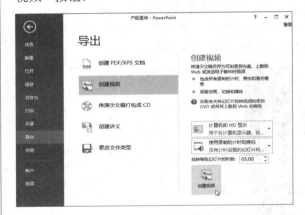

步骤 03 弹出"另存为"对话框，选择合适的保存位置，选择"保存类型"为"MPE4视频"，单击"保存"按钮。

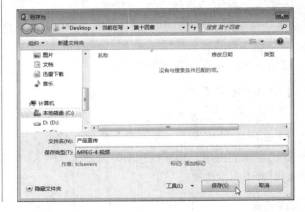

步骤 04 在打开的文件夹中，双击另存为视频的文件。

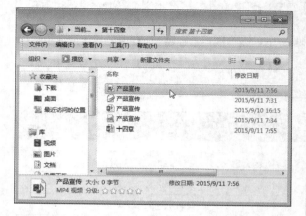

步骤 05 弹出Windows Media Player播放器下载对话框，选择"推荐设置"单选按钮。

步骤 06 Windows Media Player播放器开始自动下载。

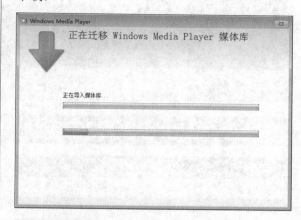

步骤 07 再次双击由演示文稿导出的视频文件名称，即可打开视频，并自动播放。

附录 高效办公实用快捷键列表

为了能够更好地提高工作效率，现将Word、Excel、PowerPoint常用快捷键总结归纳如下，以供读者参考。

附录A Word 2013常用快捷键

1. 绘图命令

按键	功能描述
F1	寻求帮助文件
F2	移动文字或图形
F4	重复上一步操作
F5	执行定位操作
F6	前往下一个窗格或框架
F7	执行"拼写"命令
F8	扩展所选内容
F9	更新选定的域
F10	显示快捷键提示
F11	前往下一个域
F12	执行"另存为"命令

2. Ctrl组合功能键

组合键	功能描述
Ctrl+F1	展开或折叠功能区
Ctrl+F2	执行"打印预览"命令
Ctrl+F3	剪切至"图文场"
Ctrl+F4	关闭窗口
Ctrl+F6	前往下一个窗口
Ctrl+F9	插入空域
Ctrl+F10	将文档窗口最大化
Ctrl+F11	锁定域
Ctrl+F12	执行"打开"命令
Ctrl+Enter	插入分页符
Ctrl+B	加粗字体
Ctrl+I	倾斜字体
Ctrl+U	为字体添加下划线
Ctrl+Q	删除段落格式

组合键	功能描述
Ctrl+C	复制所选文本或对象
Ctrl+X	剪切所选文本或对象
Ctrl+V	粘贴文本或对象
Ctrl+Z	撤销上一操作
Ctrl+Y	重复上一操作
Ctrl+A	全选整片文档

3. Shift组合功能键

组合键	功能描述
Shift+F1	启动上下文相关"帮助"或展现格式
Shift+F2	复制文本
Shift+F3	更改字母大小写
Shift+F4	重复"查找"或"定位"操作
Shift+F5	移至最后一处更改
Shift+F6	转至上一个窗格或框架
Shift+F7	执行"同义词库"命令
Shift+F8	减少所选内容的大小
Shift+F9	在域代码及其结果间进行切换
Shift+F10	显示快捷菜单
Shift+F11	定位至前一个域
Shift+F12	执行"保存"命令
Shift+→	将选定范围扩展至右侧的一个字符
Shift+←	左侧的一个字符
Shift+↑	将选定范围扩展至上一行
Shift+↓	将选定范围扩展至下一行
Shift+ Home	将选定范围扩展至行首
Shift+ End	将选定范围扩展至行尾
Ctrl+Shift+↑	将选定范围扩展至段首
Ctrl+Shift+↓	将选定范围扩展至段尾

组合键	功能描述
Shift+Page Up	将选定范围扩展至上一屏
Shift+Page Down	将选定范围扩展至下一屏
Shift+Tab	选定上一单元格的内容
Shift+ Enter	插入换行符

4. Alt组合功能键

组合键	功能描述
Alt+F1	前往下一个域
Alt+F3	创建新的"构建基块"
Alt+F4	退出 Word 2013
Alt+F5	还原程序窗口大小
Alt+F6	从打开的对话框移回文档，适用于支持此行为的对话框
Alt+F7	查找下一个拼写错误或语法错误
Alt+F8	运行宏
Alt+F9	在所有的域代码及其结果间进行切换
Alt+F10	显示"选择和可见性"任务窗格

组合键	功能描述
Alt+F11	显示 Microsoft Visual Basic 代码
Alt+←	返回查看过的帮助主题
Alt+→	前往查看过的帮助主题
Alt+Shift+ +	扩展标题下的文本
Alt+ Shift+ -	折叠标题下的文本
Alt+空格	显示程序控制菜单
Alt+Ctrl+F	插入脚注
Alt+Ctrl+E	插入尾注
Alt+Shift+O	标记目录项
Alt+Shift+I	标记引文目录项
Alt+Shift+X	标记索引项
Alt+Ctrl+M	插入批注
Alt+Ctrl+P	切换至页面视图
Alt+Ctrl+O	切换至大纲视图
Alt+Ctrl+N	切换至普通视图

附录B Excel 2013常用快捷键

1. 功能键

按键	功能描述
F1	显示Excel 帮助
F2	编辑活动单元格并将插入点放在单元格内容的结尾
F3	显示"粘贴名称"对话框，仅当工作簿中存在名称时才可用
F4	重复上一个命令或操作
F5	显示"定位"对话框
F6	在工作表、功能区、任务窗格和缩放控件之间切换
F7	显示"拼写检查"对话框
F8	打开或关闭扩展模式
F9	计算所有打开的工作簿中的所有工作表
F10	打开或关闭按键提示
F11	在单独的图表工作表中创建当前范围内数据的图表
F12	打开"另存为"对话框

2. Ctrl组合功能键

组合键	功能描述
Ctrl+1	显示"单元格格式"对话框
Ctrl+2	应用或取消加粗格式设置
Ctrl+3	应用或取消倾斜格式设置
Ctrl+4	应用或取消下划线
Ctrl+5	应用或取消删除线
Ctrl+6	在隐藏对象和显示对象之间切换
Ctrl+8	显示或隐藏大纲符号
Ctrl+9（0）	隐藏选定的行（列）
Ctrl+A	选择整个工作表
Ctrl+B	应用或取消加粗格式设置
Ctrl+C	复制选定的单元格
Ctrl+D	用"向下填充"命令将选定范围内最顶层单元格内容和格式复制到下面的单元格中
Ctrl+F	执行查找操作
Ctrl+G	执行定位操作
Ctrl+L	显示"创建表"对话框

组合键	功能描述
Ctrl+K	为新的超链接显示"插入超链接"对话框，或为选定现有超链接显示"编辑超链接"对话框
Ctrl+H	执行替换操作
Ctrl+N	创建一个新的空白工作簿
Ctrl+I	应用或取消倾斜格式设置
Ctrl+U	应用或取消下划线
Ctrl+O	执行打开操作
Ctrl+P	执行打印操作
Ctrl+R	使用"向右填充"命令将选定范围最左边单元格内容和格式复制到右边的单元格中
Ctrl+S	使用当前文件名、位置和文件格式保存活动文件
Ctrl+V	在插入点处插入剪贴板的内容，并替换任何所选内容
Ctrl+W	关闭选定的工作簿窗口
Ctrl+Y	重复上一个命令或操作
Ctrl+Z	执行撤销操作
Ctrl+ –	显示用于删除选定单元格"删除"对话框
Ctrl+;	输入当前日期
Ctrl+Shift+(	取消隐藏选定范围内所有隐藏的行
Ctrl+Shift+&	将外框应用于选定单元格
Ctrl+Shift+~	应用"常规"数字格式
Ctrl+Shift+$	应用带有两位小数的"货币"格式（负数放在括号中）
Ctrl+Shift+%	应用不带小数位的"百分比"格式

组合键	功能描述
Ctrl+Shift+ #	应用带有日、月和年的"日期"格式
Ctrl+Shift+ ^	应用带有两位小数的科学计数格式
Ctrl+Shift+@	应用带有小时和分钟以及 AM 或 PM 的"时间"格式
Ctrl+Shift+!	应用带有两位小数、千位分隔符和减号 (–) 的"数值"格式
Ctrl+Shift+"	将值从活动单元格上方的单元格复制到单元格或编辑栏中
Ctrl+Shift+:	输入当前时间
Ctrl+Shift+*	选择环绕活动单元格的当前区域
Ctrl+Shift+ +	显示用于插入空白单元格"插入"对话框

3. Shift组合功能键

组合键	功能描述
Alt+Shift+F1	插入新的工作表
Shift+F2	添加或编辑单元格批注
Shift+F3	显示"插入函数"对话框
Shift+F6	在工作表、缩放控件、任务窗格和功能区之间切换
Shift+F8	使用箭头键将非邻近单元格或区域添加到单元格的选定范围中
Shift+F9	计算活动工作表
Shift+F10	显示选定项目的快捷菜单
Shift+F11	插入一个新工作表
Shift+Enter	完成单元格输入并选择上面的单元格

附录C PowerPoint 2013常用快捷键

1. 功能键

按键	功能描述
F1	获取帮助文件
F2	在图形和图形内文本间切换
F4	重复最后一次操作
F5	从头开始运行演示文稿
F7	执行拼写检查操作
F12	执行"另存为"命令

2. Ctrl组合功能键

组合键	功能描述
Ctrl+A	选择全部对象或幻灯片
Ctrl+B	应用(解除)文本加粗
Ctrl+C	执行复制操作
Ctrl+D	生成对象或幻灯片的副本
Ctrl+E	段落居中对齐
Ctrl+F	打开"查找"对话框
Ctrl+G	打开"网格线和参考线"对话框
Ctrl+H	打开"替换"对话框
Ctrl+I	应用(解除)文本倾斜
Ctrl+J	段落两端对齐
Ctrl+K	插入超链接
Ctrl+L	段落左对齐
Ctrl+M	插入新幻灯片

组合键	功能描述
Ctrl+N	生成新PPT文件
Ctrl+O	打开PPT文件
Ctrl+P	打开"打印"对话框
Ctrl+Q	关闭程序
Ctrl+R	段落右对齐
Ctrl+S	保存当前文件
Ctrl+T	打开"字体"对话框
Ctrl+U	应用(解除)文本下划线
Ctrl+V	执行粘贴操作
Ctrl+W	关闭当前文件
Ctrl+X	执行剪切操作
Ctrl+Y	重复最后操作
Ctrl+Z	撤销操作
Ctrl+Shift+F	更改字体
Ctrl+Shift+G	组合对象
Ctrl+Shift+P	更改字号
Ctrl+Shift+H	解除组合
Ctrl+Shift+"<"	增大字号
Ctrl+"="	将文本更改为下标(自动调整间距)
Ctrl+Shift+">"	减小字号
Ctrl+Shift+"="	将文本更改为上标(自动调整间距)

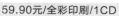